midas Gen 工程应用指南

北京迈达斯技术有限公司　编著

中国建筑工业出版社

图书在版编目(CIP)数据

midas Gen 工程应用指南/北京迈达斯技术有限公司编著. —北京:中国建筑工业出版社,2012.1(2025.1重印)

ISBN 978-7-112-13667-4

Ⅰ.①m… Ⅱ.①北… Ⅲ.①建筑结构-有限元分析-应用软件,midas Gen-指南 Ⅳ.①TU3-39

中国版本图书馆 CIP 数据核字(2011)第 205520 号

midas Gen 软件是一款主要面向建筑结构分析与设计的通用有限元软件,目前在世界各地的大中型工程项目中已经应用多年。

本书列举了 13 种常见的工程形式,结合相应的结构特点和规范要求,对 Gen 的操作流程、使用要点及注意事项作了详尽说明。同时,书中对于在软件使用过程中常见问题也进行了详尽分析与解答。

希望读者在阅读本书之后,对于 midas Gen 软件的使用,可以从初学者变成使用高手,从使用高手变为专家的得力帮手。

* * *

责任编辑:张伯熙 杨 杰
责任设计:董建平
责任校对:张 颖 关 健

midas Gen 工程应用指南

北京迈达斯技术有限公司 编著

*

中国建筑工业出版社出版、发行(北京西郊百万庄)
各地新华书店、建筑书店经销
北京科地亚盟排版公司制版
建工社(河北)印刷有限公司印刷

*

开本:787×1092 毫米 1/16 印张:13½ 字数:335 千字
2012 年 1 月第一版 2025 年 1 月第七次印刷
定价:**36.00** 元
ISBN 978-7-112-13667-4
(21446)

前　　言

　　midas Gen 是一款主要面向建筑结构分析与设计的通用有限元软件，1989 年由韩国浦项集团成立的 CAD/CAE 研发机构开始研发，1996 年 11 月发布商用 Windows 系列版本，2000 年 12 月进入国际市场，目前在世界各地的大中型工程项目中应用多年，用户遍及亚洲、欧洲、美洲的国家和地区。

　　2002 年 11 月 11 日北京迈达斯技术有限公司成立，至此 midas 系列软件正式进入国内。中文版的 midas Gen 已经将菜单、帮助文件、各种技术资料等程序相关内容完全中文化，并加入最新版的中国结构设计规范，并于 2004 年 1 月通过建设部评估鉴定。

　　midas Gen 进入中国 9 年以来，深得广大结构工程师认可，被广泛应用于国内各地超高层、体育场馆、钢结构、特种结构等各种类型的项目，北京奥运会、上海世博会、广州亚运会、深圳大运会、国内各地的地标建筑的建造过程中都能见到 midas Gen 的身影。随着用户数量的日益增多，使用者水平的日渐提高，midas Gen 已经由只有少数人使用的中高端复核软件，转变为各设计单位普遍使用的分析工具，而且很多设计单位已经将 Gen 的使用水平作为招收新员工或老员工职位晋升的重要考核指标。

　　本书与市面上其他 midas Gen 书籍的区别之处在于，面向的读者并不是 Gen 的初学者，而是初步掌握 Gen 的中高级工程师，因为本书的专业性、工程性更强。全书内容按设计单位的项目类型分为两大部分：民用项目专题、工业项目专题；每个大类中分别包含 7 个及 6 个子专题。每个专题的讲解没有像传统教程一样，以软件菜单的基本操作讲解为核心，而是从项目本身出发，按照项目需求，结合相应的结构特点和规范要求，逐步提出解决方案并最终得到工程师需要的结果。并且在核心内容之外，对 Gen 的操作流程、使用要点及注意事项作了详尽的说明。全书的最后一个附加章节为 Gen 的常见问题与解答，该章为迈达斯公司技术人员在常年的技术支持中，整理而得的多数客户有可能遇到的共性问题，具有很强的经验性及实用性，对于 Gen 的用户具有很强的指导意义。

　　本书的策划和编写，更侧重于工程，希望达到的效果是，工程师有类似的项目，即可以参照书中的流程，依次操作完成。书中的问题解答及相关模型均以 midas Gen 780 版本为准，建议读者在阅读本书时将文字、模型、软件三者充分结合，以便迅速地提高软件使用水平。希望本书可以成为 Gen 的初学者成长为高手，高手转变为专家的得力帮手。

　　本书由北京迈达斯技术有限公司王宇工程师担任主编，各章节由北京迈达斯技术有限公司人员编写。其中，侯晓武编写 2.6、2.7、3.4、3.5、3.6 节；赵继编写 2.2、3.1、3.2、3.3 节；王宇编写概述、2.1、2.3、2.4、2.5 节；第四章常见问题分析与解答，为历代 midas 建筑部技术人员多年积累而成。全书由王宇统一定稿，桂满树、姜毅荣、罗燕、侯晓武、赵继主审。余俊、李传林、王莹、王晓月、张黎黎等参与了问题的遴选、初稿的撰写等工作。王苏云·那斯尔进行了封面设计。

　　由于编者水平有限，时间紧促，难免出现疏漏，还望广大读者批评指正。

2011 年 11 月于北京

目　　录

1 概　　述

北京迈达斯技术有限公司，是一家以有限元分析软件为主营业务的技术型公司，多年来致力于为土木、机械等领域提供全流程解决方案，旗下所有软件产品在各自领域皆备受好评，深得广大工程师喜爱，midas 系列软件构成如图 1-1 所示。

图 1-1　midas 系列软件构成

1.1　midas Gen 简介

midas Gen 是基于三维的建筑结构分析和设计系统，是 midas 公司的第一款商业软件。其强大的计算分析功能，既能满足常规建筑的计算设计要求，也能很好地完成对混合结构、特种结构的分析设计。

1.1.1　全面、实用的有限元库，满足工程中不同类型构件的建模要求

梁单元（可考虑剪切变形）、变截面梁单元；

桁架单元；

索单元；

板单元（薄板、厚板、各向异性板，可以考虑六个自由度）；

墙单元；

实体单元；

只受压单元、只受拉单元；

平面应力单元、平面应变单元；

间隙单元、钩单元、索单元、轴对称单元。

1.1.2　强大的分析功能，涵盖不同深度的分析要求

特征值分析、反应谱分析；

考虑温度荷载的分析；

$P—\Delta$ 分析；

屈曲分析（整体失稳分析）；

预应力分析（进行预应力钢束布置和钢束预应力损失的计算）；

静力弹塑性分析（Pushover 分析，可以分析桁架单元、梁单元、墙单元）；

动力弹塑性分析（时程分析，程序内有大量地震波数据库，多种材料的滞回曲线模型，包含纤维模型的弹塑性分析）；

施工阶段分析（考虑材料收缩、徐变及柱的弹性收缩，真实模拟施工过程，每步骤任意单元、荷载、边界条件的添加或删除）；

大位移分析（索结构的几何非线性分析，单层网壳结构的非线性屈曲分析）；

材料非线性分析（提供多种弹塑性材料的本构关系）；

水化热分析（热传导、热应力、管冷分析）；

隔震、消能减震及支座沉降分析（边界非线性分析，可以分析黏弹性阻尼器、滞回系统、铅芯橡胶隔震支座、摩擦摆隔震系统等）；

组合结构的整体建模分析功能（同一模型中可有钢、混凝土、钢骨混凝土构件，进行钢—混凝土组合结构的整体分析，且阻尼比可以分别考虑）。

1.1.3　紧密结合规范进行荷载自动组合及结构设计，超越传统通用分析软件限制，更加贴近工程

含有中国、美国、欧洲、英国、韩国、日本等多个国家和地区的设计规范，满足各种设计要求。

按规范自动生成荷载组合及包络组合。

多塔的定义及各单塔的层位移等结果的输出。

厚板转换、梁式转换、桁架转换及箱形转换结构的建模和分析。

按国内新规范以图形或文本的方式输出各种结果（包括剪重比、层刚度比、振型参与系数、层位移、层间位移角、倾覆弯矩等）。

可以进行扭转不规则、侧向刚度不规则、楼层受剪承载力突变验算。

可以平面输出配筋结果简图（所需钢筋面积及实配钢筋面积输出）。

可以输出钢结构验算结果及验算结果简图。

钢结构优化设计（包括强度控制及位移控制两种优化功能）。

1.1.4 方便的建模功能，快速、迅捷

全中文化的操作界面，操作简单，提高了设计效率。

项目信息功能（保存有甲方乙方信息、校对审核人信息等，有利于工程管理）。

树形菜单功能（独有的记忆功能，几年后查看模型，仍然可以了解当初的建模过程）。

多样化的建模方式（可以使用文本方式或直接建模方式，建模数据和结果数据可以与 Excel 互通）。

具有与国、内外多种软件的接口（可以导入：SAP2000、STAAD、PKPM 的 SATWE、AutoCAD 的 DXF 文件、Nastran、Lusas、Revit 等）。

方便直观的拖放编辑功能，利于编辑、修改模型。

合并数据文件功能——可以分开建模，然后将多个模型合并成一个模型。

扩展单元功能——迅速建模（提供点-线、线-面、面-实体三种扩展方式）。

直观的三维建模，方便的查看功能，可以消隐查看截面、渲染模型或者进行透明处理。

提供菜单、图形按钮、快捷键、快捷命令、命令流、表格批量编辑等多种建模方式。

1.1.5 软件适用范围

既能满足钢筋混凝土结构、钢结构、钢骨混凝土结构的分析计算和设计要求，也能很好地完成对钢-混凝土组合结构及各种特种结构的分析设计。

土木工程：桥梁、地下建筑物、水池、大坝、隧道等；

建筑结构：写字楼、住宅楼、商用建筑、陆地以及海上的厂房；

特种结构：车站、体育场馆、大型仓库、发电站、索缆结构等；

其他结构：轮船、飞机、铁塔、吊车、压力容器等。

1.2 工作界面简介

工作界面如图 1-2 所示。

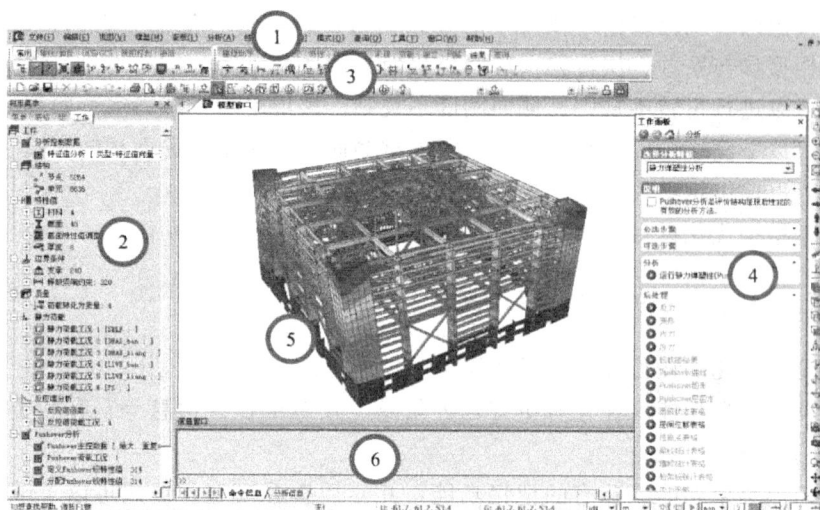

① 主菜单	程序里包含了运行Gen所需的所有功能的命令和快捷键。提供的节点定义、单元定义、自动生成功能和强大的选择功能及画面处理功能等，能够高效建立大型模型，为您提供最好的操作环境
② 树形菜单	树形菜单为您提供从建模、分析设计到计算书生成的对话框，无论您是熟练者还是初学者，都可以无误地高效作业
③ 图标菜单	为了快速调用常用功能，为您提供图标菜单，并且可以根据用户习惯对图标和工具栏进行编辑
④ 工作面板	对常见的分析类型进行分类整理，按操作向导的模式进行编排，使初学者也可快速掌握高端分析功能
⑤ 模型窗口	提供便利多样的模型处理功能和强大的选择及筛选功能，同时提供撤销键入和重复键入功能，可以在短时间内成功完成建模工作
⑥ 信息窗口	输出对用户有很大帮助的各种说明事项、警告信息和错误信息

图 1-2　midas Gen 工作界面简介图

2 民用院专题

2.1 钢筋混凝土结构施工阶段分析

2.1.1 分析背景

通常对于建筑结构的分析方法是建立整个结构模型后，将所有荷载同时施加来进行分析的。但实际上建筑物是一层一层施工构筑的，而且即使是结构布置相同的层也会存在不同的施工顺序和加载条件。这种施工期间的结构体系与施工后的结构体系不同，会导致结构分析结果与实际的结构效应存在相当大的差异。

同时，由于施工阶段的不同，相邻构件的龄期也是不同的。因此，构件在弹性模量、强度等材料特性上也会存在差异。特别是混凝土，由于受材料徐变、收缩、强度增长及预应力钢束松弛等影响，不管是施工期间或者是施工结束后，它的应变总是不断变化的，应力也会随之重新分布，所以混凝土的状况更为复杂。

总而言之，当结构体系随工程的进展而变化时，构件的最不利内力是有可能发生在施工期间的。因此，为了预测施工阶段的内力变化及结构变形情况，进行考虑时间依存性的施工阶段分析是十分必要的。

2.1.2 工程例题

本例题介绍使用 midas Gen 的施工阶段分析功能。真实模拟建筑物的实际建造过程，同时考虑钢筋混凝土结构中混凝土材料的时间依存特性（收缩徐变和抗压强度的变化）。

此例题的步骤如下：
（1）说明；
（2）定义楼面荷载；
（3）定义并分配结构组、边界组、荷载组；
（4）定义边界条件并输入各种荷载；
（5）运行分析；
（6）查看结果。

1. 简要

例题模型为六层钢筋混凝土框架-剪力墙结构。（该例题数据仅供参考）

基本数据如下：

➤ 轴网尺寸：见图 2-1。

➤ 主梁：250mm×450mm，250mm×500mm。

➤ 次梁：250mm×400mm。

➤ 连梁：250mm×1000mm。

➤ 混凝土：C30。

➤ 剪力墙：250mm。

➤ 层高：一层：4.5m；二至六层：3.0m。

➤ 设防烈度：7°（0.10g）。

➤ 场地：Ⅱ类。

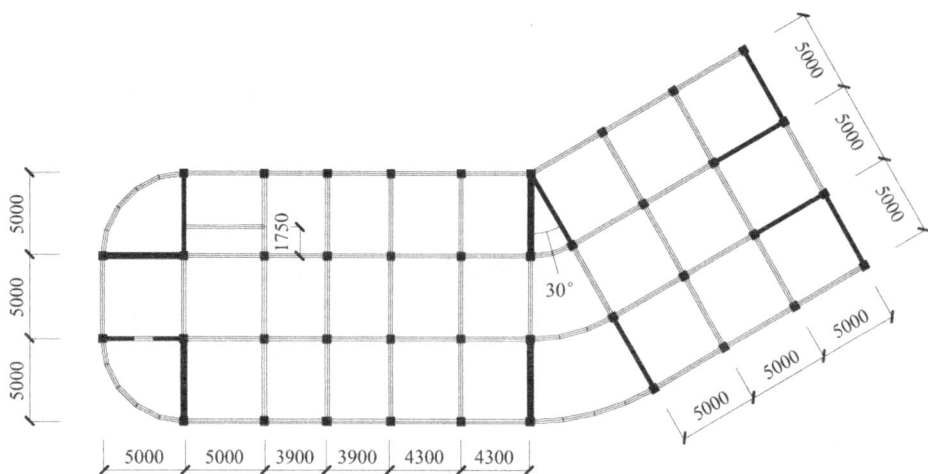

图 2-1 结构平面图

2. 说明

建模过程保留培训手册《钢筋混凝土结构抗震分析及设计》中自"设定操作环境及定义材料和截面"到"楼层复制及生成层数据文件"四节内容，其中在"设定操作环境及定义材料和截面"一节添加以下内容。

1：主菜单选择 *模型→材料和截面特性→时间依存性材料（徐变/温度收缩）*

点击 添加(A) 。

名称：Creep；设计标准：《公路钢筋混凝土及预应力混凝土桥涵设计规范》JTG 062—2004

28 天材龄抗压强度（标准值）：30000kN/m²。

相对湿度：70%；构件的理论厚度：1m（先假定此值，程序可以自动计算）。

开始收缩时的混凝土材龄：3 天。

如图 2-2 所示。

2：主菜单选择 *模型→材料和截面特性→时间依存性材料（抗压强度）*

点击 添加(A) 。

注：根据混凝土的收缩及徐变特性，定义相关参数。

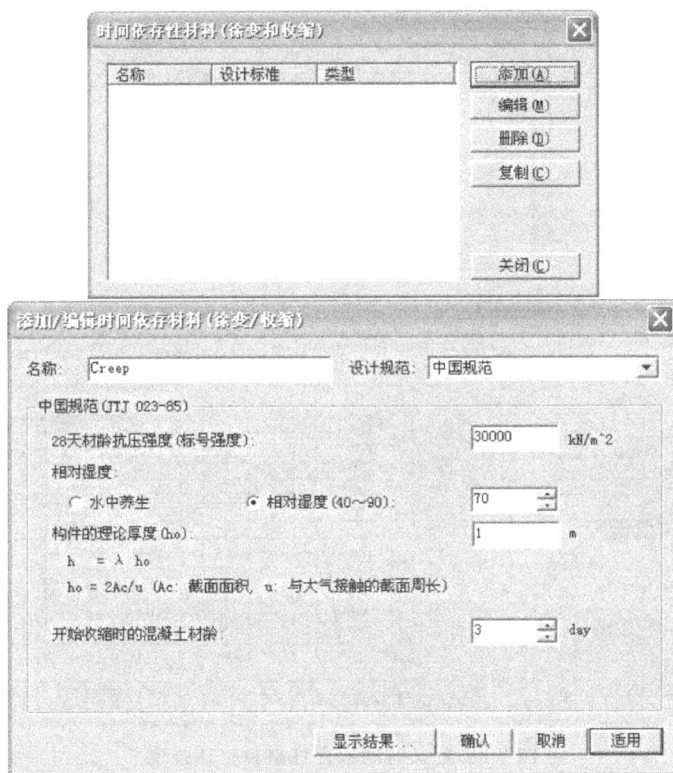

图 2-2　定义时间依存性材料徐变/温度收缩

函数名称：C30；类型：设计规范。

规范：CEB-FIP（欧洲）。

混凝土平均抗压强度（28 天）：30000kN/m²。

水泥种类：N，R：0.25（普通水泥）。

而后点击"重画"。

如图 2-3 所示。

3：主菜单选择　**模型→材料和截面特性→时间依存性材料连接**

徐变和收缩：Creep；强度进展：C30。

选择指定的材料：C30；操作：添加/编辑。

如图 2-4 所示。

以下为施工阶段分析新内容。

3. 定义楼面荷载

1：主菜单选择　**荷载→静力荷载工况**

DC：施工阶段荷载（施工阶段恒荷载）；

LL：活荷载（使用阶段活荷载）；

LC：施工阶段荷载（施工阶段在楼面的施工荷载）。

如图 2-5 所示。

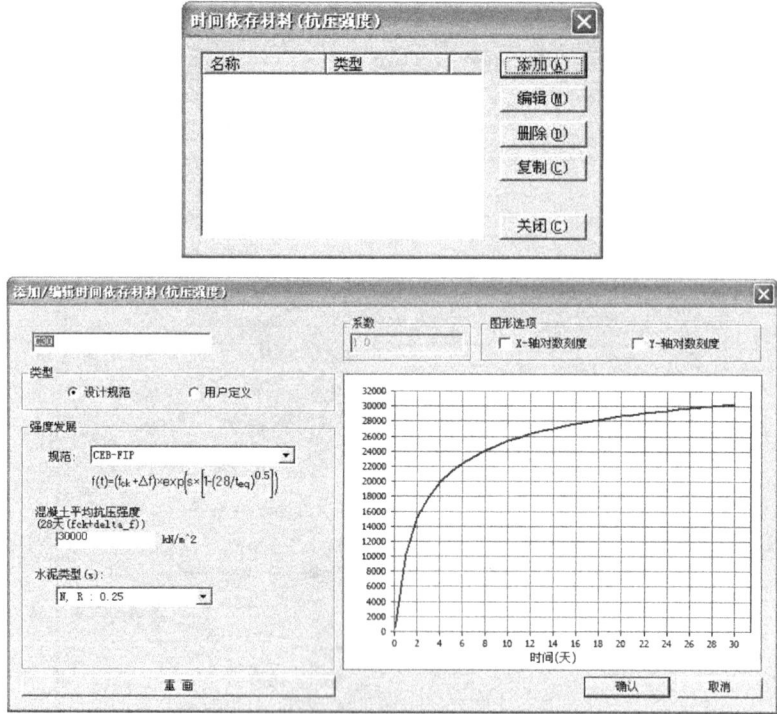

图 2-3 定义时间依存性材料抗压强度

注：将定义的混凝土徐变和收缩特性以及抗压强度发展特性赋给材料 C30。

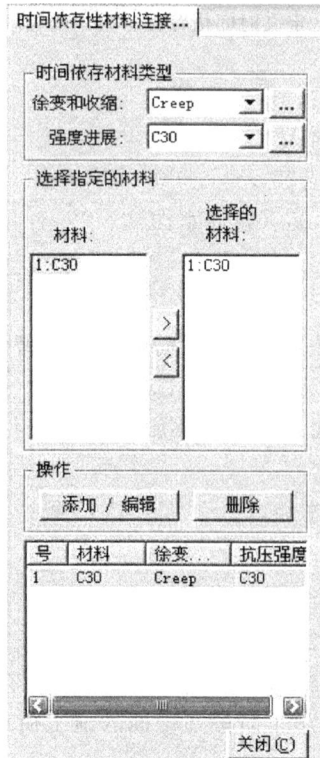

图 2-4 时间依存性材料连接

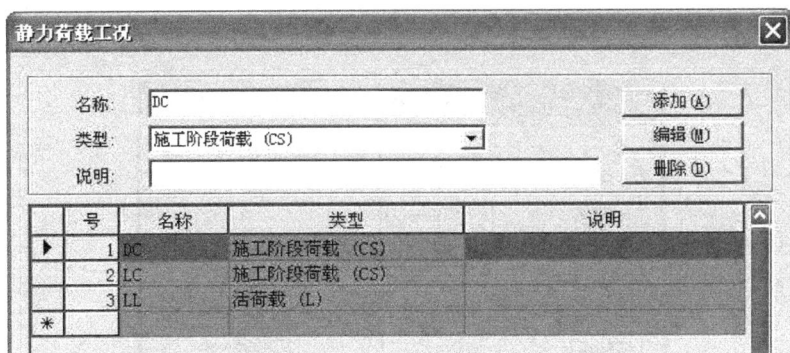

图 2-5 定义静力荷载工况

2：主菜单选择 *荷载→定义楼面荷载类型*

定义施工阶段楼面荷载。

其中 OFFICE1 为作用在楼面上的施工阶段荷载，OFFICE2 为作用在楼面上的使用阶段活荷载。

名称：OFFICE1；荷载工况：DC(LC)；楼面荷载：−4.3(−1.0)；点击 添加 。

名称：OFFICE2；荷载工况：LL；楼面荷载：−2.0；点击 添加 。

如图 2-6 所示。

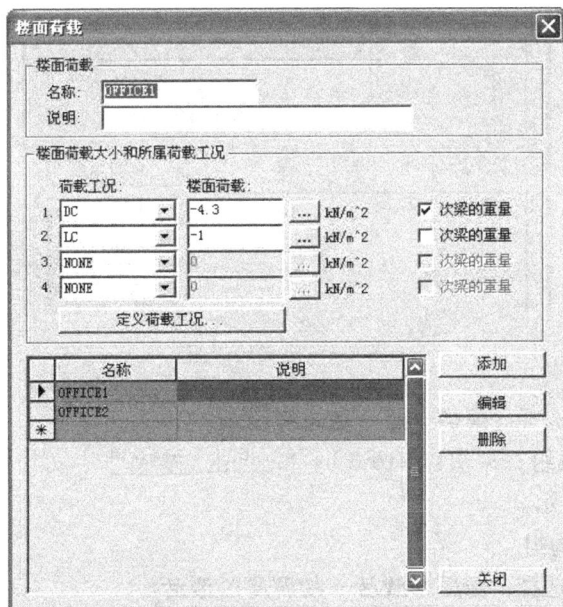

图 2-6 定义楼面荷载类型

4. 定义结构组、边界组、荷载组

1：主菜单选择 *模型→组→定义结构组*

名称：结构组；后缀：1to 6 by 1；点击 添加(A) 。

如图 2-7 所示。

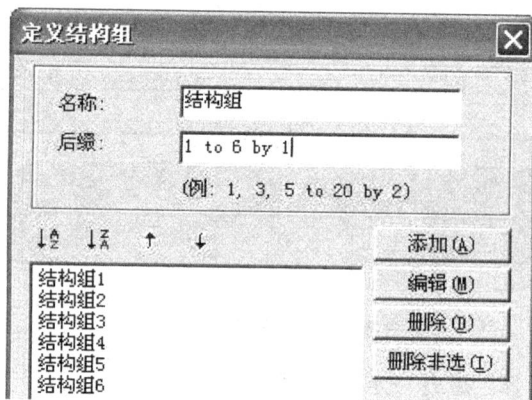

图 2-7　定义结构组

2：主菜单选择　*模型→组→定义边界组*

名称：边界组；后缀：1；点击 [添加(A)]。

如图 2-8 所示。

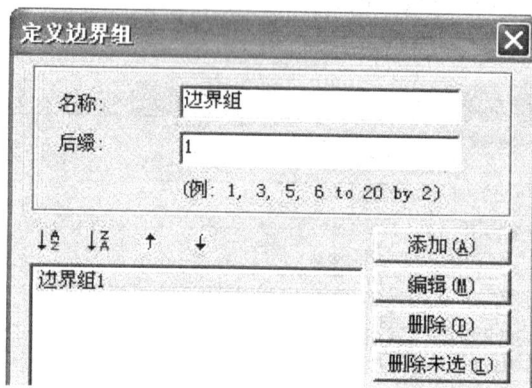

图 2-8　定义边界组

3：主菜单选择　*模型→组→定义荷载组*

名称：荷载组；后缀：1 to 6 by 1；点击 [添加(A)]。

如图 2-9 所示。

5. 分配结构组

1：主菜单选择　*视图→激活→按照属性激活*

选择按层激活，选择 2F 层，点击"＋板下"激活，点击 [激活]。

如图 2-10 所示。

2：主菜单选择　*视图→选择→全选*

3：树形菜单选择　*组→结构组 1*

利用拖放功能将第一层所有单元赋给结构组 1。

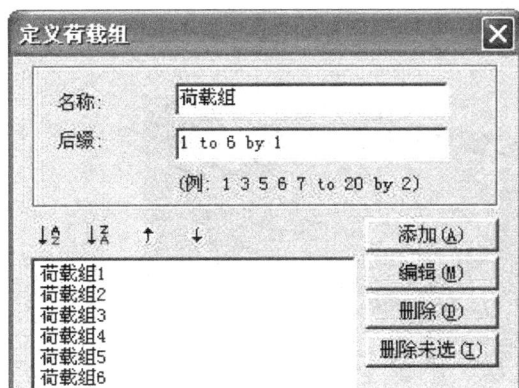

图 2-9 定义荷载组

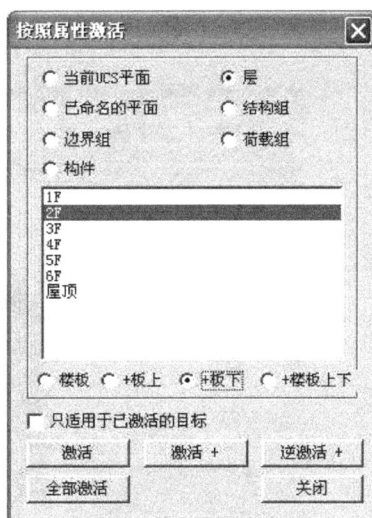

图 2-10 激活 2F 层

如图 2-11 所示。

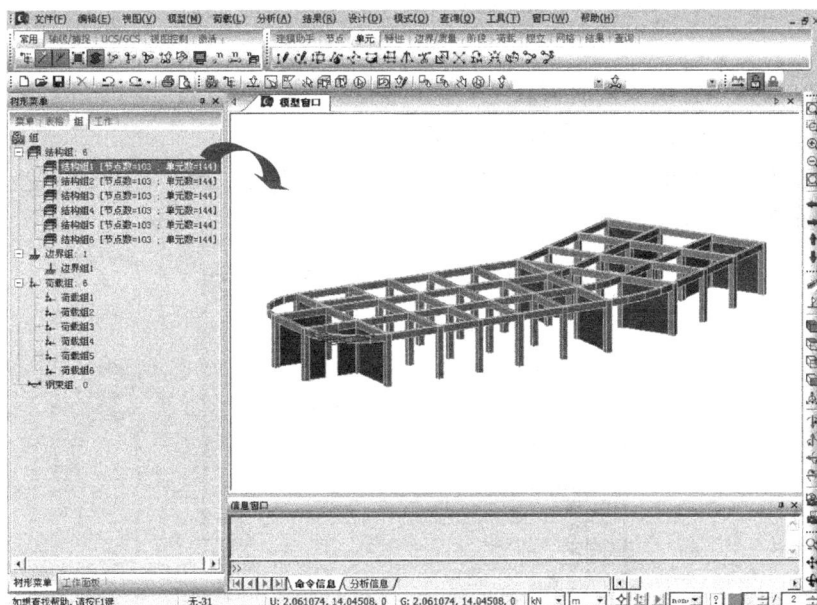

图 2-11 定义结构组 1

4：重复步骤 1、2、3，分别定义结构组 2、3、4、5、6

6. 定义边界条件

主菜单选择 *模型→边界条件→一般支承*

注意将"边界组名称"选择为"边界组 1"。

在模型窗口中选择柱底及墙底嵌固点。

如图 2-12 所示。

注：可以利用
面选 ￼ 的功能对下
部节点进行选择。

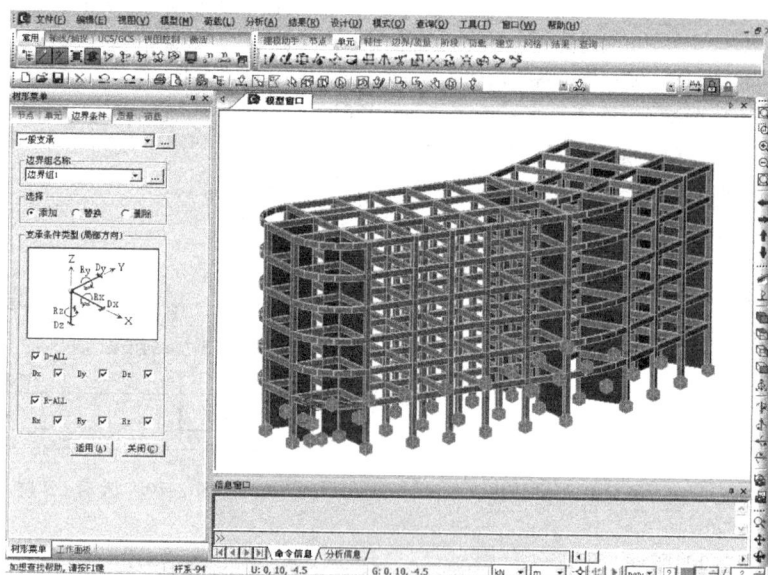

图 2-12 输入边界条件

7. 输入施工阶段楼面荷载

1：主菜单选择 *视图→激活→按照属性激活*

选择加载楼层，点选按层激活，选择 2F 层，点选"楼板"，点击 ￼ 激活 ￼ 。

如图 2-13 所示。

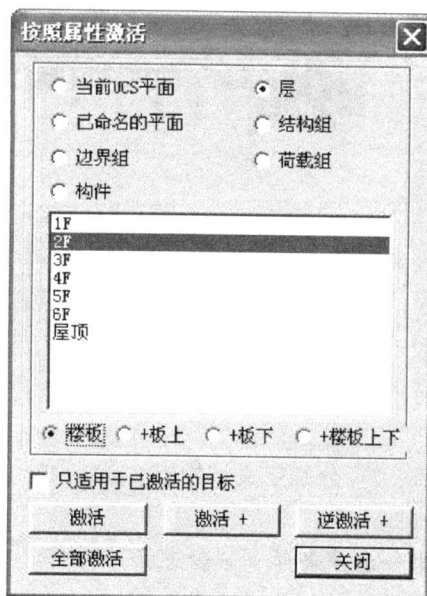

图 2-13 选择 2F 层

2：主菜单选择 *荷载→分配楼面荷载*

将施工阶段荷载分配给荷载组 1。

荷载组名称：荷载组 1；楼面荷载：OFFICE1（施工阶段楼面荷载）。

分配模式：双向（或多边形长度）；荷载方向：整体坐标系 Z。

指定加载区域的节点：在模型窗口选择加载区域节点。

如图 2-14 所示。

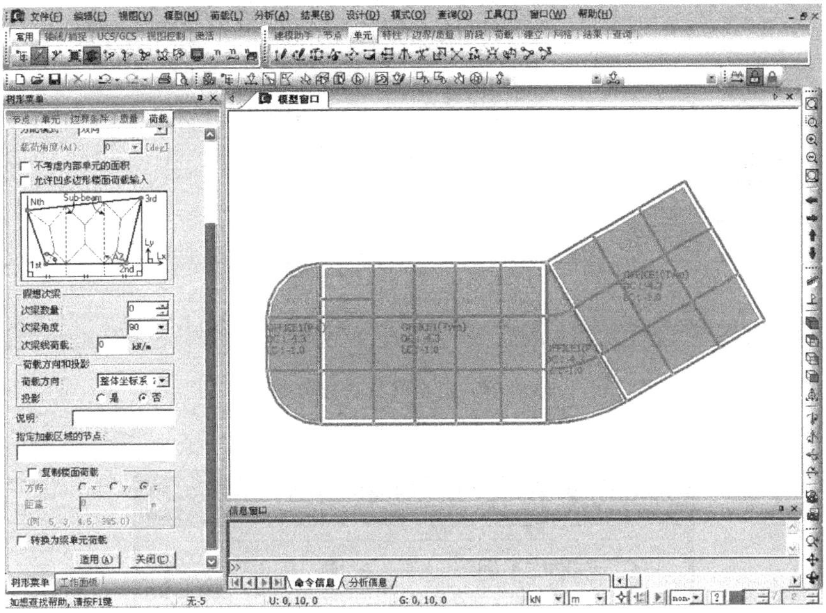

图 2-14 分配楼面荷载

3： 重复步骤 1、2，将施工阶段荷载分别分配给荷载组 2、3、4、5、6

4：主菜单选择 *视图→激活→全部激活*

查看输入的全部施工阶段楼面荷载。

如图 2-15 所示。

8．输入使用阶段楼面活荷载

1：主菜单选择 *视图→激活→按照属性激活*

选择加载楼层，点选按层激活，选择 2F 层，点选"楼板"，点击 激活 。

如图 2-16 所示。

2：主菜单选择 *荷载→分配楼面荷载*

输入使用阶段楼面活荷载。

荷载组名称：默认值；楼面荷载：OFFICE2（输入使用阶段楼面活荷载）。

分配模式：双向（或多边形长度）；荷载方向：整体坐标系 Z。

勾选"复制楼面荷载"，方向：点选 Z，距离：5@3。

指定加载区域的节点：在模型窗口选择加载区域节点。

注：荷载组的分配，也可采取前文所述，类似结构组的分配方法。可先将所有荷载添加完毕；而后定义好与结构组数量匹配的荷载组；接下来选中一个结构组，将相应的荷载组"拖放"至模型窗口中，此方法可将该结构组上所有的荷载（自重除外）都赋予相应的荷载组。边界组也可采用同样处理方法。

注：楼面荷载分配不上，可检查分配区域内是否有空节点、重复节点、重复单元。

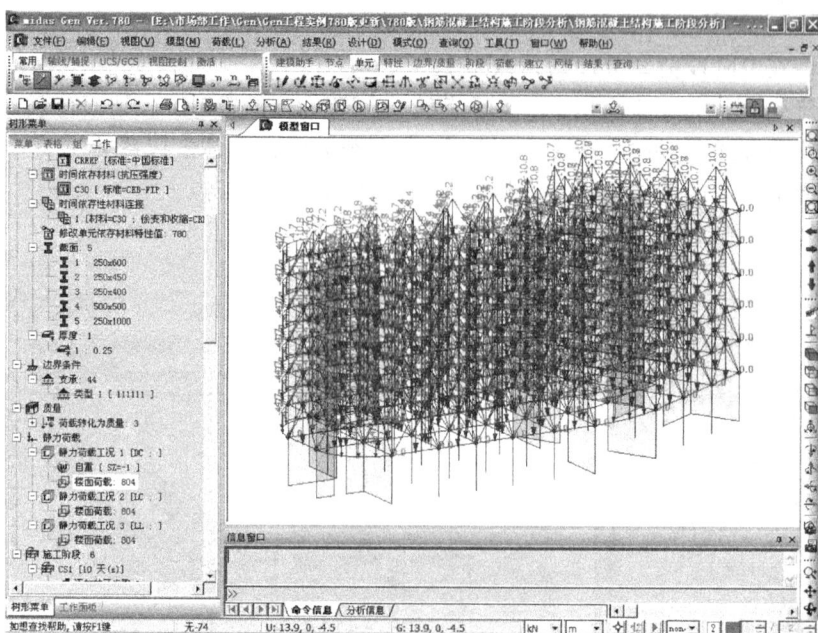

图 2-15 施工阶段楼面荷载

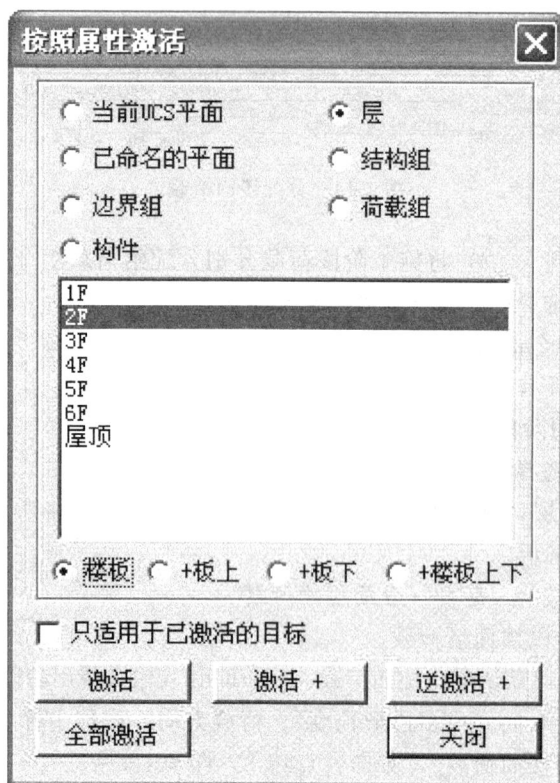

图 2-16 按层激活

如图 2-17 所示。

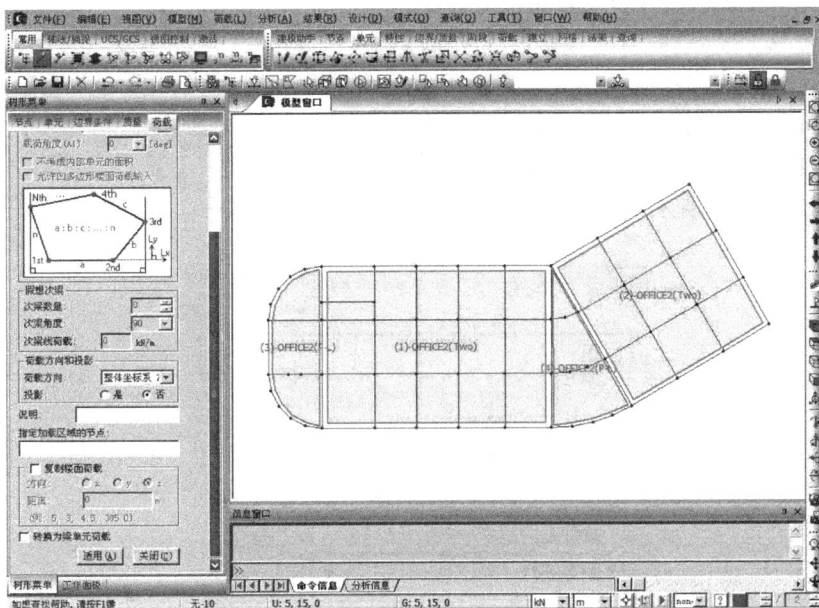

图 2-17 分配楼面荷载

3：主菜单选择 **视图→激活→全部激活**

查看输入的全部使用阶段楼面活荷载。

如图 2-18 所示。

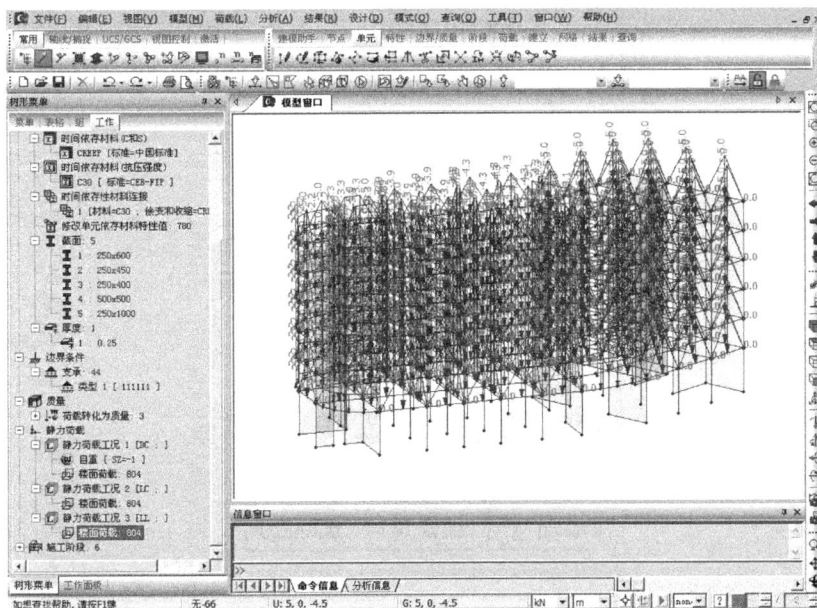

图 2-18 使用阶段楼面活荷载

9. 定义自重

主菜单选择　*荷载→自重*

荷载工况名称：DC（施工阶段荷载）。

荷载组名称：荷载组1（施工阶段分析时，一定要将自重定义在第一个施工阶段的荷载组内，其他施工阶段的自重程序会自动读取）。

自重系数：Z＝－1；点击 [添加(A)]。

如图 2-19 所示。

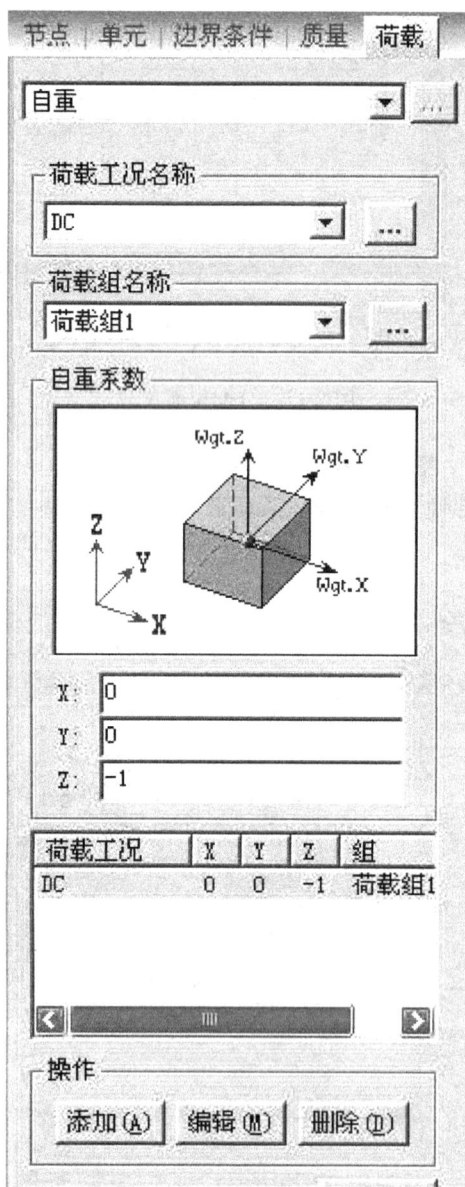

图 2-19　定义自重

10. 输入施工阶段分析数据

1：主菜单选择 *荷载→施工阶段分析数据→定义施工阶段*

名称：CS1，持续天数：10 天，保存结果：勾选"施工阶段"。

单元：结构组 1，材龄：3 天（3 天开始有强度），点击 添加 。

边界：边界组 1，点击 添加 。

荷载：荷载组 1，点击 添加 。

最后点击 确认 。

如图 2-20 所示。

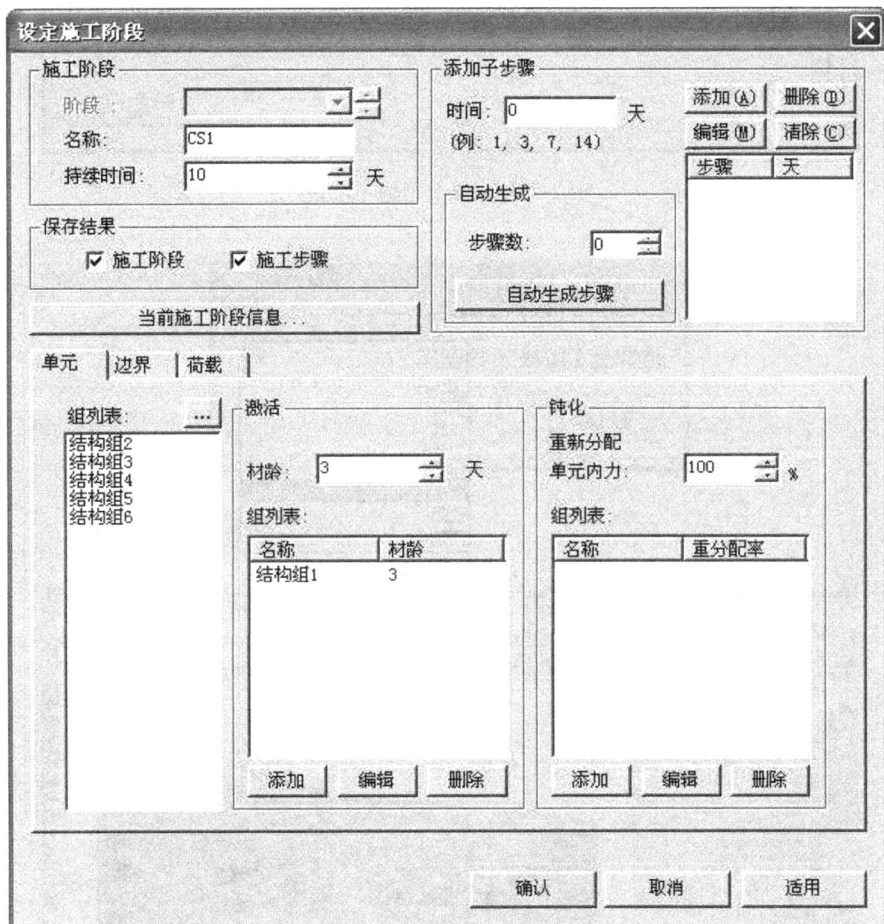

图 2-20　定义第一施工阶段

2：重复步骤 1，定义第二、三、四、五、六施工阶段：CS2、CS3、CS4、CS5、CS6。

如图 2-21 所示。

3：主菜单选择 *荷载→施工阶段分析数据→选择显示施工阶段*

在模型窗口选择显示各施工阶段。

如图 2-22 所示。

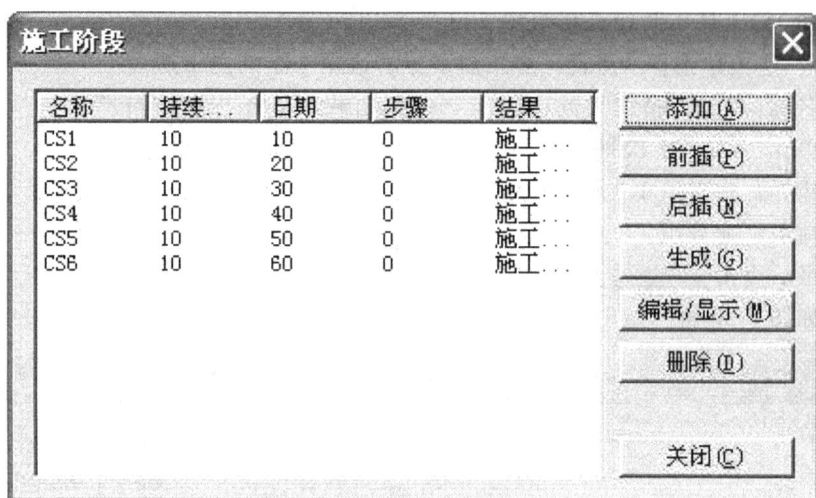

图 2-21 定义其他施工阶段

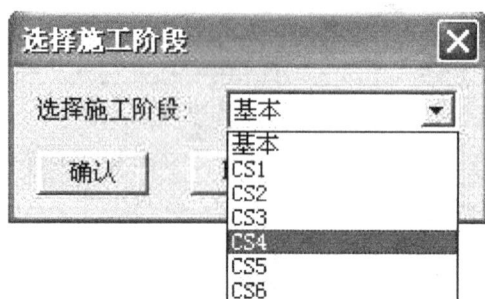

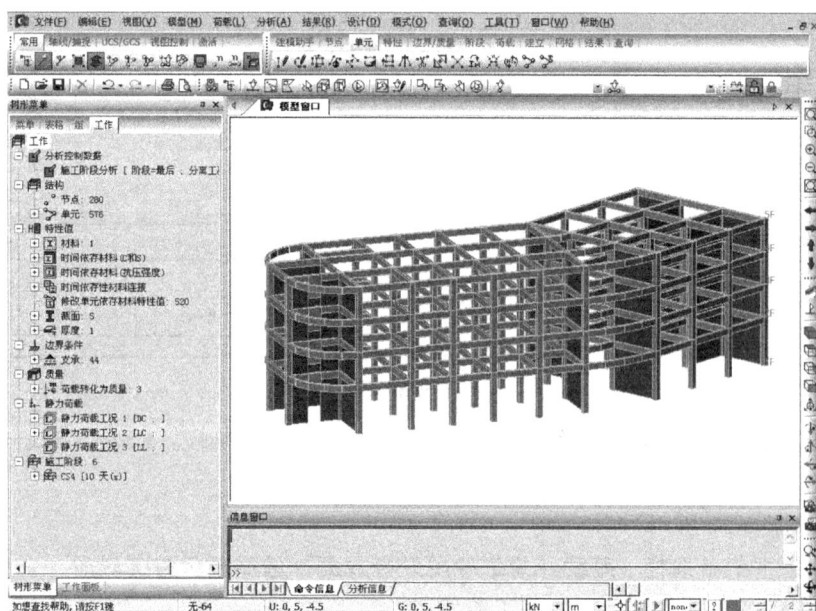

图 2-22 显示施工阶段

11. 定义结构类型

主菜单选择 *模型→结构类型*

结构类型：3-D（三维分析）。

将结构的自重转换为质量：不转换（反应谱分析时需要将自重转换为质量，本例题不作反应谱分析）。

如图 2-23 所示。

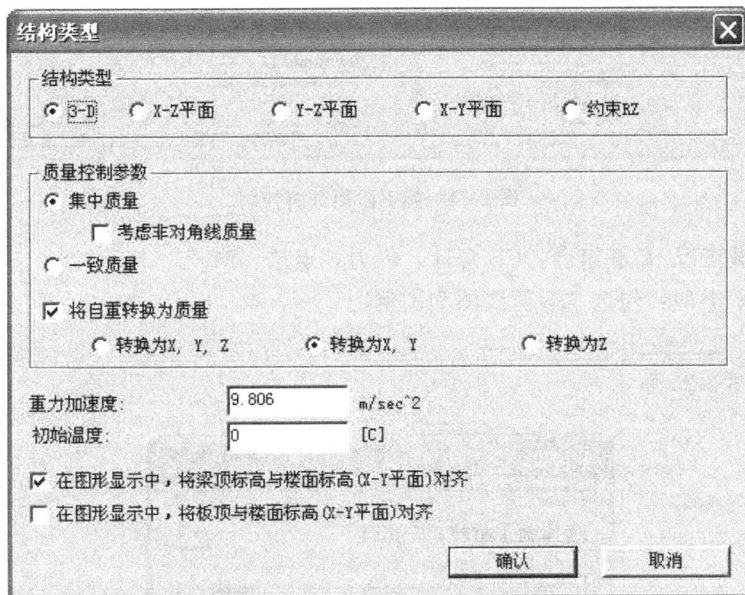

图 2-23 定义结构类型

12. 运行施工阶段分析

1：主菜单选择 *分析→施工阶段分析控制*

最终施工阶段：点选"最终施工阶段"。

分析选项：勾选"考虑时间依存效果（累加效果）"。

时间依存效果：勾选"徐变和收缩"，类型：点选"徐变和收缩"。

徐变：勾选"自动分割时间"。

从施工阶段分析结果的恒荷载中分离出荷载工况：施工阶段荷载在程序中不分恒、活荷载，都视为恒荷载；因此，如果分离出哪种荷载工况，则此种荷载工况为活荷载，在荷载组合时其分项系数按活荷载取用。

荷载工况：LC，点击 添加 ，最后点击 确认 。

如图 2-24 所示。

2：主菜单选择 *分析→运行分析*

以上为整个前处理阶段，包括建模、荷载输入、分析选项等。

13. 查看结果

1：主菜单选择 *结果→内力→梁单元内力图*

查看 CS1 阶段内力。

注：通常我们认为恒载为随施工阶段逐步添加，而活载是在建筑物建成之后才添加到结构之上的。因此此处将"LC"作以"分离"。

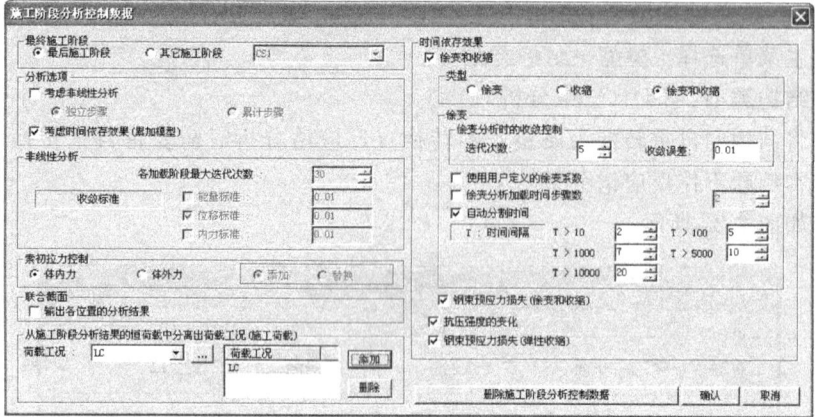

图 2-24　施工阶段分析控制

荷载工况/荷载组合：CS 合计，内力：点选"My"。

显示类型：勾选"等值线图和图例"。

点击 适用 。

如图 2-25 所示。

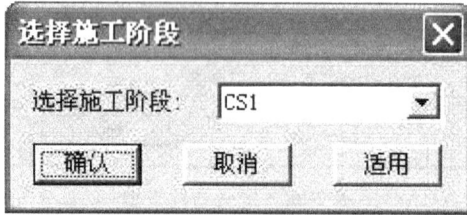

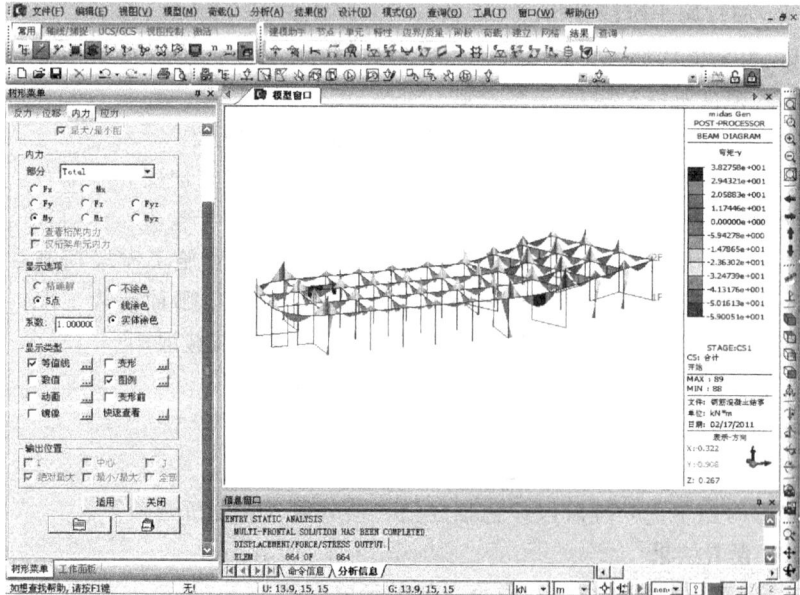

图 2-25　CS1 阶段梁单元弯矩图

2：主菜单选择 **荷载→施工阶段分析数据→选择显示施工阶段**
查看 CS2 阶段内力。

选择施工阶段：CS2，点击 确认 。

如图 2-26 所示。

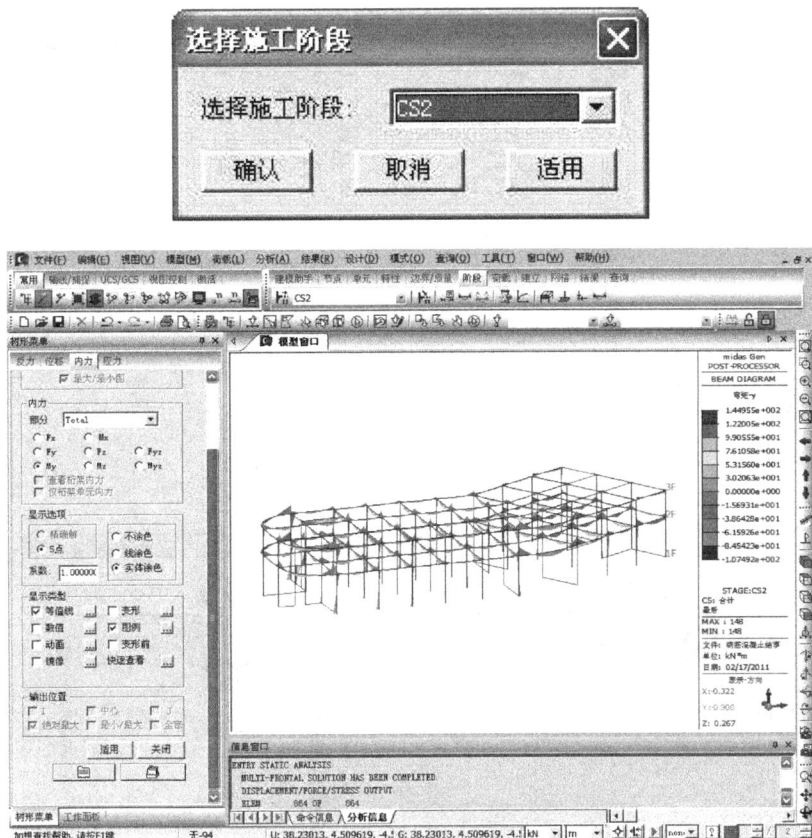

图 2-26 CS2 阶段梁单元弯矩图

3：重复步骤 2，查看其他施工阶段内力：CS3、CS4、CS5、CS6。
如图 2-27 所示。

14. 荷载组合

主菜单选择 **结果→荷载组合**

将施工阶段荷载与使用阶段活荷载进行组合。

荷载工况：LL，系数：1.4。

荷载工况：恒荷载（CS），系数：1.2。

名称：ZH1。

如图 2-28 所示。

15. 查看使用阶段分析结果

1：主菜单选择 **荷载→施工阶段分析数据→选择显示施工阶段**
查看 PostCS 最终阶段输出的内力。

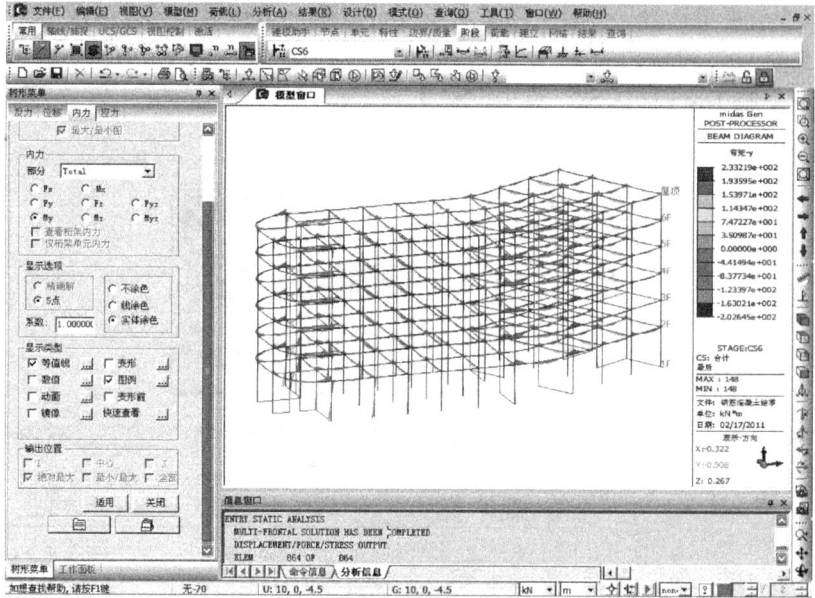

图 2-27 CS6 阶段梁单元弯矩图

注：在荷载工况和系数一栏，可自定义荷载组合；其中 ST 表示静力荷载工况，CS 表示施工阶段荷载工况。

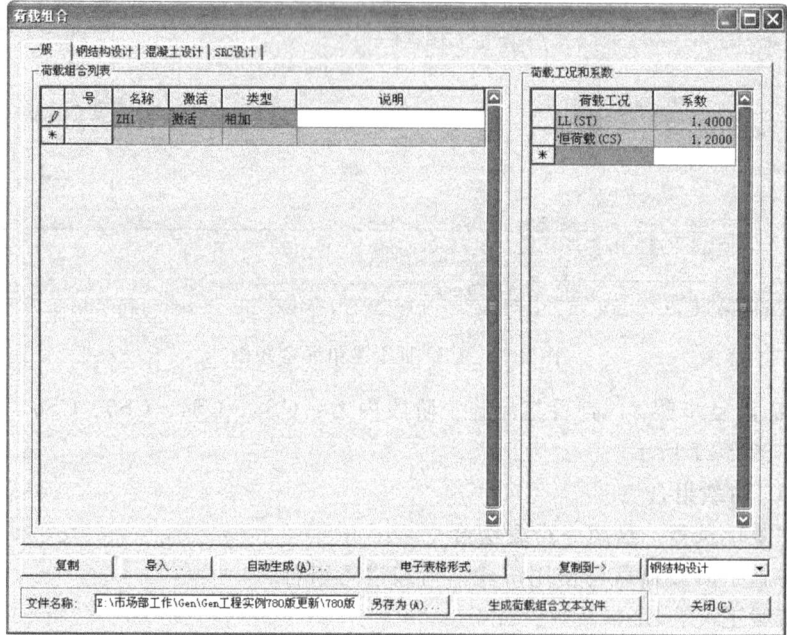

图 2-28 荷载组合

如图 2-29 所示。

2：主菜单选择 **结果→内力→梁单元内力图**

荷载工况/荷载组合：ZH1，内力：点选"My"。

显示类型：勾选"等值线和图例"。

图 2-29 查看 PostCS 最终阶段输出的内力

点击 适用 。

如图 2-30 所示。

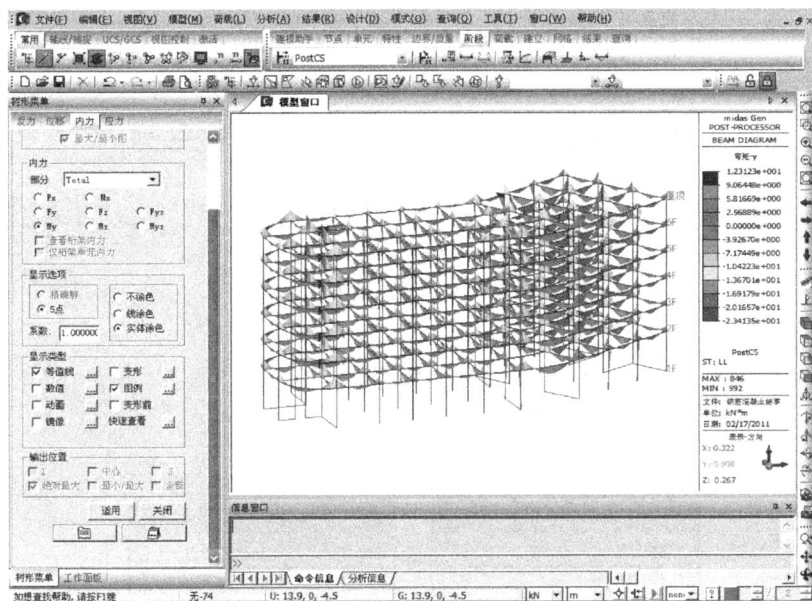

图 2-30 PostCS 阶段梁单元弯矩图

16. 施工阶段柱弹性收缩结果

首先，在模型窗口查询一层某一根柱子的节点坐标信息。

1：主菜单选择 **查询→查询节点**

在模型窗口选择一层一个节点，并记下该节点的坐标信息。

2：主菜单选择 **结果→施工阶段柱弹性收缩图形**

点击"添加新的柱单元"。

名称：Z1，坐标信息：$X = 13.9$，$Y = 0$。

勾选"Total＋Total"项，点击 确认 。

3：重复步骤 1、2，定义柱单元 Z2

名称：Z2，坐标信息：$X = 22.1$，$Y = 10$。

勾选"Total＋Total"项，点击 确认 。

如图 2-31 所示。

注:

弹性收缩：用后缀
Elst 表示。

徐变：由徐变引起的
收缩，用后缀
Creep 表示。

收缩：由收缩引起的
收缩，用后缀
Shrnk 表示。

全部：由弹性收缩、
徐变、收缩引
起的收缩之
和，用后缀
Ttl 表示。

由下层荷载引起的
本层竖向位移：
用后缀 Up 表示。

本层及其以上层荷
载引起的本层竖向
位移：
用后缀 Sub 表示。

全部所有荷载引起
的本层竖向位移：
用后缀 Ttl 表示。

例：柱 1 _ Shrnk _ Ttl
表示柱 1 由于收缩应
变引起的位移量（所
有层）。

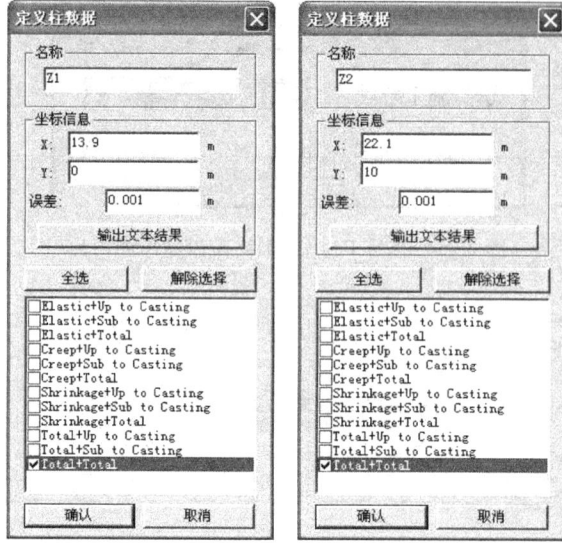

图 2-31　定义柱单元

4：编辑柱单元 Z1 和 Z2

（1）点击 "Z1-Ttl-Ttl"；点击 ▭确认▭ 。

位移类型：点选全部。

施工阶段：点选 "全部"；点击 ▭确认▭ 。

（2）重复步骤（1），编辑 Z2-Ttl-Ttl

如图 2-32 所示。

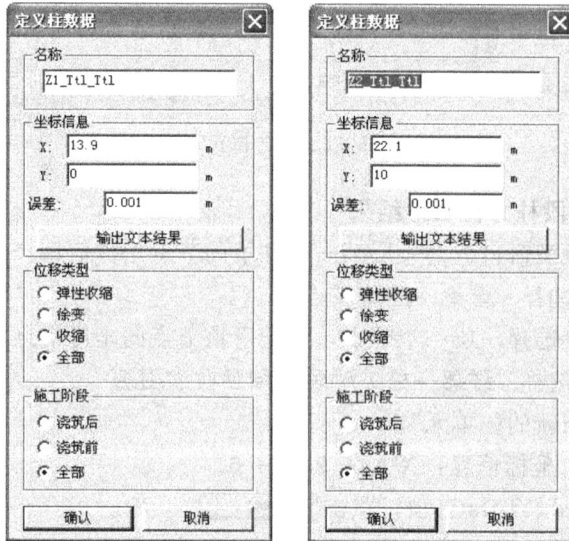

图 2-32　编辑柱单元 Z1 和 Z2

5：查看柱弹性收缩图形

勾选 "Z1-Ttl-Ttl" 和 "Z2-Ttl-Ttl"。

阶段选择"CS6"。

Y 轴选项：点选"层"。

点击 适用 。

如图 2-33 所示。

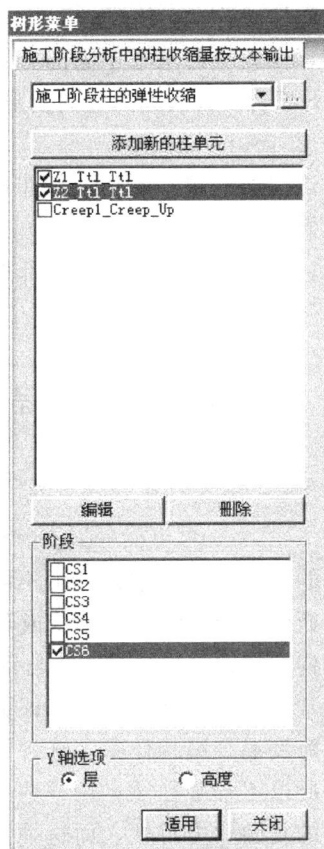

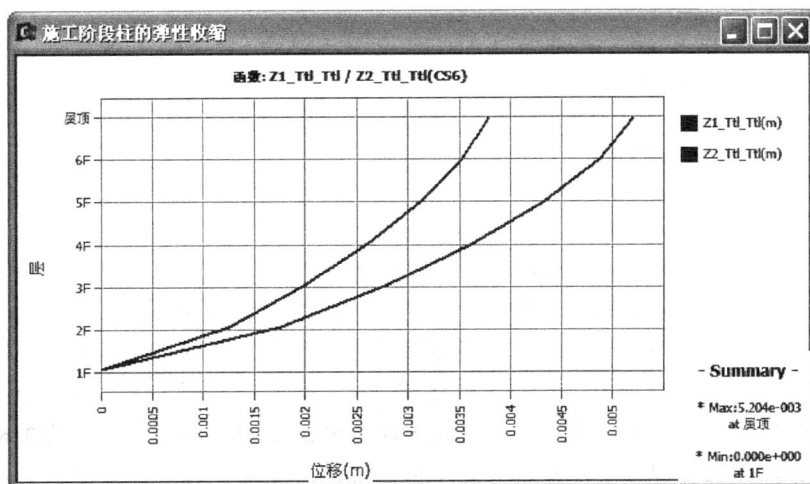

图 2-33 柱弹性收缩图形

2.1.3 分析结果利用

由于竖向构件的刚度不同，导致各构件分配的荷载不同，因而各柱子在施工过程中会产生不同的变形，通过程序提供的柱弹性收缩图形结果，可以很准确地了解各个施工阶段柱子的变形情况。

对于钢筋混凝土结构，任意一层水平层高的补正是通过调整模板的位置来进行的（Up to Slab：下部层荷载引起的竖向变形），预留高度是本层及上部层的荷载产生的竖向变形（Subsequent）。

对于钢结构，将按设计图纸所制作的柱构件在现场进行组装时，柱的不同变形是通过在各柱之间插入滤板（Filter Plates）来进行补正的。其补正量的大小是由下部层的荷载、该层的荷载，以及上部层的荷载所产生的竖向变形之和来决定的。

2.2 大跨混合结构工程分析

2.2.1 概述

混合结构是一种常见的结构类型，它是指由不同材料的构件组成的结构体系，如砖与混凝土混合而成的砖混结构，钢（或其他组合构件）与混凝土组成的钢—混凝土混合结构，如钢筋混凝土筒体与钢框架组成的混合结构等。而本文着重探讨目前比较常见的一种结构类型，即由底部混凝土结构和上部大跨度的钢屋盖组成的大跨度混合结构体系。这种结构由于目前一些国内的软件无法整体建模分析，所以工程师往往采用一些简化的计算方法，忽略掉这两种材料混合在一起后的复杂动力特性，而这种计算方法常常对地震作用效应无法准确地模拟。

本文采用一个典型的工程实例，来说明采用 midas Gen 进行此类结构分析设计的方法及能够解决的主要技术问题。

2.2.2 工程概况

如图 2-34 所示。

本工程地下一层，局部地下两层，地上为两个塔楼，分别为 6 层的钢筋混凝土框架结构，梁的最大外挑长度为 5.6m，由于地下室部分跨度较大，以及上部部分构件外挑长度过大，部分梁采用了预应力结构。屋盖为双层网架结构，横向跨度为 48m，纵向跨度为 66.8m。网架与混凝土柱相接部分一端采用弹性铰支座，一端采用弹性滑动支座，考虑到两个塔楼纵向均为单榀框架，在纵向部分混凝土框架间设置了钢筋混凝土交叉支撑，以提供有效的侧向刚度（图 2-35）。

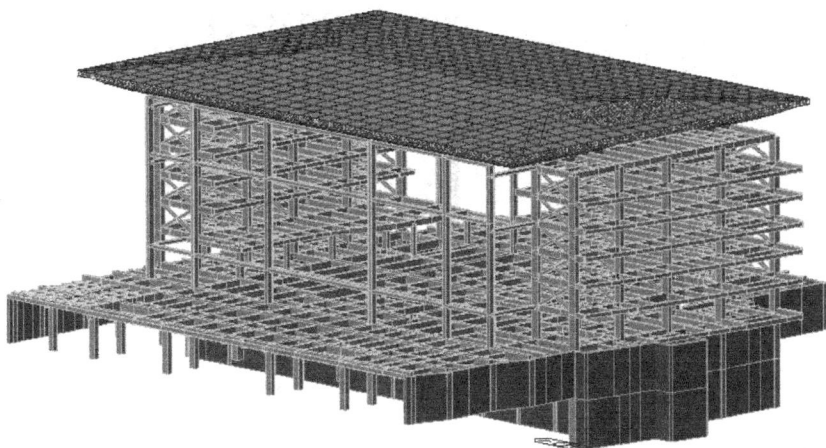

图 2-34 某混合结构 midas Gen 模型轴测图

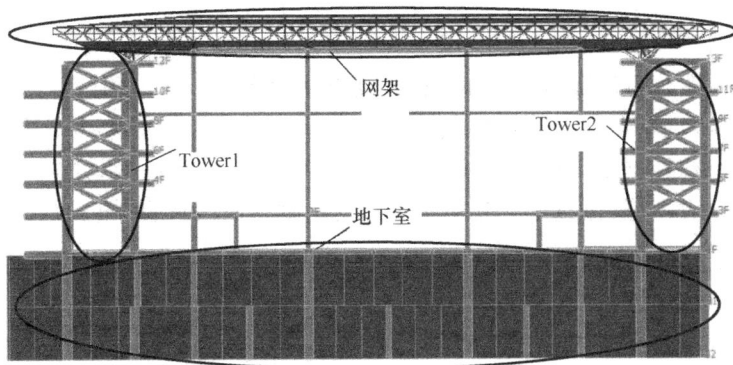

图 2-35 模型分块示意图

2.2.3 整体分析的重要参数设置

1. 带有地下室的结构整体分析

本工程的地下室侧向刚度很大，且土体对地下室的约束作用较大，即不考虑周围土体的弹性作用，土体对地下室完全嵌固。在 midas 里需要对地下室的周圈节点进行自由度的约束，即约束周圈节点的 X、Y 向平动，以及绕 Z 轴的旋转自由度。通过 *"模型→边界条件→一般支承"*，选择要约束的节点，及勾选要约束的自由度，点击 适用Ⓐ 按钮。除本工程外有一些工程当需要考虑周边土体的弹性约束作用时，可以通过 *"模型→边界条件→节点弹性支承"* 实现，需要手动输入节点的弹性刚度（图 2-36）。

注：仅当地下室顶板作为嵌固时，需在建筑物数据控制层数据里面把"作特征值分析时，考虑地面以下的质量"不勾选，以获得更理想的有效质量参与系数。

2. 多塔的实现

多塔的实现及定义，请参看本书 2.3 节相关内容，本节不再赘述。

3. 组阻尼比的定义及阻尼比计算方法的选择

地下室与 Tower1、Tower2 为混凝土部分，在程序中设置为"混凝土"组，并将其阻尼比设置为 0.05。网架及幕墙为钢结构部分，在程序中设置为

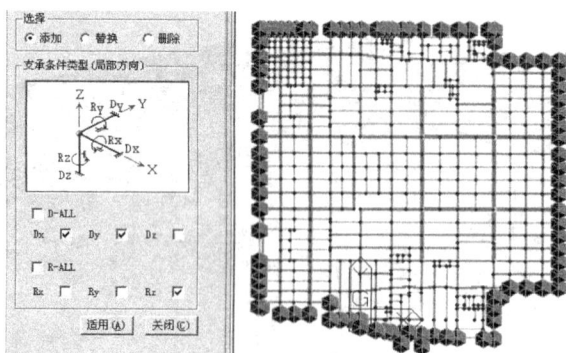

图 2-36 约束周圈节点以实现土体对地下室的完全嵌固

注：组阻尼比的定义方法这里不再赘述，请参考 midas 公司编写的培训资料《组合结构分析》。

"钢结构"组，并将其阻尼比设置为 0.02。在定义反应谱工况时，将阻尼比的计算方法选择为"应变能因子"法，程序能够按照该算法计算出结构每个振型下的阻尼比。阻尼比的计算是否合理对结构地震反应分析影响很大，在后文中加以阐述。

4. 混凝土部分与钢结构部分相接处支座的模拟

本工程网架与混凝土柱相接部分一端采用弹性铰支座，一端采用弹性滑动支座，通过"**模型→边界→弹性连接**"，需要手动输入三个方向的位移刚度与三个方向的旋转刚度来实现。本工程支座刚度输入见表 2-1。

支座刚度输入表 表 2-1

序号	SD_x (kN/mm)	SD_y (kN/mm)	SD_z (kN/mm)	SR_x (kN·mm/rad)	SR_y (kN·mm/rad)	SR_z (kN·mm/rad)	支座类型
1	10778.8	7.52	7.52	0	0	0	弹性铰支座
2	10778.8	7.52	7.52	0	0	0	
3	10778.8	7.52	7.52	0	0	0	
4	10778.8	7.52	7.52	0	0	0	
5	10778.8	0	7.52	0	0	0	单向滑动铰支座
6	10778.8	0	7.52	0	0	0	
7	10778.8	0	7.52	0	0	0	
8	10778.8	0	7.52	0	0	0	
9	10778.8	0	7.52	0	0	0	

表 2-1 中：序号：对应弹性连接号，可以在"**视图→显示→边界**"里，将其勾选显示。

SDx：沿弹性连接单元坐标轴 X 方向的位移刚度。SDy、SDz 同理。

SRx：绕弹性连接单元坐标轴 X 的转动刚度。SRy、SRz 同理。

5. 荷载

关于地震作用：本工程属于 8 度区的大跨度结构且框架部分有大悬挑，故除考虑水平地震作用外，也考虑了竖向地震作用，即需要在反应谱分析工况中设置竖向地震作用工况。此处不再赘述。

关于风荷载：Tower1 与 Tower2 考虑了刚性楼板，其风荷载可以通过"荷载→横向荷载→风荷载"输入相关参数后程序自动添加，本工程基本风压力为 0.45kN/m²，塔楼部分体形系数为 1.3。网架部分风荷载通过建立虚面，并在虚面上施加表面压力的方法实现，当然此压力荷载需要根据相关规范手动计算，本工程网架屋盖部分为四坡屋面，最大倾角小于 15°，主要以风吸力为主，X 方向风荷载为风吸 −0.93kN/m²，Y 方向风荷载为风吸 −0.58kN/m²，此风荷载作了简化计算，仅供参考。

注：虚面即面内、面外刚度均很小的面，在结构分析中只用于传导荷载，而不考虑其重量和刚度，因此我们需要单独定义一种容重为零，弹性模量比标准材料小 4～5 个数量级的材料类型用于虚面的定义，同时将虚面的厚度定义为一个极小值，如 0.1mm。

2.2.4 整体计算结果

1. 周期与振型分析结果

采用子空间迭代法进行特征值分析，振型数取 20，前 6 阶振型的周期如表 2-2 所示。

振型号	周期（s）	X 向平动因子（%）	Y 向平动因子（%）	Z 向扭转因子（%）
				周期与振型输出　　表 2-2
1	0.9317	99.8773	0.0666	0.0562
2	0.8197	81.2173	13.1190	5.6636
3	0.7441	4.9527	93.5800	1.4673
4	0.6037	93.1262	4.3612	2.5125
5	0.5313	3.8474	85.9401	10.2125
6	0.5128	6.7617	80.3458	12.8924

X 向的有效质量参与系数为 93.8%，Y 向的有效质量参与系数为 97.5%。

从振型分析结果可以看出结构主要以平动为主，扭转效应不明显，且取 20 阶振型有效参与质量能够满足规范要求。

2. 反应谱分析结果

此工程地震基本设防烈度为 8 度，基本地震加速度为 0.2g，多遇地震下地震影响系数最大值 $\alpha_{max}=0.16$，场地类别为 Ⅱ 类，设计地震分组为第一组，特征周期 $T_g=0.35s$，阻尼比采用组阻尼比由程序自动计算各振型阻尼比，计算结果见表 2-3。

振型号	频率（Hz）	周期（s）	M.P.M（X%）	M.P.M（Y%）	振型阻尼比
					振型阻尼比输出　　表 2-3
1	1.024757	0.975841	68.084231	0.003133	0.047521
2	1.163232	0.859674	0.169648	6.168926	0.047308
3	1.268425	0.788379	0.000146	42.78016	0.041253
4	1.61097	0.620744	13.128119	0.457113	0.041238
5	1.781097	0.561452	0.611219	28.47873	0.044195
6	1.841732	0.542967	0.717576	7.977027	0.041723
7	2.096492	0.476987	0.051975	0.000116	0.036139
8	2.52008	0.396813	0.000362	0.001971	0.036311
9	2.574861	0.38837	0.64849	0.000001	0.021406

振型号	频率（Hz）	周期（s）	M.P.M（X%）	M.P.M（Y%）	振型阻尼比
10	2.687607	0.372078	0.000439	0.000023	0.020427
11	3.492387	0.286337	6.707128	0.001236	0.048188
12	3.550983	0.281612	0.003116	0.00003	0.020939
13	3.618136	0.276385	0.967369	0.000299	0.024221
14	3.660398	0.273194	3.487487	0.004989	0.044266
15	4.121008	0.242659	0.0016	0.388757	0.020996
16	4.362767	0.229212	0.005973	0.01501	0.023561
17	4.436944	0.22538	0.020379	0.021581	0.023742
18	4.597276	0.21752	0.002011	2.279302	0.029777
19	4.626902	0.216127	0.002476	8.758348	0.042944
20	4.699301	0.212798	0.000326	0.000351	0.023954

振型分解反应谱法计算地震作用中，反应谱函数的横轴代表结构的自振周期为 T，纵轴代表地震影响系数 α，这是一个重要的系数，直接影响地震作用计算的大小，而影响该系数大小的主要有四个值，即结构的自振周期 T、地震影响系数最大值 α_{max}，特征周期 Tg，以及结构的阻尼比 ζ，此工程采用的反应谱函数见图 2-37 所示。

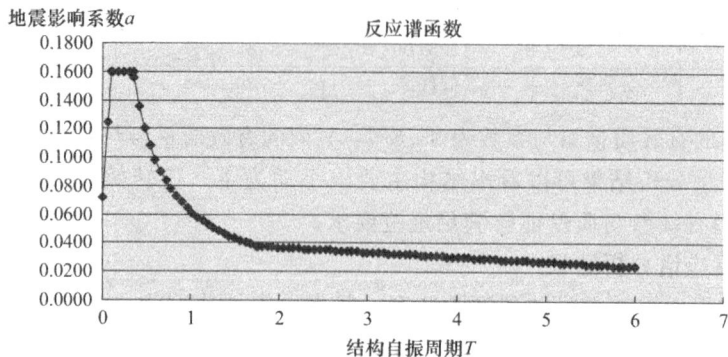

图 2-37　反应谱函数输出

有了反应谱函数以及根据"应变能因子"法计算出的结构各振型阻尼比，能够计算出结构在每个振型下的地震影响系数（表 2-4）。

振型阻尼比下的地震影响系数　　　　　　表 2-4

振型	周期	振型阻尼比	修正后 γ	修正后 η_1	修正后 η_2	α
1	0.9317	0.0470	0.9041	0.0204	1.0217	0.0675
2	0.8197	0.0480	0.9027	0.0203	1.0141	0.0753
3	0.7441	0.0403	0.9139	0.0212	1.0757	0.0864
4	0.6037	0.0408	0.9130	0.0211	1.0708	0.1042
5	0.5313	0.0453	0.9065	0.0206	1.0345	0.1134
6	0.5128	0.0404	0.9137	0.0212	1.0746	0.1213
7	0.4600	0.0352	0.9218	0.0218	1.1231	0.1397

续表

振型	周期	振型阻尼比	修正后 γ	修正后 η_1	修正后 η_2	α
8	0.3890	0.0305	0.9298	0.0224	1.1738	0.1702
9	0.3856	0.0277	0.9350	0.0228	1.2088	0.1767
10	0.3691	0.0205	0.9489	0.0237	1.3103	0.1993
11	0.2760	0.0204	0.9492	0.0237	1.3128	0.2100
12	0.2699	0.0264	0.9373	0.0229	1.2247	0.1960
13	0.2678	0.0421	0.9111	0.0210	1.0600	0.1696
14	0.2565	0.0474	0.9035	0.0203	1.0182	0.1629
15	0.2270	0.0228	0.9444	0.0234	1.2761	0.2042
16	0.2232	0.0227	0.9445	0.0234	1.2772	0.2043
17	0.2143	0.0218	0.9463	0.0235	1.2902	0.2064
18	0.2094	0.0231	0.9438	0.0234	1.2716	0.2035
19	0.2043	0.0489	0.9015	0.0201	1.0077	0.1612
20	0.1894	0.0425	0.9105	0.0209	1.0563	0.1690

若采用综合阻尼比，取综合阻尼比 $\zeta=0.035$，也可计算出综合阻尼比下结构各振型下的地震影响系数（表 2-5）。

综合阻尼比下的地震影响系数　　　　　表 2-5

振型	周期	综合阻尼比	修正后 γ	修正后 η_1	修正后 η_2	α
1	0.9317					0.0730
2	0.8197					0.0822
3	0.7441					0.0898
4	0.6037					0.1089
5	0.5313					0.1225
6	0.5128					0.1266
7	0.4600					0.1400
8	0.3890					0.1634
9	0.3856					0.1647
10	0.3691	0.0350	0.9222	0.0219	1.1255	0.1715
11	0.2760					0.1801
12	0.2699					0.1801
13	0.2678					0.1801
14	0.2565					0.1801
15	0.2270					0.1801
16	0.2232					0.1801
17	0.2143					0.1801
18	0.2094					0.1801
19	0.2043					0.1801
20	0.1894					0.1801

注：表中，γ、η_1、η_2 分别为影响反应谱曲线形状的相关系数。

将采用组阻尼比与综合阻尼比计算出的结构各周期下的地震影响系数做成曲线，如图 2-38 所示。

注：不少用户认为组阻尼计算是通过影响周期值来影响地震作用的。但实际上一般程序均按"无阻尼自由振动"的方式计算结构自振周期，因此结构阻尼比对周期值没有影响。究其本质，组阻尼计算是通过影响反应谱地震影响系数，来实现对结构地震作用的调整的。

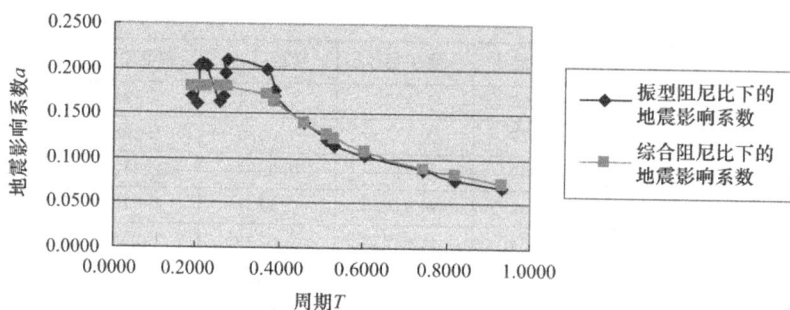

图 2-38　组阻尼比与综合阻尼比计算的地震影响系数对比

从图 2-38 中可以看出，针对于本工程，采用综合阻尼比计算的地震影响系数在长周期的振型中与组阻尼比计算的基本一致，而在短周期的振型中，综合阻尼比计算的地震影响系数偏小，这样如果采用综合阻尼比会对短周期的振型地震作用的计算估计太小，造成地震作用计算的误差。所以，组阻尼比计算出的各振型阻尼比不但更能够用于较准备的计算结构的地震作用，而且也给采用综合阻尼比计算地震作用提供了参考和依据。

3. 混凝土部分与钢屋盖相接处支座内力结果

通过"结果→分析结果表格→弹性连接"，选择包络工况，查看支座内力见表 2-6，提取该内力可用于支座节点的设计。

支座处内力输出　　　　　　　　　　　　　　　　　　　　　　　表 2-6

序　号	荷载组合工况（包络）	轴向（kN）	剪力——y(kN)	剪力——z(kN)
1	RC ENV_STR（最小）	−1246.69	−268.83	−332.98
	RC ENV_STR（最大）	42.44	426.23	328.82
2	RC ENV_STR（最小）	−951.85	−229.86	−326.09
	RC ENV_STR（最大）	−105.83	449.91	338.94
3	RC ENV_STR（最小）	−1209.73	−269.34	−347.77
	RC ENV_STR（最大）	121.01	382.44	332.22
4	RC ENV_STR（最小）	−455.96	−348.71	−327.94
	RC ENV_STR（最大）	4.6	309.2	355.99
5	RC ENV_STR（最小）	−960.8	0	−274.54
	RC ENV_STR（最大）	−28.18	0	269.05
6	RC ENV_STR（最小）	−772.45	0	−292.77
	RC ENV_STR（最大）	−22.13	0	279.71
7	RC ENV_STR（最小）	−1131.98	0	−293.86
	RC ENV_STR（最大）	−242.56	0	283.62
8	RC ENV_STR（最小）	−755.84	0	−285.41
	RC ENV_STR（最大）	58.56	0	291.92
9	RC ENV_STR（最小）	−413.8	0	−265.56
	RC ENV_STR（最大）	−55.76	0	293.86

4. 混凝土部分与钢屋盖相接处支座滑移验算

通过"**结果→分析结果表格→位移**"填写要查看位移的节点，并选择反应谱工况 ry(RS)，能够查看到该工况下支座节点的位移，注意得到的此位移是绝对位移，我们通过 Excel 表格，做一个小的后处理程序，计算出支座节点的相对位移（表 2-7）。

支座节点相对位移输出

表 2-7

序 号	Node	工 况	ux	uy	uz	DeltaX	DeltaY	DeltaZ
1	2270	ry(RS)	3.04	13.41	−1.28	2.68	20.26	0.00
	6604	ry(RS)	5.72	33.68	−1.28			
2	2272	ry(RS)	2.96	13.33	−1.56	2.94	21.22	0.00
	6603	ry(RS)	5.90	34.54	−1.56			
3	2279	ry(RS)	2.96	14.26	−0.84	2.51	23.65	0.00
	6602	ry(RS)	5.47	37.91	−0.84			
4	2283	ry(RS)	2.96	15.33	−1.46	2.49	25.36	0.00
	6601	ry(RS)	5.45	40.69	−1.46			0.01
5	2321	ry(RS)	−3.60	13.37	1.21	3.77	24.52	0.00
	6600	ry(RS)	−7.37	37.89	1.21			
6	2309	ry(RS)	−3.52	13.53	1.51	3.94	26.34	0.00
	6599	ry(RS)	−7.45	39.87	1.51			
7	2312	ry(RS)	−3.51	13.72	1.08	3.99	27.59	0.00
	6598	ry(RS)	−7.50	41.31	1.08			
8	2315	ry(RS)	−3.51	14.00	0.78	3.92	28.45	0.00
	6597	ry(RS)	−7.44	42.45	0.79			
9	2320	ry(RS)	−3.52	14.33	1.22	3.62	28.97	0.00
	6596	ry(RS)	−7.14	43.31	1.22			

从表 2-7 中可以看出最大位移发生在 9 号支座，DeltaY＝28.97mm，而支座的最大滑移动限值为 30mm，满足要求。

5. 混凝土部分位移角及位移比结果

通过"**结果→分析结果表格→层**"这里可以查看到与层相关的所有结果，包括层剪重比、层位移比、层间位移角、层刚度比、层剪力比等，表 2-8 为输出的层位移角及层位移比。

层间位移角与位移比输出

表 2-8

塔 号	层	工 况	层间位移角	层间位移比
Tower1	6	rx	1/2410　(1/2382)	1.023 (1.048)
Tower1	5	rx	1/1610　(1/1596)	1.016 (1.003)
Tower1	4	rx	1/1205　(1/1141)	1.014 (1.012)
Tower1	3	rx	1/1022　(1/968)	1.011 (1.009)
Tower1	2	rx	1/949　(1/905)	1.008 (1.001)
Tower1	1	rx	1/1198　(1/1118)	1.003 (1.037)

注：括号内代表考虑偶然偏心后的结果。

塔　号	层	工　况	层间位移角	层间位移比
Tower2	6	rx	1/2355　(1/2339)	1.006 (1.002)
Tower2	5	rx	1/1527　(1/1490)	1.001 (1.006)
Tower2	4	rx	1/1115　(1/1056)	1.001 (1.006)
Tower2	3	rx	1/921　(1/873)	1.003 (1.008)
Tower2	2	rx	1/834　(1/793)	1.006 (1.012)
Tower2	1	rx	1/1025　(1/965)	1.045 (1.079)

从表 2-8 中看出，X 向地震作用下，不考虑偶然偏心的最大层间位移角为 1/834＜1/550，最大层间位移比为 1.045＜1.2，考虑 5% 偶然偏心下的最大层间位移角为 1/793＜1/550，最大层间位移比为 1.079＜1.2，均满足规范的要求。Y 向地震作用下的层间位移角及位移比经计算也满足规范要求，此处略去。

6. 其他计算结果

由于多塔资料中详细介绍了一些层指标的分析结果及判断方法，所以此处稍作解释，没有列出具体值。

刚重比：通过"**结果→稳定验算**"，计算结构的刚重比，满足规范要求，可以不考虑重力二阶段效应，具体表格略。

剪重比：通过"**结果→分析结果表格→层→层剪重比（反应谱分析）**"，输出剪重比表格，均满足规范最小剪重比的要求，具体表格略。

层刚度比：通过"**结果→分析结果表格→层→侧向刚度不规则验算**"，可以输出结构的层刚度与层刚度比，以此判断结构的薄弱层，本工程层刚度比满足规范要求。

层剪力比：通过"**结果→分析结果表格→楼层承载力突变验算**"，可以输出结构的层剪力与层剪力比，以此判断结构的薄弱层，本工程层剪力比满足规范要求，不存在薄弱层。

2.2.5　结语

本技术资料初步探讨了大跨混合结构分析设计的基本内容与相关问题，并通过具体的工程实例，应用 midas Gen 建立了接近实际的整体分析模型，且重点介绍了该模型采用组阻尼比计算出的振型阻尼比应用于反应谱分析的方法，为采用综合阻尼比计算地震作用提供了参考和依据，还重点介绍了混凝土部分与钢屋盖弹性支座的模拟以及内力和滑移验算等关键问题，充分展示了 midas Gen 在处理此类问题中的特色功能。本文力求重点突出，并未在细枝末节上面面俱到，这些内容在 midas 公司的其他技术资料中都有涉及，如风荷载，温度效应的分析及动力，静力弹塑性分析寻找结构可能存在的薄弱环节等。对于上述分析，工程师仍然可以借助 midas Gen，按照具体的设计要求根据规范进行各种参数的设置后对结构进行分析并对结果作出合理的整理和判断。

本文意在说明 midas Gen 程序的相关功能，所有数据并不代表工程实际情况，仅供读者参考。

2.3 多塔结构分析

2.3.1 分析背景

大底盘多塔结构底部几层为大底盘，在水平地震和风荷载作用下各塔楼的受力变形受到底盘结构各楼层，尤其是底盘顶层在平面内的制约，因此多塔结构的计算分析和实际的受力状况远比单塔楼结构复杂。

本章主要介绍利用 midas Gen 进行多塔结构分析的整个过程，包括风荷载的施加方法、多塔的定义以及结合实际工程情况进行后处理的过程，以使相关技术人员能够参照进行多塔结构的处理。

2.3.2 工程例题

本例题介绍使用 midas Gen 进行多塔结构的分析方法。模型为不对称双塔楼钢筋混凝土结构，其中大底盘 4 层，两个塔块的高度分别为 12 层和 8 层（图 2-39）。

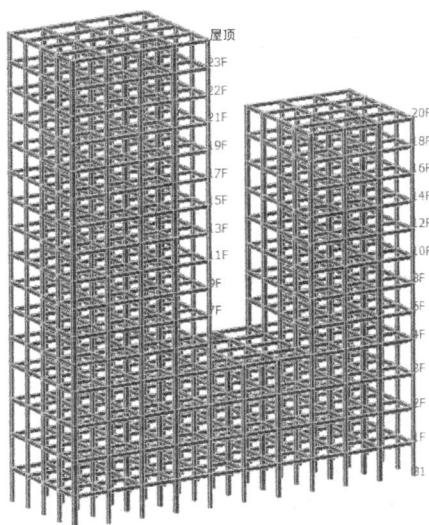

图 2-39 分析模型

2.3.3 模型建立要点

在 midas Gen 中，由于没有自动分块刚性板假定，所以处理的难点主要是定义层后分块刚性板假定的设定和风荷载的施加，同时在 midas Gen 中对于多塔的定义是在后处理中，对于多塔的定义和结果的提取有别于其他软件。

2.3.4 边界条件处理

假设有一层地下室，程序中较为常用的对于地下室的处理方法为：地下室底板处考虑为嵌固，顶板处考虑为约束平面内自由度。具体施加方法如图 2-40、图 2-41 所示。

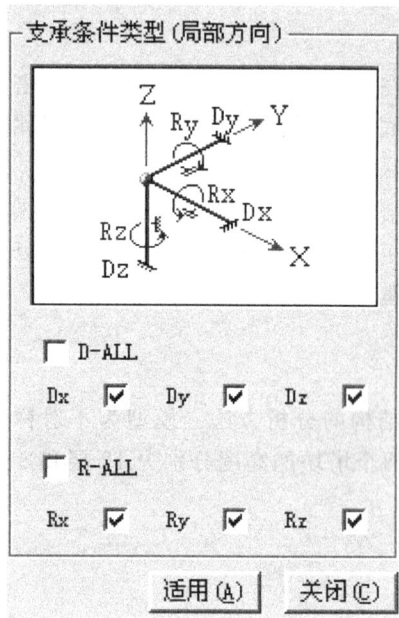

图 2-40 地下室底板约束条件	图 2-41 地下室两层顶板约束
	（解除地下室刚性楼板假定）

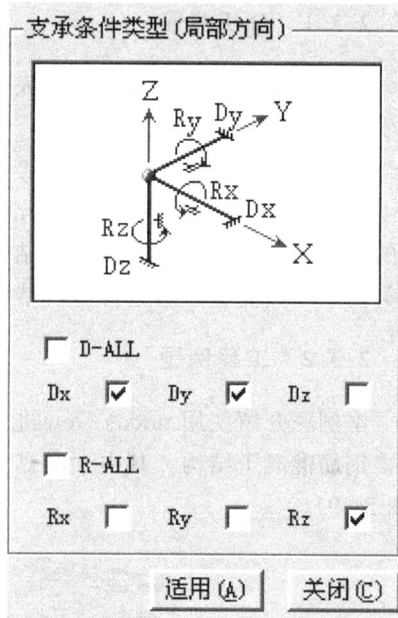

主菜单选择 *模型→边界条件→一般支承*

2.3.5 按单塔考虑风荷载的施加

对于多塔，Gen 中有几种风荷载的施加方法。

当采用弹性板时，Gen780 之前的版本，由于楼板的刚心是变化的，程序不能自动计算风荷载，这样就需要人为进行施加。Gen780 之后的版本，即使是弹性板，程序也可以自动添加风荷载，只需勾选图 2-42 所示选项即可。

主菜单选择 *模型→建筑物数据→控制数据*

程序会自动计算好每层的风荷载后，再分配到该层的各个节点上。

如果采用分块刚性楼板假定，由于 Gen 目前没有自动定义分块刚性楼板的功能，所以需要人为进行处理。Gen 中考虑刚性楼板假定时，在同一标高处的所有节点都符合该假定。因而，对于同一标高处的不同塔块的节点需要错开一段较小的距离（一般可以取为 1～5mm），保证同一楼层的不同塔块处于不同的标高处，然后再生成层数据，这样程序可以分塔计算风荷载。

注："错开较小距离"可采用将单个塔块的节点整体移动的方式来实现。

注：该菜单的调出方式为*模型→建筑物数据→控制数据*。

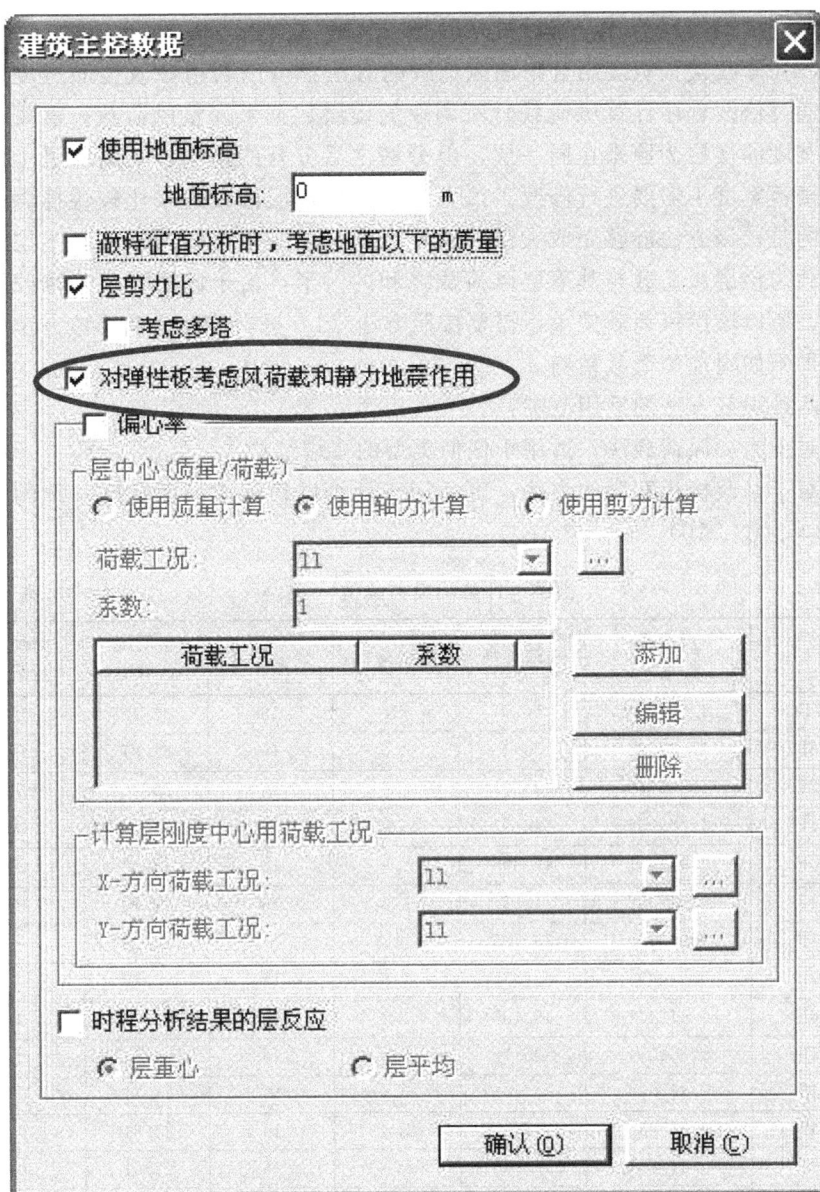

图 2-42 建筑物主控数据

Gen 中计算风荷载时，迎风面的面积为上下层迎风面面积的各一半之和。按照上述处理，错开一段距离之后，生成层数据时由于增加了很多层高很小的层，这样计算得到的迎风面面积就不正确，导致程序自动计算的风荷载也不准确。

对于该问题，程序有两种处理方法：

（1）附加风荷载法：可以先删除一个塔块，由程序自动生成风荷载，然后把该塔块的风荷载记录下来，以同样的方法记录另一塔块的风荷载，而后在整体模型中以附加风荷载的方式施加。该方法人为操作性强，但是每层都要添加一次附加风荷载，略显繁琐。

（2）修改楼板宽度结合附加风荷载的方法：可以利用修改楼面宽度的办法，通过修改程序计算风荷载时所调取的楼层数据来调整风荷载。需要调整楼板宽度的楼层为原来在同一层，但分塔之后分开的楼层。对高塔最上面三层的楼板宽度不需要进行修改。该方法对多数楼层修改起来比较快捷。需要注意的是，该方法能够完成大部分楼层风荷载的施加，但对于底盘上层，其风荷载为该层风荷载与其下层风荷载之和的一半，由于该层下层未修改楼板宽度，所以该层风荷载偏小，需要按照方法（1）进行修改。利用该方法的计算结果不如附加风荷载精确。

两种加载方法的适用范围：

对于附加风荷载法，适用于任何类型的多塔结构。

对于修改楼板宽度的方法，更适用于两个塔块的迎风面宽度一致的情况（表 2-9、表 2-10）。

由单塔计算的风荷载值——WX   表 2-9

楼层号	风荷载标准值	楼层标高	楼层高度	楼层宽度	楼层风荷载值	附加风荷载值
屋顶	1.081996	56.7	1.8	16	31.16	0
23F	1.081996	53.1	3.6	16	61.27	0
22F	1.045578	49.5	3.6	16	59.20	0
21F	1.009924	45.9	3.5975	16	57.14	0
20F	0.975451	42.305	1.8	16	28.09	0
19F	0.947332	42.3	1.8	16	27.28	0
18F	0.947294	38.705	1.8	16	27.28	0
17F	0.912496	38.7	1.8	16	26.28	0
16F	0.912421	35.105	1.8	16	26.28	0
15F	0.858054	35.1	1.8	16	24.71	0
14F	0.857978	31.505	1.8	16	24.71	0
13F	0.819935	31.5	1.8	16	23.61	0
12F	0.819891	27.905	1.8	16	23.61	0
11F	0.786929	27.9	1.8	16	22.66	0
10F	0.786874	24.305	1.8	16	22.66	0
9F	0.745892	24.3	1.8	16	21.48	0
8F	0.745833	20.705	1.8	16	21.48	0
7F	0.703095	20.7	1.8	16	20.25	0
6F	0.703035	17.105	1.8	16	20.25	0
5F	0.657486	17.1	1.8025	16	18.96	0
4F	0.65742	13.5	4.05	16	40.84	0
3F	0.608418	9	4.5	16	41.31	0
2F	0.539095	4.5	4.5	16	36.03	0
G.L.	0.461627	0	2.25	16	16.62	0

由单塔计算的风荷载值——WY   表 2-10

楼层号	风荷载标准值	楼层标高	楼层高度	楼层宽度	楼层风荷载值	附加风荷载值
屋顶	1.091346	56.7	1.8	20	39.29	0
23F	1.091346	53.1	3.6	20	77.24	0
22F	1.054097	49.5	3.6	20	74.58	0
21F	1.017662	45.9	3.5975	20	63.13	0
20F	0.985937	42.305	1.8	15	26.66	0
19F	0.950877	42.3	1.8	30	68.44	0
18F	0.943374	38.705	1.8	40	67.90	0
17F	0.915685	38.7	1.8	30	65.90	0
16F	0.908896	35.105	1.8	40	65.41	0
15F	0.860538	35.1	1.8	30	61.93	0
14F	0.855232	31.505	1.8	40	61.55	0
13F	0.82205	31.5	1.8	30	59.16	0
12F	0.817553	27.905	1.8	40	58.84	0
11F	0.788804	27.9	1.8	30	56.77	0
10F	0.784801	24.305	1.8	40	56.48	0
9F	0.747414	24.3	1.8	30	53.79	0
8F	0.744151	20.705	1.8	40	53.56	0
7F	0.704282	20.7	1.8	30	50.69	0
6F	0.701722	17.105	1.8	40	50.50	0
5F	0.658353	17.1	1.8025	30	41.52	0
4F	0.657244	13.5	4.05	35	109.84	0
3F	0.607051	9	4.5	50	128.87	0
2F	0.538435	4.5	4.5	50	112.48	0
G.L.	0.461388	0	2.25	50	51.91	0

2.3.6 以附加风荷载的方式施加风荷载

主菜单选择 *荷载→横向荷载→风荷载→添加→附加风荷载*
如图 2-43 所示。
需要注意的是，在使用附加风荷载方式的时候，"基本风压"一栏要填"0"。

2.3.7 以修改楼板宽度的方法调整风荷载

主菜单选择 *模型→建筑物数据→定义层数据→风→附加风荷载*
如图 2-44、表 2-11 所示。

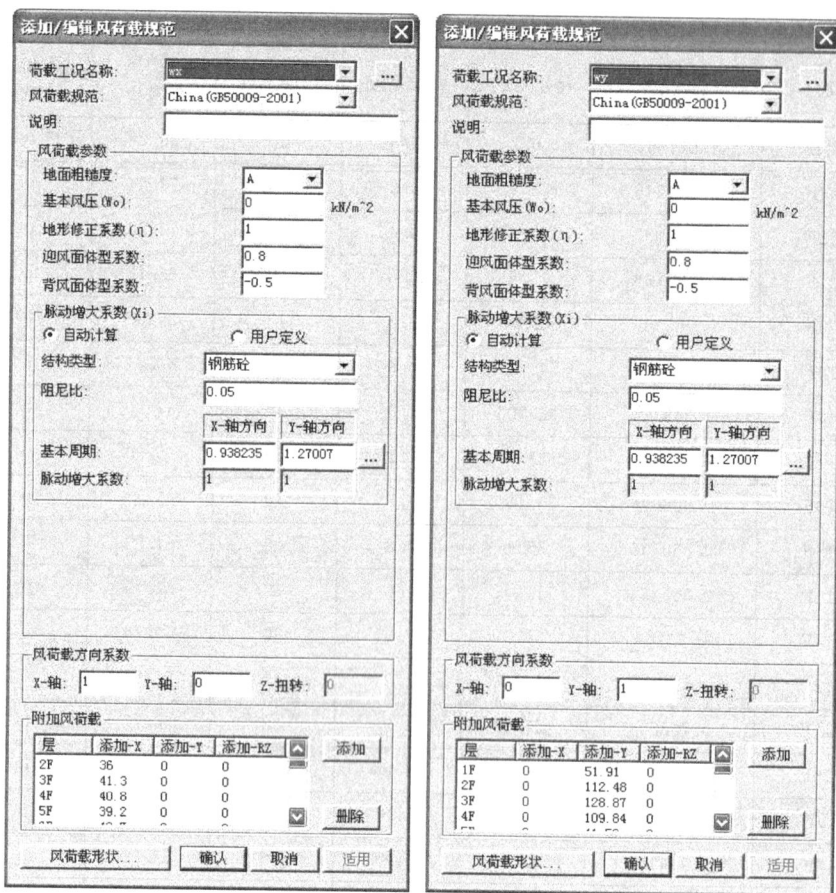

图 2-43 以附加风荷载的方式施加风荷载

注：该菜单的调出方式为*模型→建筑物数据→层数据第二页"风"*。

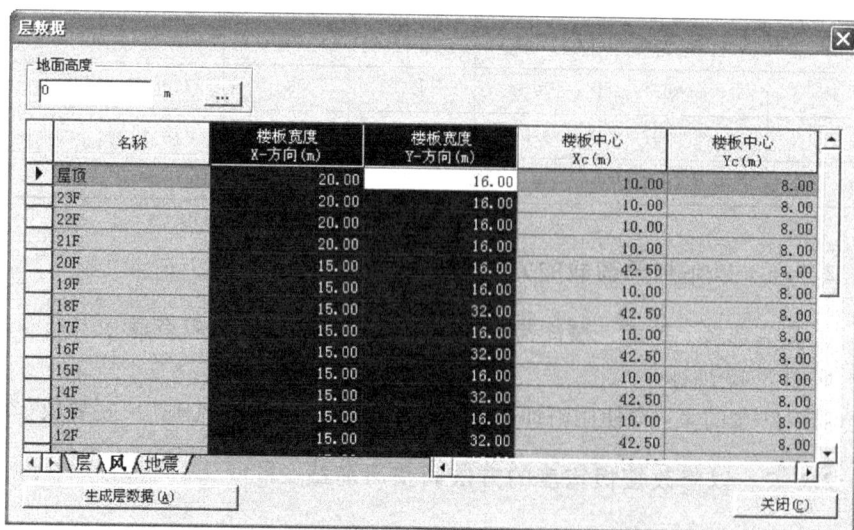

图 2-44 利用修改楼板宽度的方法调整风荷载

利用修改楼板宽度的方法调整的风荷载值　表 2-11

楼层号	风荷载标准值	楼层标高	楼层高度	楼层宽度	楼层风荷载值	附加风荷载值	总楼层风荷载值
屋顶	1.08200	56.7	1.8	16	31.16	0	31.16
23F	1.08200	53.1	3.6	16	61.27	0	61.27
22F	1.04558	49.5	3.6	16	59.20	0	59.20
21F	1.00992	45.9	3.5975	16	57.14	0	57.14
20F	0.97545	42.305	1.8	16	28.09	0	28.09
19F	0.94733	42.3	1.8	32	54.53	0	54.53
18F	0.94040	38.705	1.8	32	54.13	0	54.13
17F	0.91250	38.7	1.8	32	52.52	0	52.52
16F	0.90622	35.105	1.8	32	52.16	0	52.16
15F	0.85805	35.1	1.8	16	49.39	0	49.39
14F	0.85315	31.505	1.8	32	49.11	0	49.11
13F	0.81994	31.5	1.8	16	47.19	0	47.19
12F	0.81578	27.905	1.8	32	46.96	0	46.96
11F	0.78693	27.9	1.8	16	45.29	0	45.29
10F	0.78323	24.305	1.8	32	45.08	0	45.08
9F	0.74589	24.3	1.8	16	42.93	0	42.93
8F	0.74288	20.705	1.8	32	42.76	0	42.76
7F	0.70310	20.7	1.8	16	40.47	0	40.47
6F	0.70073	17.105	1.8	32	40.33	0	40.33
5F	0.65749	17.1	1.8025	32	18.96	20.24	39.2
4F	0.65742	13.5	4.05	16	40.84	0	40.84
3F	0.60842	9	4.5	16	41.31	0	41.31
2F	0.53910	4.5	4.5	16	36.03	0	36.03
G.L.	0.46163	0	2.25	16	16.62	0	—

2.3.8　多塔的定义

主菜单选择　**结果→分析结果表格→层→定义多塔**

如果是大底盘多塔结构，请务必定义底塔（基塔），并将底塔命名为塔1或 base，而且底塔必须首先定义，否则在多塔结果输出的时候，可能会出现错误。

如图 2-45 所示。

2.3.9　周期与振型

主菜单选择　**结果→分析结果表格→周期与振型**

如表 2-12 所示。

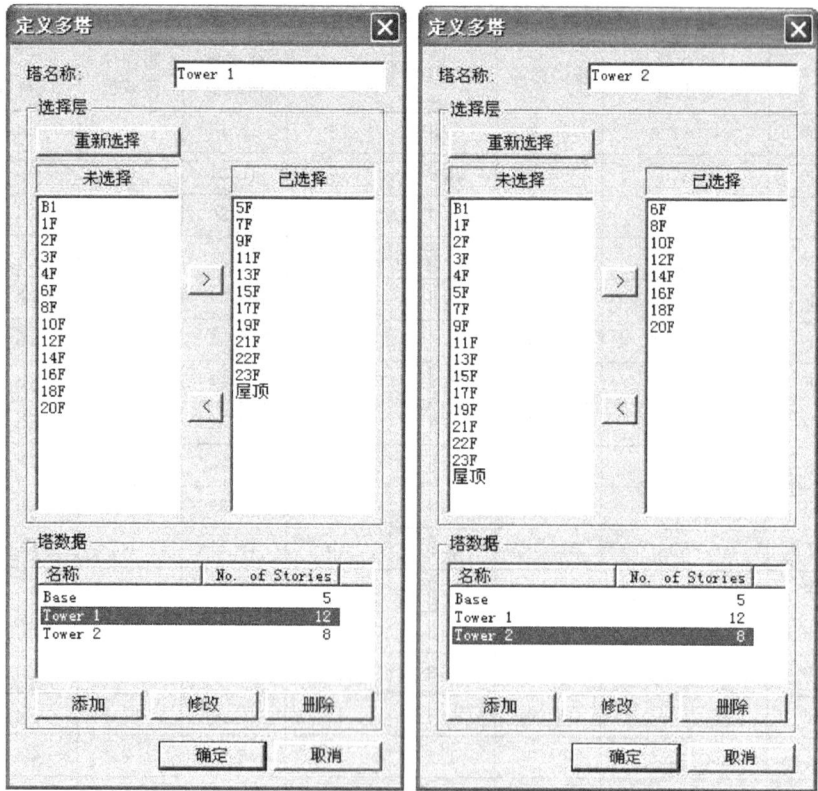

图 2-45 多塔的定义

结构自振周期及振型因子　　　　　　　　表 2-12

振型	周期	X 向平动因子	Y 向平动因子	Z 向平动因子	振型	周期	X 向平动因子	Y 向平动因子	Z 向平动因子
1	1.9813	0	58.55	41.45	13	0.3111	98.7	0	0
2	1.8755	100	0	0	14	0.2839	0	79.99	19.95
3	1.5155	0	35.13	64.87	15	0.2706	97.77	0	0
4	1.2603	0	61.39	38.61	16	0.2659	0	43.72	56.24
5	1.1822	99.99	0	0	17	0.2559	0	94.19	5.72
6	0.8938	0	34.74	65.26	18	0.2412	0	8.63	91.36
7	0.6332	0	71.15	28.85	19	0.1989	92.71	0	0
8	0.6088	99.91	0	0	20	0.1903	0	89.17	10.55
9	0.4836	0	38	62	21	0.188	91.07	0	0
10	0.4201	99.61	0	0	22	0.182	0	24.75	75.16
11	0.4195	0	74.68	25.31	23	0.1723	0	43.89	55.91
12	0.3597	0	55.32	44.67	24	0.1627	0	13.24	86.68

2.3.10　剪重比

主菜单选择　**设计→计算书→周期、地震作用及振型输出文件**
如表 2-13 所示。

各塔剪重比　　　　　　　　　　　　　　表 2-13

塔　号	层　号	X 向地震作用下结构的地震反应力（kN）	X 向地震作用下结构的楼层剪力（kN）	各层重力荷载代表值（kN）	剪重比	X 向地震作用下的倾覆弯矩（kN·m）
Tower 1	23F	175.724	0	1964.25	0	657.394
Tower 1	22F	150.046	182.61	4209.75	0.043	1935.006
Tower 1	21F	146.853	355.735	6455.25	0.055	3674.64
Tower 1	19F	146.23	488.702	8700.75	0.056	5851.508
Tower 1	17F	143.561	640.264	10946.25	0.058	8533.389
Tower 1	15F	148.589	802.816	13191.75	0.061	11692.812
Tower 1	13F	153.931	939.337	15437.25	0.061	15243.646
Tower 1	11F	152.843	1052.262	17682.75	0.06	19113.248
Tower 1	9F	149.784	1151.372	19928.25	0.058	23248.181
Tower 1	7F	140.145	1237.751	22173.75	0.056	27608.605
Tower 1	5F	121.763	1316.873	24419.25	0.054	32174.675
Tower 2	18F	122.767	594.601	1562.25	0.381	2653.261
Tower 2	16F	102.964	737.017	3349.5	0.22	5809.962
Tower 2	14F	105.705	884.608	5136.75	0.172	9372.123
Tower 2	12F	104.735	1008.368	6924	0.146	13258.25
Tower 2	10F	107.658	1115.458	8711.25	0.128	17420.222
Tower 2	8F	112.036	1209.791	10498.5	0.115	21819.354
Tower 2	6F	100.571	1291.477	12285.75	0.105	26427.875
Tower 2	4F	277.239	1368.095	14073.313	0.097	31238.462
Base	3F	309.374	1440.895	46015.563	0.031	74250.946
Base	2F	211.526	1532.104	51559.938	0.03	80630.986
Base	1F	2193.552	1626.239	57104.313	0.028	87210.724
Base	B1	0	1699.487	63422.125	0.027	85251.573

2.3.11　结论

对于多塔结构，重点在于风荷载的处理。本文结合程序的特点，提出了两种施加风荷载的方法。第一种是根据程序计算出来的各单塔的风荷载后以附加风荷载的方式施加，第二种是通过修改楼板宽度的方法来施加各塔块的风荷载。工程师可结合工程特点和自己喜好进行选择。由于程序中没有自动设置分块刚性楼板假定的选项，因而本文介绍了各塔块分别考虑刚性板假定的处理方法，并介绍了多塔的定义以及结果的提取，希望能够对工程师进行多塔结构分析和设计有所裨益。

2.4　钢结构安装过程施工阶段分析

2.4.1　分析背景

合理的施工方案和正确的计算分析是保证结构安全经济的重要手段。近年来，空间结构在世界范围内得到广泛应用的同时，其体系越来越新颖、形式越来越复杂、跨度越来越大，因而对施工技术也提出了越来越高的要求。空间结构的施工过程是一个伴随着结构形态和受力状态不断变化的动态过程，会出现体系转换、施工荷载加载和卸载等情况，这些都会大大影响结构内力，因此结构的最不利状态往往出现在施工过程中。传统的分析设计方法以使用阶段的结构作为研究对象，不考虑施工过程的影响，不能反映施工阶段真实的受力特点。《空间网格结构技术规程》（JGJ7—2010）的规定："安装方法选定后，应分别对网架施工阶段的吊点反力、挠度、杆件内力、提升或顶升时支承柱的稳定性和风载下网架的水平推力等项进行验算，必要时应采取加固措施。"因此，在实际施工过程中，对结构的内力和挠度进行观测，将实测值与理论仿真分析的结果进行比较，如果发现较大偏差可采取有效措施进行调整，这样才能保证结构施工的安全并满足设计的要求。

2.4.2 工程简介

本例中，钢结构大跨度屋盖施工安装采用高空拼装、等标高直线累计滑移技术，其中桁架下弦处设置滑移通道。

工程分 6 榀桁架，通过顺次滑移进行安装。主要荷载为自重，同时考虑千斤顶临时支点的布置和释放，对钢结构安装过程进行模拟分析（图 2-46）。

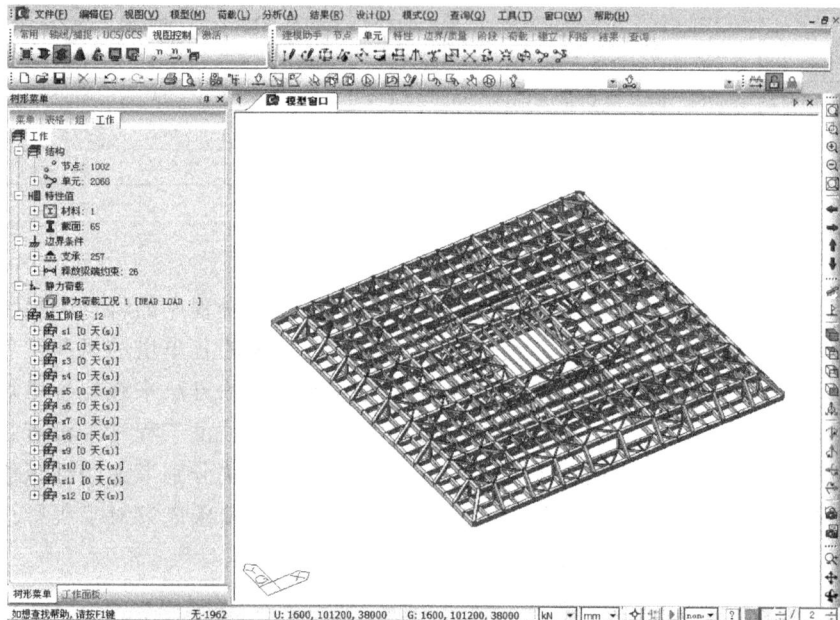

图 2-46　基本模型

2.4.3 建模要点

1. 定义结构组

图 2-47 中用"拖放"的方式将第一榀桁架单元赋给结构组"施工组 1"

44

（用户自定义）；

图 2-48 中用同样的方法，将第二榀桁架单元赋给结构组"施工组 2"；

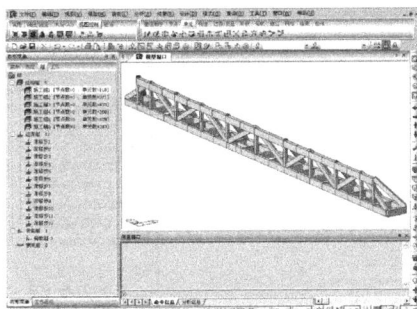

图 2-47 施工组 1

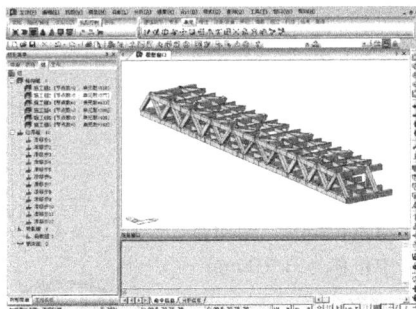

图 2-48 施工组 2

以此类推，将 6 榀桁架单元分别赋给 6 个结构组。

2. 定义边界组

图 2-49 中将第一榀桁架架设在滑道上，将边界约束赋给边界组"滑移步 1"（一端约束 X、Y、Z 向位移，另一端约束 Z 向位移）；

图 2-50 中将第二榀桁架与第一榀桁架对接时，对接节点由千斤顶顶起至设计标高，相应支点约束采用结构变形前的支承位置，约束 Z 向位移；

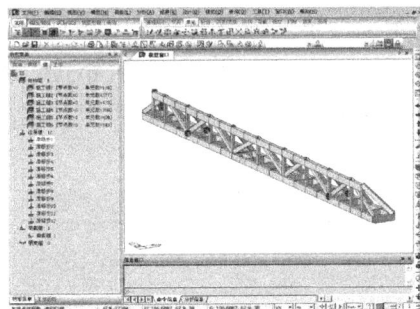

图 2-49 滑移步 1

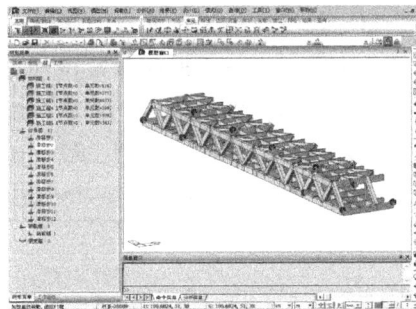

图 2-50 滑移步 2

以此类推，千斤顶的布置与释放通过边界约束来实现，同时分别赋给不同的边界组。

3. 定义荷载组

将结构自重工况定义为荷载组"荷载组 1"。

定义施工阶段：在不同的施工阶段，分别激活相应的结构组、边界组和荷载组，则可对钢结构安装过程进行施工仿真分析。

2.4.4 施工过程分析

1. 施工阶段 1

滑移第一榀，拼装组成三角形稳定体；自重作用下，桁架中部向下最大位移为 31.918mm（图 2-51）。

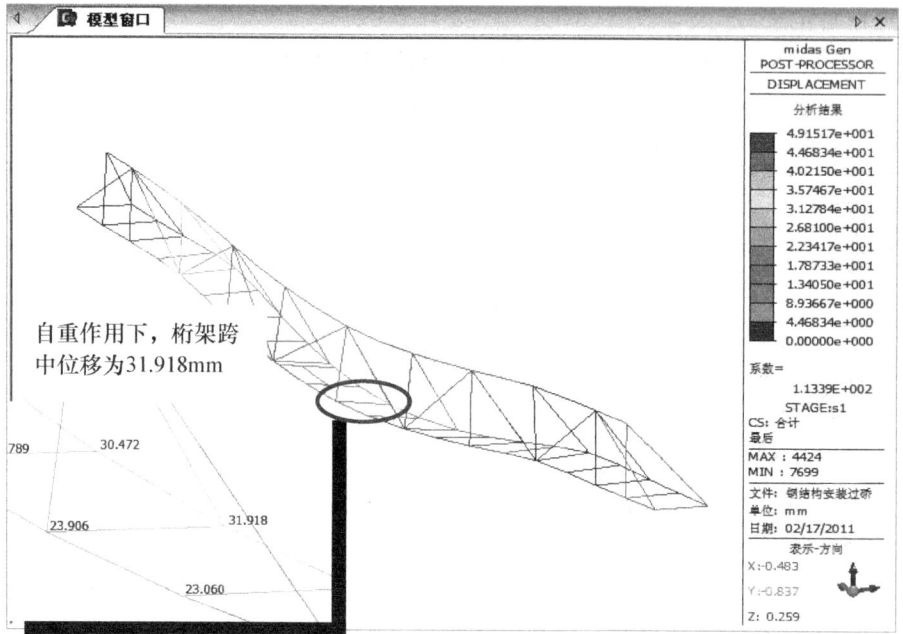

图 2-51 施工阶段 1

2. 施工阶段 2

第一榀滑移桁架单元在自重作用下的最大变形（向下位移 31mm）发生在桁架中部，由于变形而导致该部分与第二榀桁架组装时接口位置错位。因此，在完成第一次滑移后，将第一榀与第二榀单元的对接节点利用千斤顶顶起至设计标高，然后再与第二榀单元进行组装（图 2-52）。

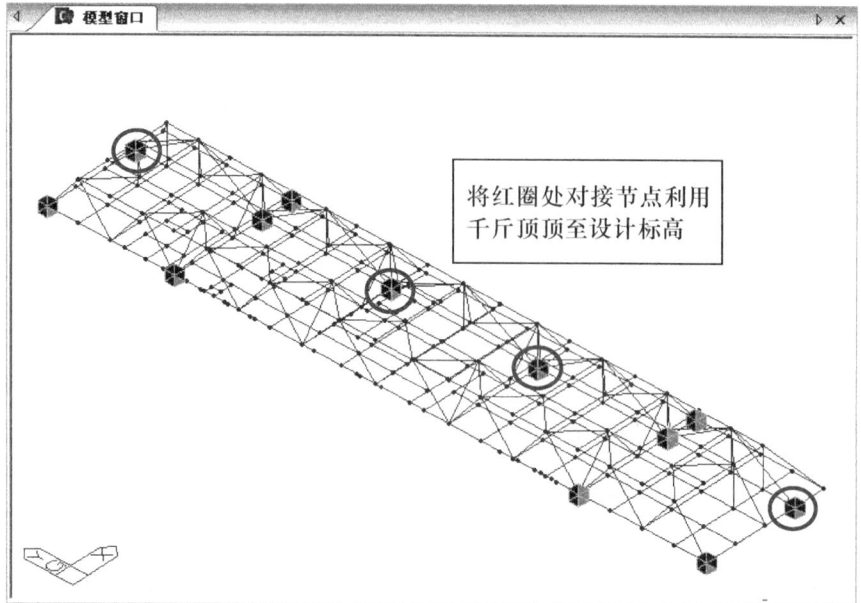

图 2-52 施工阶段 2

注: "释放边界支点"即定义施工阶段时, 将该边界组"钝化"。

3. 施工阶段 3

第一榀与第二榀单元对接完毕, 千斤顶卸载作业 (即释放部分边界支点), 进行滑移 (图 2-53)。

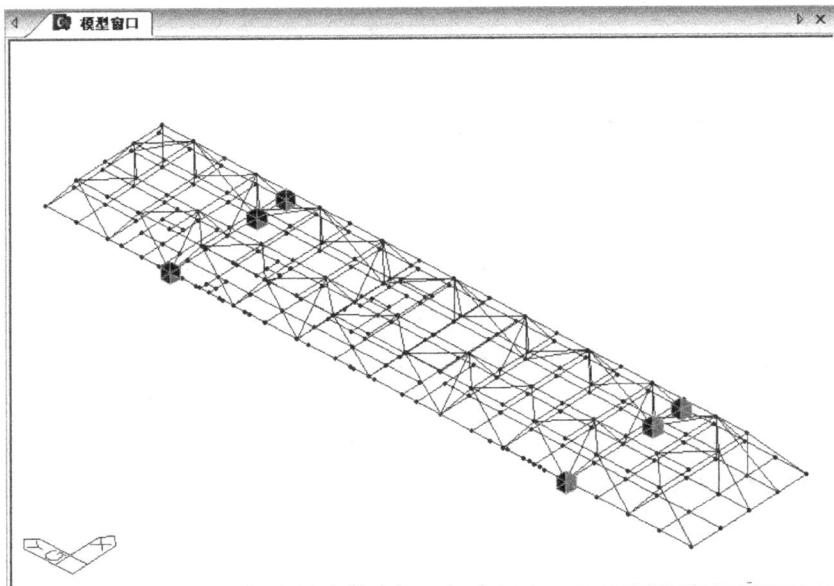

图 2-53　施工阶段 3

4. 施工阶段 4～12

重复 1、2、3, 随着临时支点千斤顶处的反力释放, 屋盖成为自承重结构 (图 2-54)。

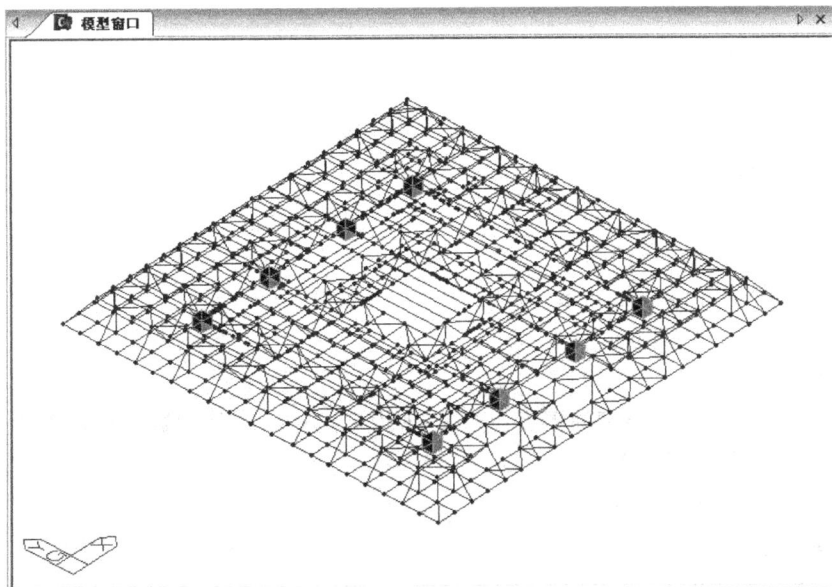

图 2-54　施工阶段 12

47

2.4.5 分析结果

根据施工过程仿真分析，由程序可计算得出每一阶段已安装结构的变形值、支点处的反力以及构件内力等，用以指导结构加卸载变形量控制及构件受力状态判断等，使结构施工满足设计的要求。

2.5 高层混凝土结构 Pushover 分析

2.5.1 分析背景

随着经济的发展，超高层结构在全国各地已屡见不鲜，超高层结构的抗震设计要求也愈发严格。相对简单的阵型分解反应谱法，已不能全面地验证结构是否符合规范要求的"大震不倒"水准要求。因此，在结构设计中利用弹塑性分析来模拟结构在地震时反应的全过程，更加便于结构工程师发现结构的薄弱楼层和构件，是检验地震时结构抗倒塌能力的有效方法。弹塑性分析，分为静力弹塑性分析（Pushover）和动力弹塑性分析，通常来说高度不大于 150m 的结构，即适用静力弹塑性分析。

2.5.2 实际案例

本例题介绍使用 midas Gen 的 Pushover 分析功能。模拟分析建筑物在罕遇地震作用下的抗震性能。

此例题的步骤如下：

（1）说明；

（2）更新配筋；

（3）定义 Pushover 主控数据；

（4）定义 Pushover 荷载工况；

（5）定义 Pushover 铰特性值；

（6）分配 Pushover 铰特性值；

（7）运行 Pushover 分析；

（8）静力弹塑性曲线；

（9）静力弹塑性层图形；

（10）静力弹塑性铰状态。

1. 说明

例题模型为 36 层钢筋混凝土框架-剪力墙结构（该例题数据仅供参考）。基本数据如下（图 2-55）：

➢主梁：300×600，200×400。

➢连梁：250×1000。

➢混凝土：C30/C40。

➢剪力墙：250/300。

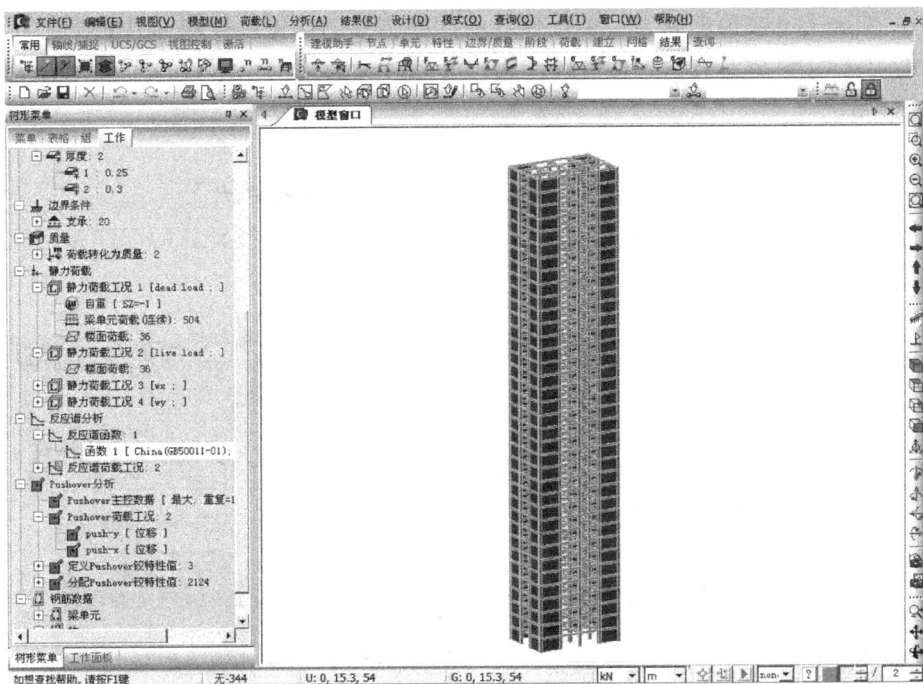

图 2-55 基本模型

➤层高：一层：4m；二至三十六层：3.6m。

➤设防烈度：7°（0.10g）。

➤场地：Ⅱ类。

2. 更新配筋

建模过程可参见保留培训手册《钢筋混凝土结构抗震分析及设计》中的全部过程，在完成钢筋混凝土构件的设计之后，增添下列步骤。

1）更新梁截面配筋

主菜单选择 **设计→钢筋混凝土构件配筋设计→梁配筋设计**

在选择项点击 `全选`，再点击 `更新配筋`，则程序按计算的配筋量把配筋数据赋予梁构件（图 2-56）。

2）更新柱截面配筋

主菜单选择 **设计→钢筋混凝土构件配筋设计→柱配筋设计**

在选择项点击 `全选`，再点击 `更新配筋`，则程序按计算的配筋量把配筋数据赋予柱构件（图 2-57）。

注：若原结构地下室为嵌固处理，则地下部分在大震时响应很小，可忽略，这样在弹塑性分析之前可将地下室部分删除，仅保留地面的上部分，以提高计算效率。

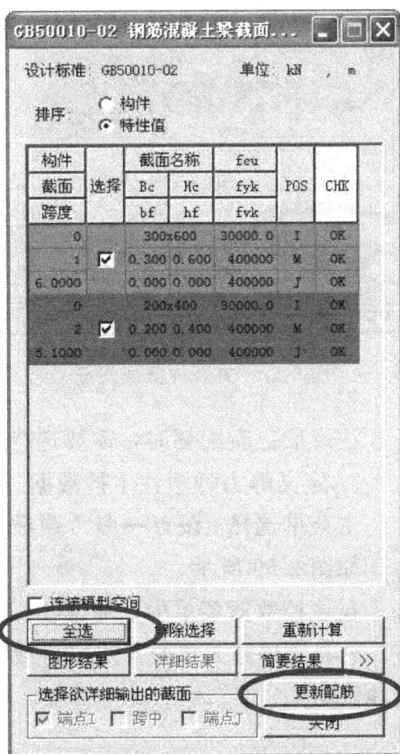

图 2-56 更新梁截面配筋

Gen 780 之前的版本，梁柱构件的配筋信息，仅可以按截面特性进行赋值，Gen 780 版本之后，即可按"构件"进行更新配筋，使得模型更加符合实际情况。

3）更新墙配筋

主菜单选择 **设计→钢筋混凝土构件设计→墙配筋设计**

在选择项点击 **全选**，再点击 **更新配筋**，则程序按计算的配筋量把配筋数据赋予墙构件（图 2-58）。

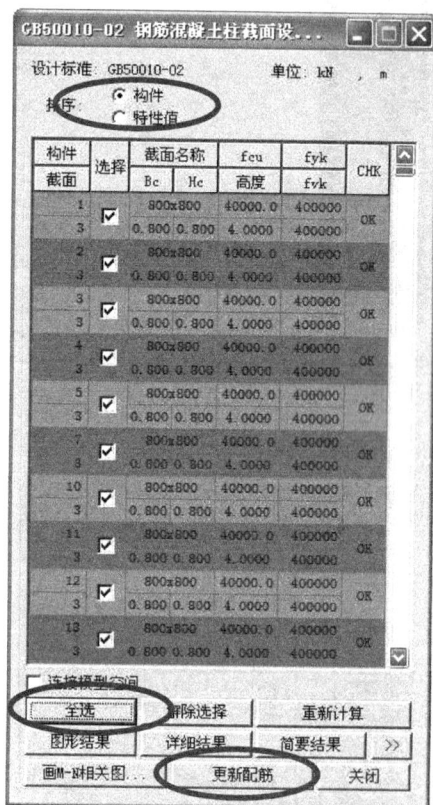

图 2-57 更新柱截面配筋　　　图 2-58 更新墙截面配筋

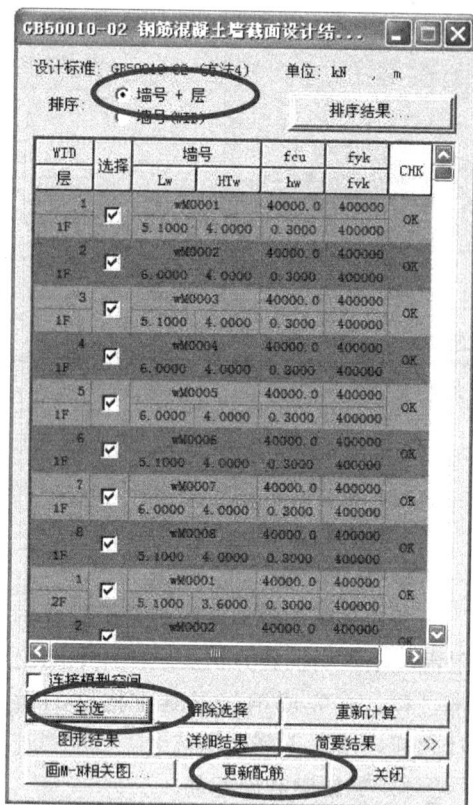

注意墙更新配筋时，需要选择"墙号＋层"的模式。

3. 定义静力弹塑性主控数据

主菜单选择 **设计→静力弹塑性分析→静力弹塑性主控数据**

如图 2-59 所示。

在主控数据菜单中，通常我们需要输入的是以下两个部分的数据。

一是菜单左上部的"初始荷载"，该菜单的意义是用定义荷载来模拟在罕遇地震到来之前结构的受力状态，国内习惯一般设定为重力荷载代表值（1恒载＋0.5活载）。

二是右上侧的"非线性分析选项"，该选项用来设定每个荷载步中的最大

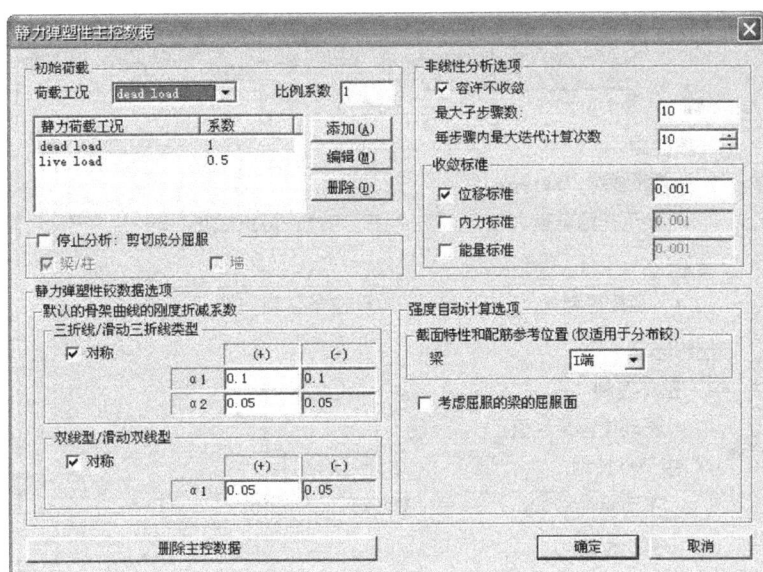

图 2-59 静力弹塑性主控数据

注：添加初始荷载的目的是为了模拟地震来袭时结构的初始受力情况。目前市面上所有程序都是采用一次或分次按重力荷载代表值加载，并不准确。

即将发布的 Gen 795 版本则可以按施工阶段最后一步的结构受力情况作为初始状态进行 Pushover 分析，与实际情况更为相符。

子步骤数和每个子步骤的最大迭代次数，具体数值可以根据项目实际情况及计算效率要求酌情填写，"容许不收敛"的选项一般建议勾选，这样即使某个荷载步计算不收敛，也可以将结果带入下一步继续计算，使得分析可以持续进行。

4. 定义静力弹塑性荷载工况

主菜单选择　*设计→静力弹塑性分析→静力弹塑性荷载工况*

如图 2-60 所示。

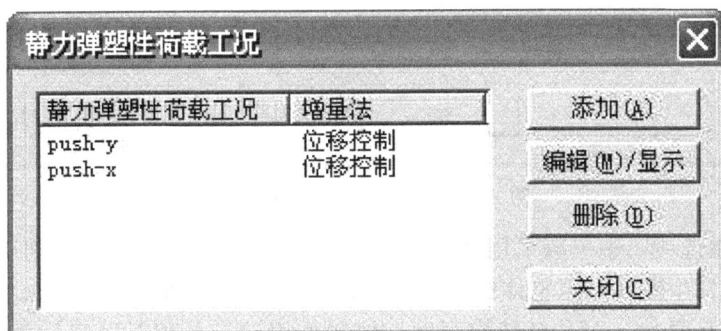

图 2-60 静力弹塑性荷载工况 1

点击 添加(A)，添加新的静力弹塑性荷载工况（图 2-61）。

在弹出的菜单中可以进行各项参数的设置。

"一般控制"中填写计算步骤数和是否考虑初始荷载及 P-Delta 效应。计算步骤数为最大控制位移的等分数量，具体数值可综合考虑计算效率选取，通常在试算时步骤划分数较小，正式计算时才会使用更短、更精细的步长。

"增量法"中一般选取概念更为容易理解的"位移控制"。

51

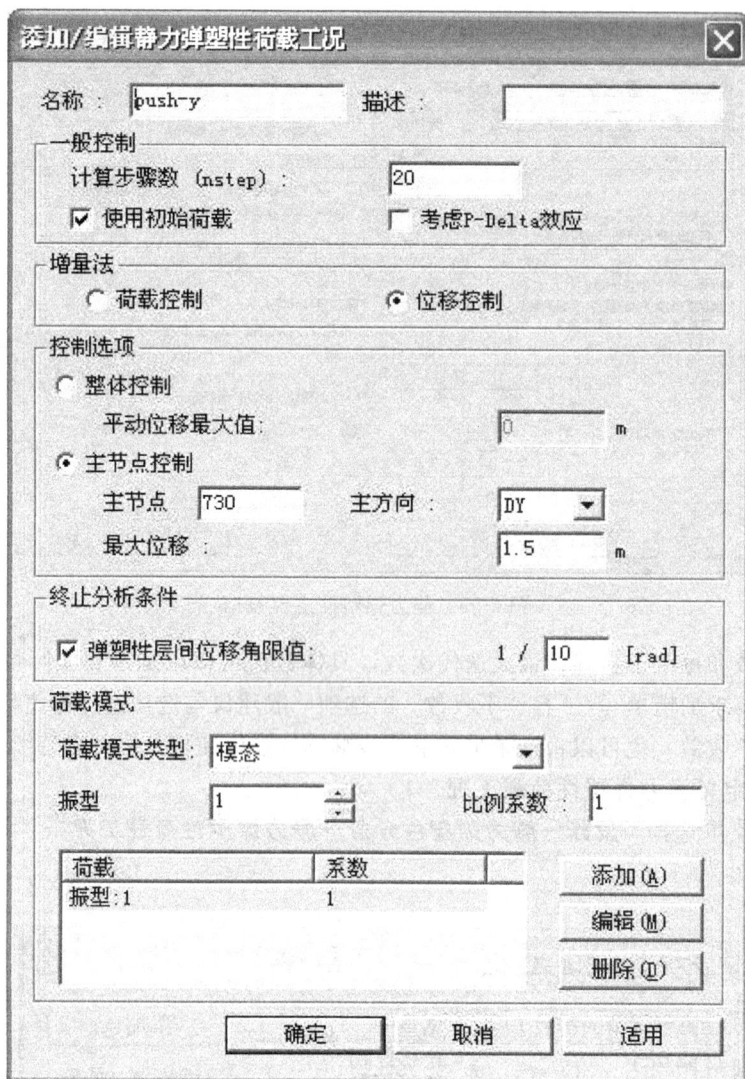

图 2-61 静力弹塑性荷载工况 2

"控制选项"中一般采用"主节点控制",若采用整体控制,则可能出现局部构件发生破坏,但整体结构完好,得出非我们所期望的结果。主节点的选取原则有两个,一是对结构刚度有控制作用;二是相对最容易发生破坏。因此现阶段主流的选取方式为:距离主方向第一振型下位移最大点最近的,墙端或柱端节点。

"终止分析条件"中,弹塑性层间位移角限值,一般取值较大,大于《建筑抗震设计规范》(GB 50011—2010)中规定的结构在罕遇地震作用下层间位移角限值。主要目的是使得结构在局部破坏的情况下,程序依旧可以继续运行计算,这样结构可以尽可能多地出铰,便于我们判断结构的整体性能。

"荷载模式"中,有按静力荷载工况、加速度常量、模态加载三种方式,一般选取"模态"加载,概念较为清晰,理解较为容易。近年来更为流行的

加载方式为按"层地震力"方式（即反应谱工况下，每层地震力），普遍认为
该种方式更为符合实际情况，在 Gen 中若要实现该种加载方式，可以自行定
义一个工况，按此种方式加载，在 Pushover 分析时，选取该工况即可。

注：midas Building 中直接提供"层地震力"加载方式。

5. 定义 Pushover 铰特性值

主菜单选择　*设计→静力弹塑性分析→定义 Pushover 铰特性值*

如图 2-62 所示。

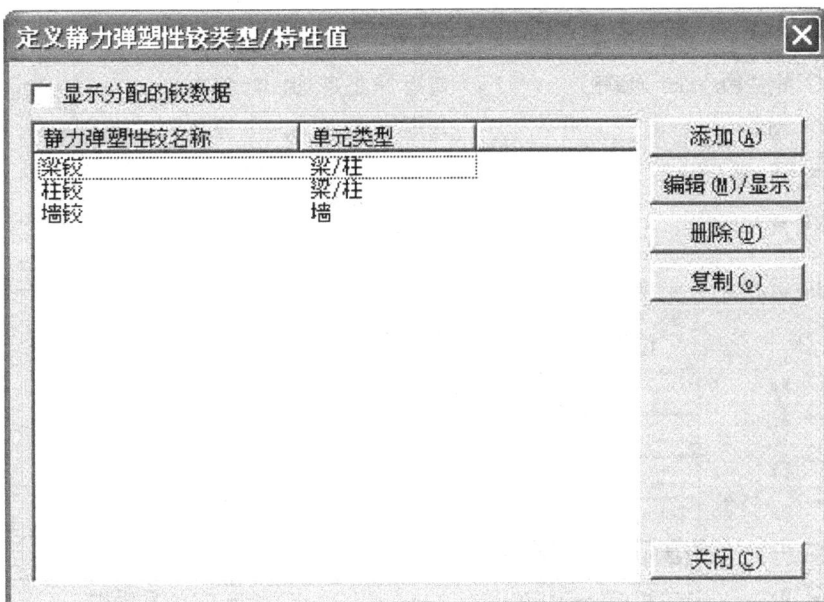

图 2-62　定义静力弹塑性铰特性值

点击 添加(A) 可以定义各种构件铰特性（图 2-63～图 2-65）。

必须在"名称"中，定义该铰的名字。

"单元类型"中务必选择正确，否则无法将铰正常分配。

"墙类型"仅在定义墙铰时开放，"膜"没有平面外刚度，"板"平面内外
刚度都可以考虑。

"材料类型"也需要正确填写。

"定义"中，通常选则"弯矩—旋转角"，因其计算效率更高。而"弯矩—
曲率"方式，计算时需采用"柔度矩阵"相关算法，因此计算速度相对较慢。
但是在处理一些特殊情况：例如，释放了梁端约束的单元时，就必须采用
"弯矩—曲率"方式，否则会导致构件承载力被高估，进而计算失真。

"交互类型"中，一般轴向受力构件（如柱、墙）需要选择"P-M-M"
相关。

"组成成分"中，若按严格的理论要求，应该将每一个内力分量都勾选。
可实际情况是，我们的结构设计都会控制构件的破坏形式，因此只需要选择

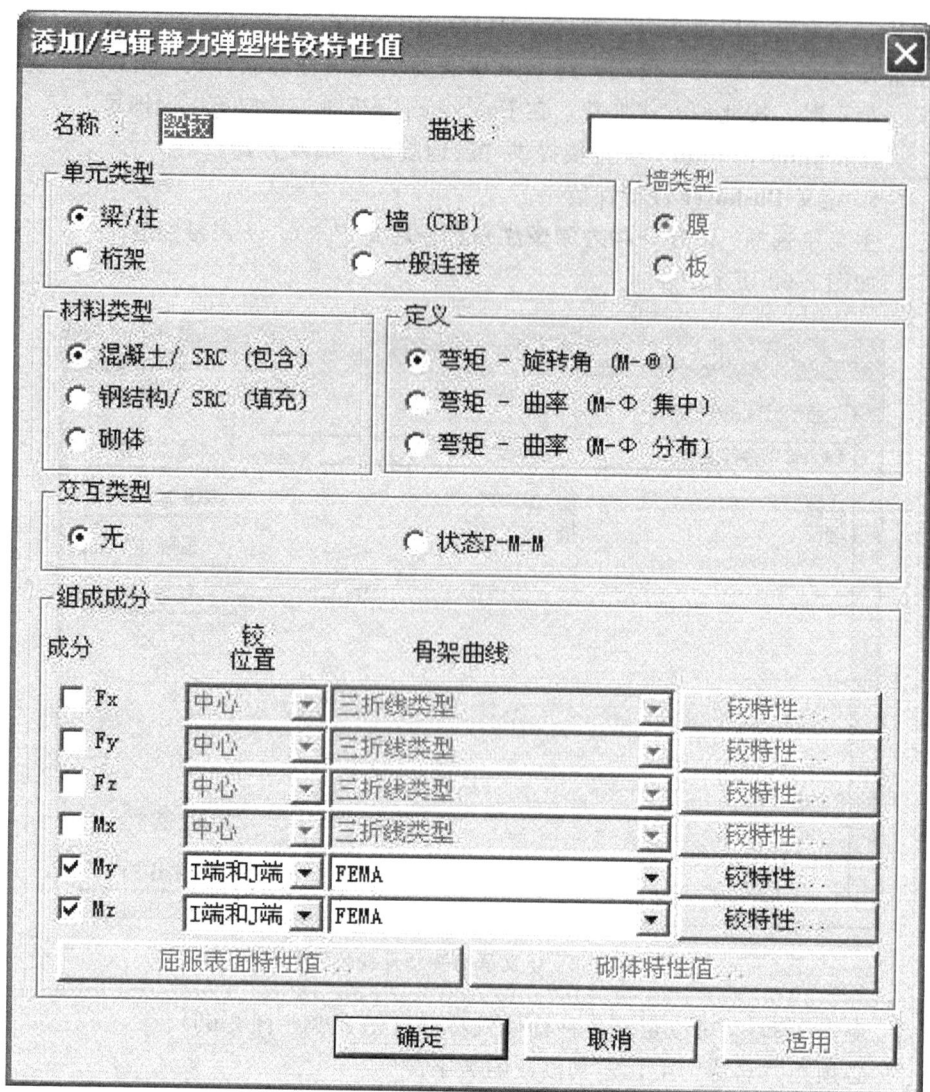

图 2-63 定义梁铰

预计最容易发生破坏的内力分量即可。例如梁的设计一般控制为"强剪弱弯",在定义梁铰时,只需勾选"My"及"Mz"即可。而且需要重点说明的是,"交互类型"中 P-M-M 相关表示的是考虑构件轴力与弯矩的相互影响,而铰类型中的内力分量指的是是否在该分量上考虑构件的屈服,上述二者为不同概念,因此 P-M-M 相关铰不一定要勾选"Fx"分量,一般对于柱铰和墙铰也都不需要考虑"Fx"分量,多余勾选的内力分量有可能会对计算引入不确定因素。骨架曲线的选择,可以依据工程要求酌情处理。若有试验数据为依托,可以自行填写铰特性值。

"骨架曲线"中,选择何种骨架曲线设有绝对的对错之分,一般来说钢结构常选用双折线型,钢筋混凝土构件常选用三折线型,FEMA 对钢、混凝土都适用。从对结构刚度影响来说,$K_{双折线} > K_{三折线} > K_{FEMA}$。

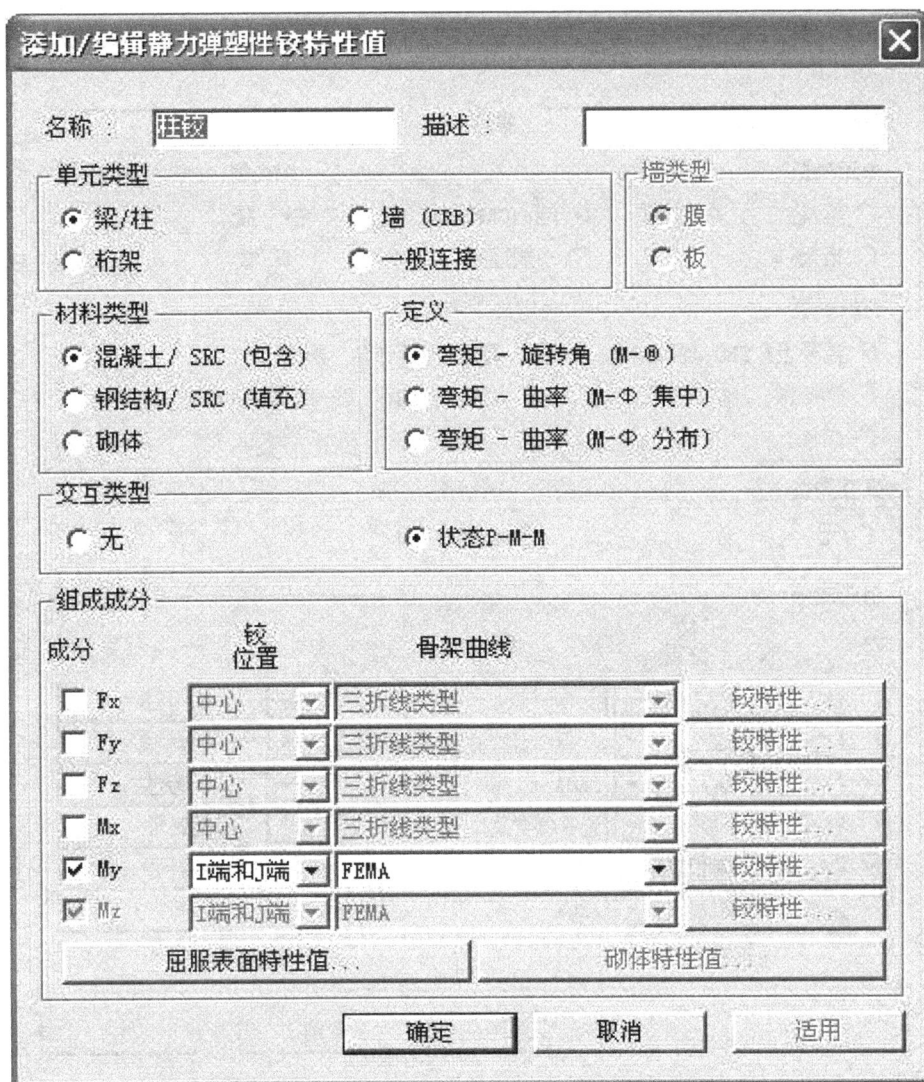

图 2-64 定义柱铰

6. 分配静力弹塑性铰特性值

主菜单选择 *设计→静力弹塑性分析→分配静力弹塑性铰特性值*

如图 2-66 所示。

选择铰类型，分配到相应的构件上即可，同时支持树形菜单的拖放操作。

7. 运行静力弹塑性分析

主菜单选择 *设计→静力弹塑性分析→运行静力弹塑性分析*

8. 静力弹塑性曲线

主菜单选择 *设计→静力弹塑性分析→运行静力弹塑性分析*

如图 2-67 所示。

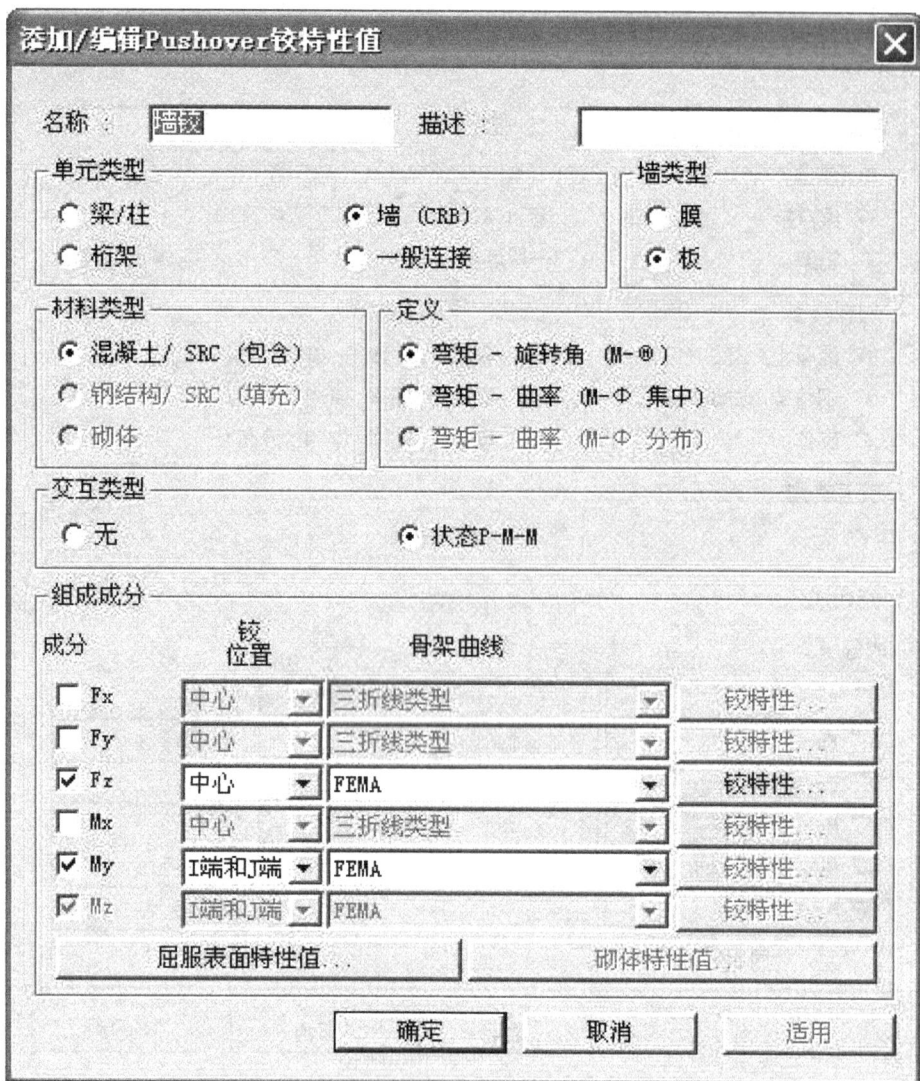

图 2-65 定义墙铰

注意"定义设计谱"的菜单中，选择地震设防烈度，其中"地震影响"要选择罕遇地震（图 2-68）。

性能点评价中，A、B 任意一个方法可以找到性能点即可满足要求。

结构反应类型：A（短周期新建建筑物）、B（短周期已有建筑物）、C（短周期破损建筑物），一般结构推荐选择 B。不同结构反应类型，会影响等效阻尼的计算方法。

点击"重画"，程序会自动在性能点处生成一个"PP"点，在静力弹塑性步骤中，也会增添一个"PP"步骤（即 performance point——性能点的缩写），我们查看结果时，皆选择此步骤（性能点处）即可。

性能点处其他参数含义，可参考帮助文件。

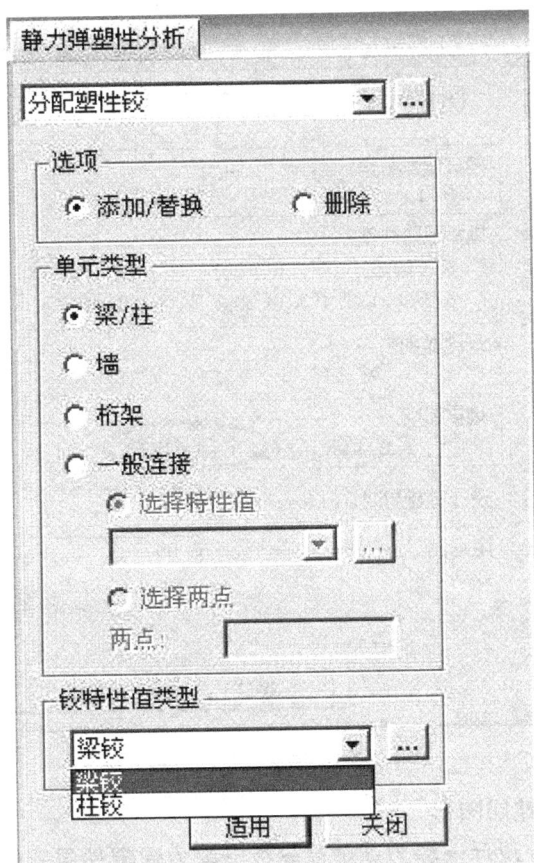

图 2-66　分配静力弹塑性铰特性值

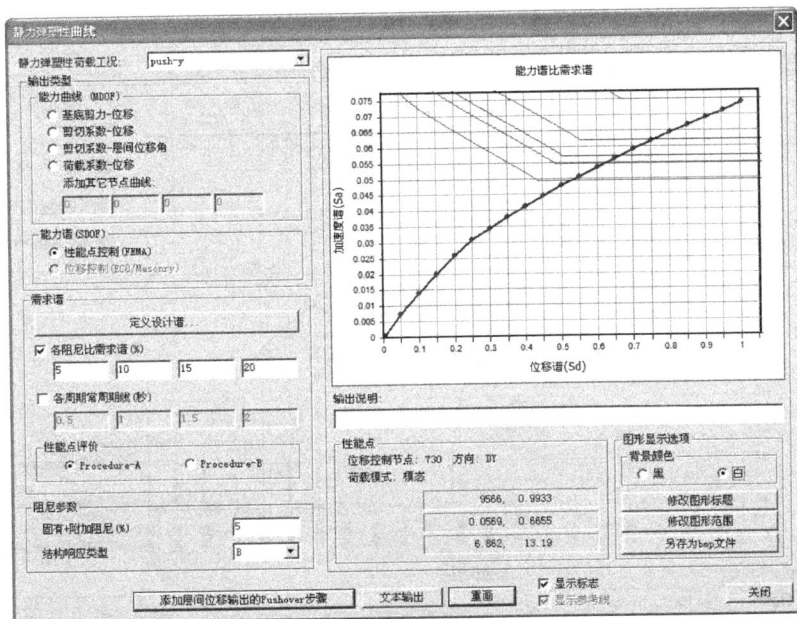

图 2-67　静力弹塑性曲线

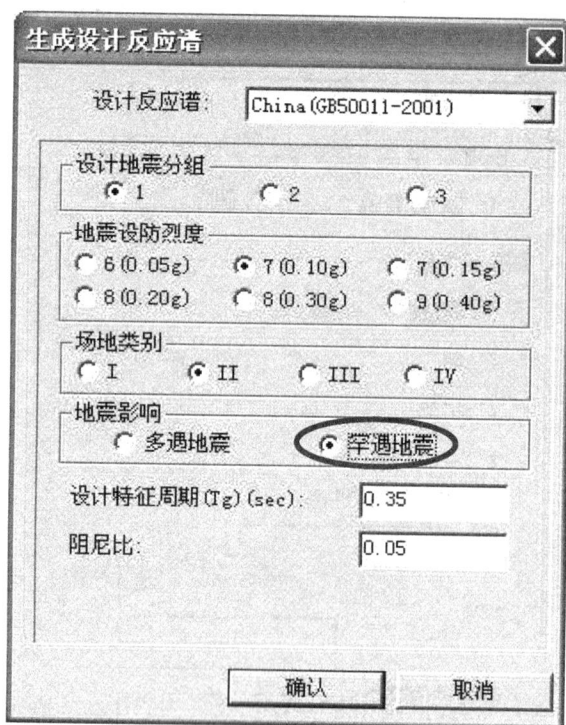

图 2-68 生成设计反应谱

9. 静力弹塑性层图形

主菜单选择 **设计→静力弹塑性分析→静力弹塑性层图形→层剪力/层间位移/层间位移角**

选择步骤 Step5、10、PP（图 2-69～图 2-71）。

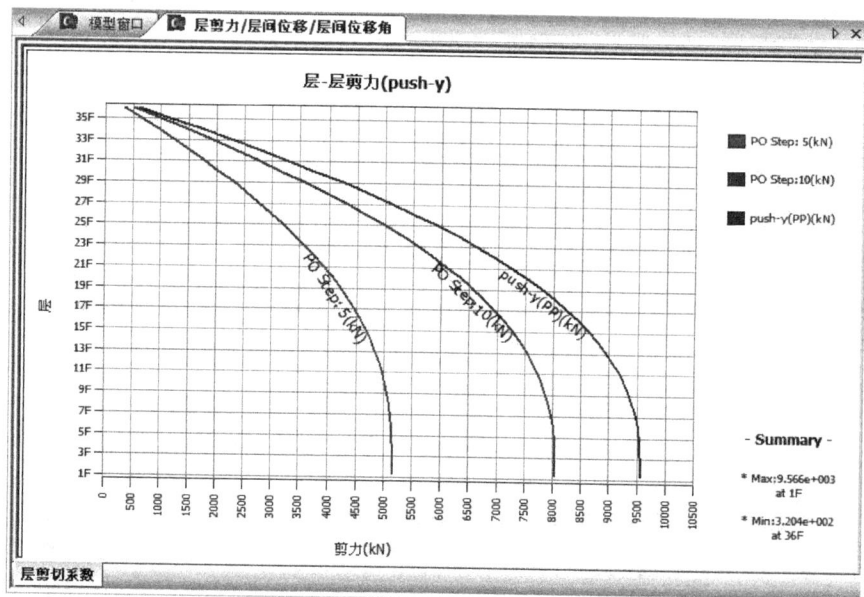

图 2-69 层剪力

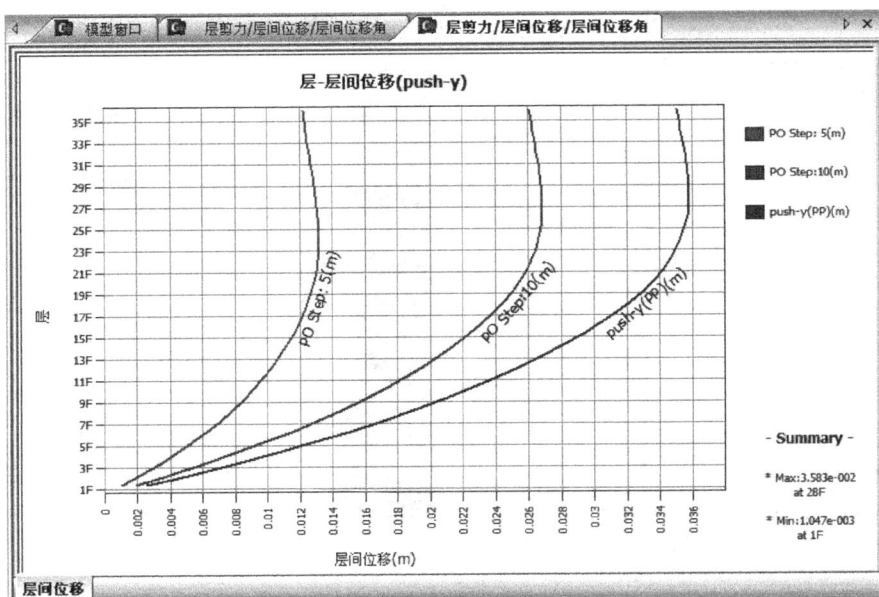

图 2-70 层间位移

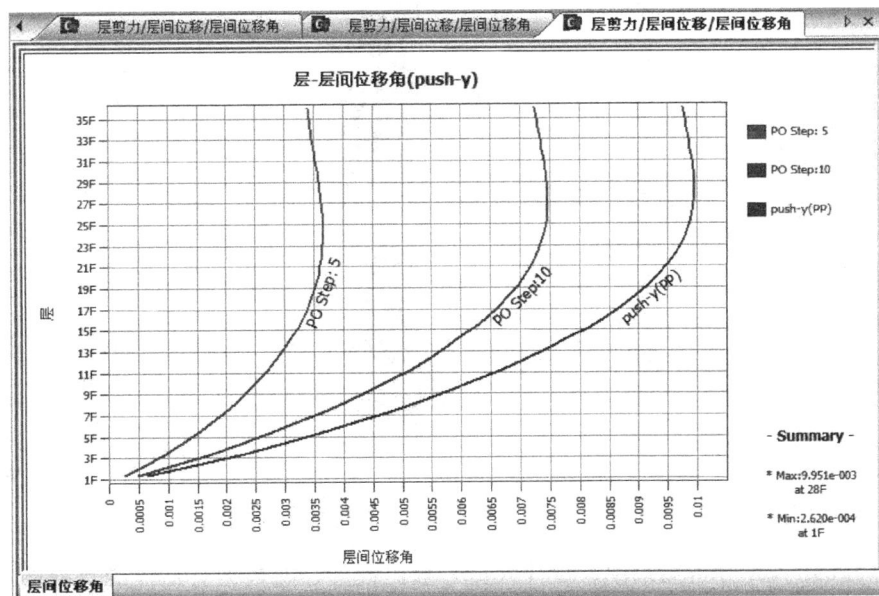

图 2-71 层间位移角

10. 静力弹塑性铰状态

主菜单选择 **设计→静力弹塑性分析→静力弹塑性分析结果→变形→变形形状**

如图 2-72、图 2-73 所示。

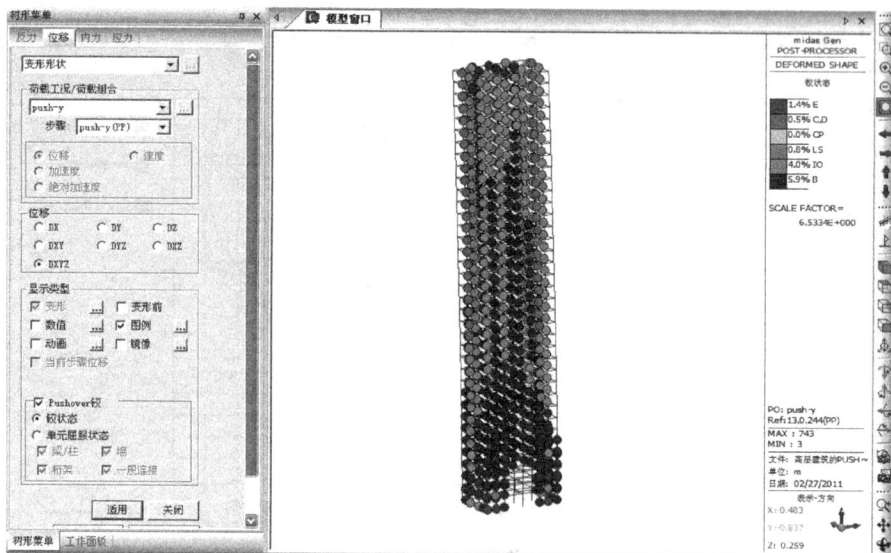

图 2-72 Y 方向性能点处塑性铰状态

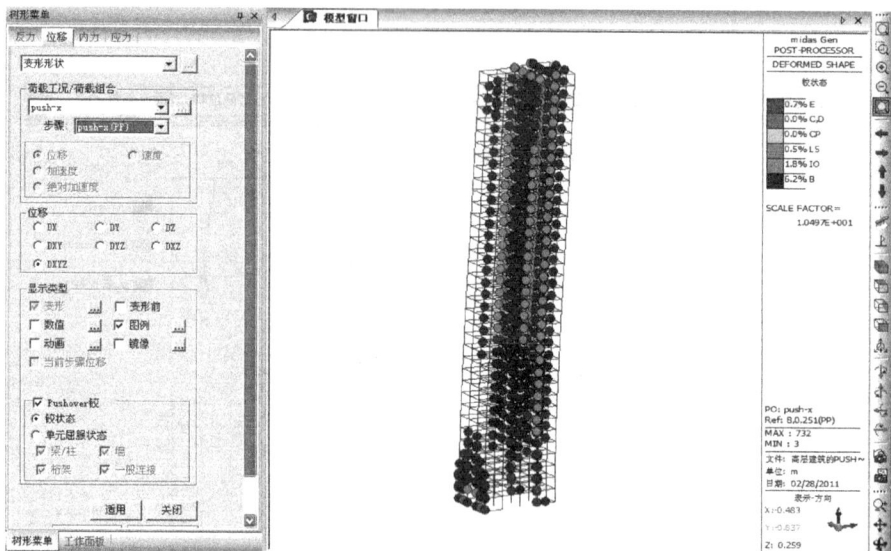

图 2-73 X 方向性能点处塑性铰状态

Pushover 分析结果中、设计人员一般比较关心的数据有：性能点处的层间位移角、底层剪力，塑性铰产生的位置及成分等。

2.6 预应力混凝土结构分析和验算

2.6.1 概要

本文主要介绍如何对框架梁添加无粘结预应力筋并施加预应力，分析和查看结果，以及如何提取 midas Gen 分析结果进行构件设计和验算，希望对工程师掌握 midas Gen 的预应力混凝土功能提供一定的帮助。

本例题内容如下：

（1）前言；

（2）工程概况；

（3）建立几何模型；

（4）定义结构组、边界组和荷载组；

（5）定义边界条件；

（6）输入一般荷载；

（7）输入预应力荷载；

（8）定义施工阶段分析数据；

（9）定义结构类型；

（10）运行分析并定义荷载组合；

（11）查看预应力损失；

（12）施工阶段验算；

（13）使用阶段验算。

2.6.2 前言

在混凝土结构的民用建筑中，许多大跨度结构都采用预应力方案，如：一些地下室大梁、大跨板柱结构、转换大梁、体育场看台等。

预应力混凝土结构比普通混凝土结构计算工作量大，主要原因有二：其一，需要计算施加在结构上的预应力在结构中产生的弯矩（含偏心弯矩和次弯矩），计算此弯矩一般用等效荷载法。其二，需要计算预应力损失，其受钢筋或钢束形状、张拉方式以及锚具等影响非常大。目前，工程领域中处理的方法包括：估算、手算、工具箱、设计软件以及通用有限元软件等。

设计软件中目前应用较多的是中国建筑科学研究院的 PREC，流程包括：初选有效预应力筋及线型、根数，软件根据所布预应力筋自动计算预应力等效荷载，分析预应力综合内力与次内力，验算多种组合下的极限承载力，验算长期荷载和短期荷载组合下的挠度、抗裂度和裂缝宽度以及冲切验算与施工阶段验算。预应力混凝土结构参考的规范包括：《混凝土结构设计规范》（GB 50010—2010）、《无粘结预应力混凝土结构技术规程》（JGJ 92—2004）、《预应力混凝土结构抗震设计规程》（JGJ 140—2004）和上海市工程建设规范《预应力混凝土结构设计规程》（DGJ 08—1969—1997）。

midas Gen 可以进行各类预应力混凝土结构的建模和分析，并提供详细准确的分析结果，包括：预应力损失图表，施工阶段和正常使用阶段的挠度、内力和应力。midas Gen 的预应力混凝土分析功能已经在各科研单位得到广泛应用和认可，但由于目前尚未加入预应力混凝土设计和验算功能，在有预应力混凝土工程的民用设计院中使用并不广泛，主要原因是工程师对如何提取 Gen 分析结果并指导设计不是特别了解。

本文主要介绍如何对框架梁添加无粘结预应力筋并施加预应力，分析和查看结果，以及如何提取 midas Gen 分析结果进行构件设计和验算。工程设计中，无粘结预应力筋的数量，一般是由结构构件的裂缝控制标准来决定的，本例根据《无粘结预应力混凝土结构技术规程》（JGJ 92—2004）附录一中的预应力筋估算方法进行，初算后需 30 根 $\phi^s15.2$ 钢绞线，分 3 束，每束 10 根，沿梁截面中央部位和左右各间隔 0.24m 平行布置，具体见工程概况。

2.6.3 工程概况

某两跨平面框架，单跨 27.5m，柱高 9.1m，基本信息如下（图 2-74、图 2-75）：

➤ 材料：C40。

➤ 主梁：800×1900。

➤ 边柱：1000×1300。

➤ 中柱：1300×1000。

➤ 后张法施加预应力。

➤ 预应力筋初选 $\phi^s15.2$ 低松弛钢绞线，共 3 束，每束 10 根，平行布置间隔 240mm。

➤ 强度标准值：1860MPa。

➤ 屈服强度：1670MPa。

➤ 张拉控制应力取 $\sigma_{con} = 0.75 f_{ptk} = 1395MPa$。

➤ 正常使用阶段，梁单元荷载——DL：10kN/m²，LL：5kN/m²。

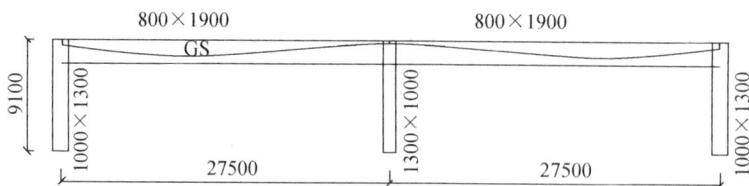

图 2-74 框架示意

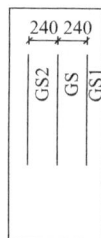

图 2-75 钢束截面示意

2.6.4 建立几何模型

这部分内容相对比较简单，限于篇幅，省略了梁柱的建模过程。主要介绍一下钢束材料的定义和混凝土徐变和收缩特性的定义。

1：定义钢束材料 *模型→材料和截面特性→材料*

点击 添加(A)

名称：钢束；设计类型：用户定义；单位体系：kN，m。

弹性模量：1.98×10^8；泊松比：0.3；线膨胀系数：1.2×10^{-5}；容重 $77kN/m^3$。

如图 2-76 所示。

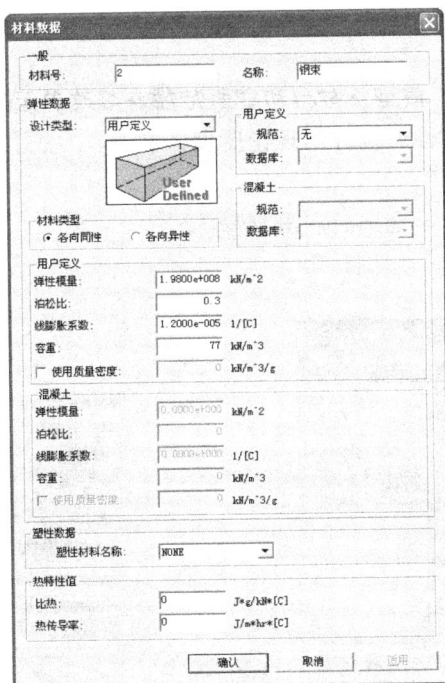

图 2-76 定义钢束材料

2：主菜单选择 **模型→材料和截面特性→时间依存性材料（徐变/温度 收缩）**

点击 添加(A)

名称：CREEP；标准：中国规范。

28 天材龄抗压强度（标准值）：$40000kN/m^2$。

相对湿度：70%；构件理论厚度：1m（先假定该值，后面程序可以自动 计算）。

开始收缩时混凝土的材龄：3 天。

如图 2-77 所示。

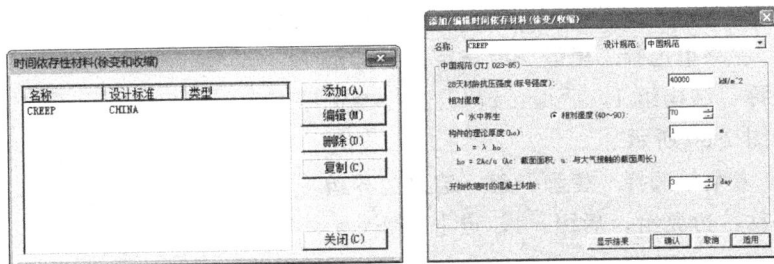

图 2-77 定义时间依存性材料

3：主菜单选择　***模型→材料和截面特性→时间依存性材料连接***
将时间依存材料特性与定义的一般材料连接起来。

徐变和收缩：CREEP；强度进展：NONE；

选择指定的材料：C40；操作 ![添加／编辑]。

如图 2-78 所示。

4：主菜单选择　***模型→材料和截面特性→修改单元依存材料特性***
单元依存材料特性：构件的理论厚度。

选择"自动计算"。

规范：中国标准，全选后点击 ![适用(A)]。

如图 2-79 所示。

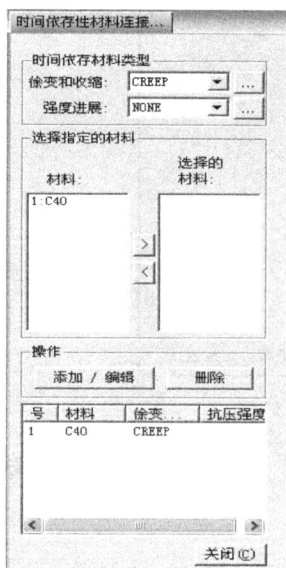

图 2-78　时间依存性材料连接

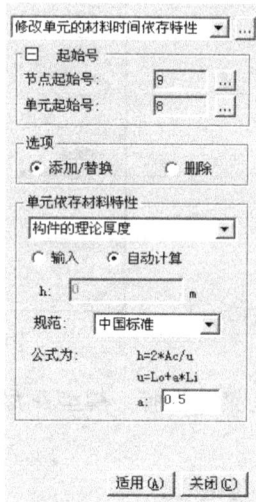

图 2-79　构件的理论厚度

2.6.5　定义结构组、边界组和荷载组

这部分内容是为了后面定义施工阶段，本例简单考虑梁端一次张拉钢束，因此只设一个施工阶段 CS1，相应设置一个结构组和一个边界组，荷载组包括自重（ZW）和张拉力（PS），将在 CS1 中激活。

1：主菜单选择　***模型 →组→定义结构组***
名称：结构组 1，后缀：1，点击 ![添加(A)]。

如图 2-80 所示。

2：主菜单选择　***模型→组→定义边界组***
名称：边界组，后缀：1，点击 ![添加(A)]。

如图 2-81 所示。

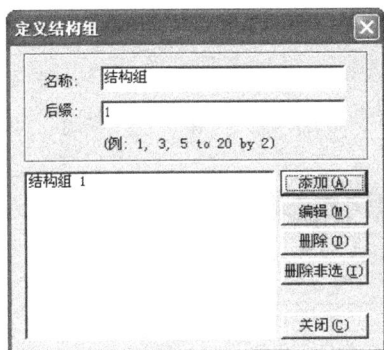

图 2-80 定义结构组

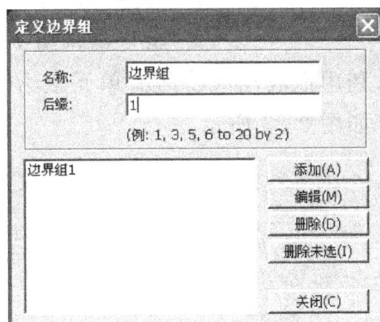

图 2-81 定义边界组

3：主菜单选择 **模型→组→定义荷载组**

名称：ZW，点击 添加(A) ；

名称：PS，点击 添加(A) 。

如图 2-82 所示。

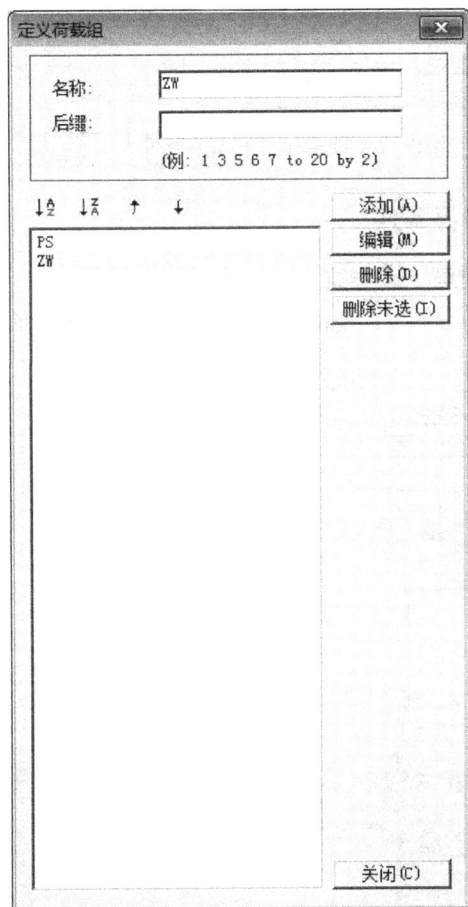

图 2-82 定义荷载组

4：分配结构组 **视图→选择→全选**

组→结构组 1

利用拖放功能将所有单元赋给结构组 1。

如图 2-83 所示。

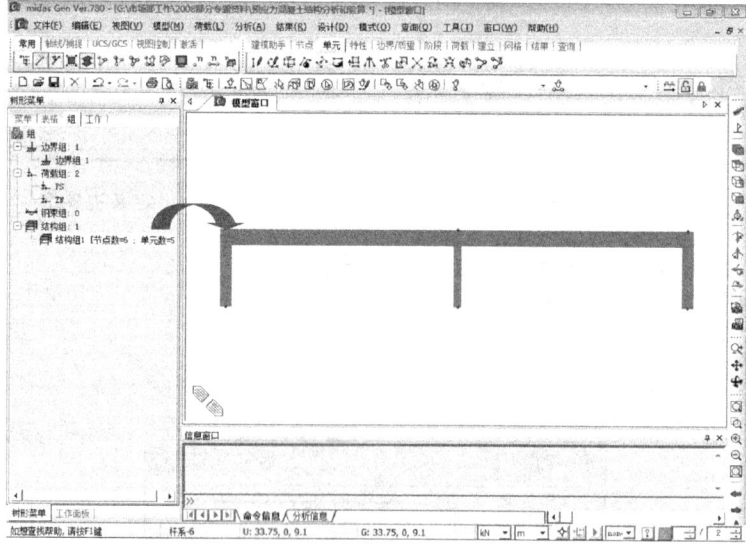

图 2-83 赋予结构组 1

2.6.6 定义边界条件

主菜单选择 **模型→边界条件→一般支承**

注：对于边界组的定义，也可先添加边界，再定义边界组，而后采用"拖放"的方式赋予相应节点。

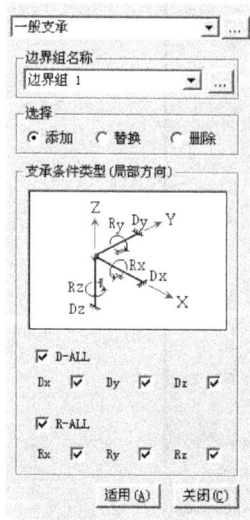

边界组名称：边界组 1；全部约束；在模型窗口中选择柱底，点击 适用(A)。

如图 2-84 所示。

图 2-84 输入边界条件

2.6.7 输入一般荷载

1：主菜单选择 **荷载→静力荷载工况**

名称：DL，类型：恒荷载，点击 添加(A) ；

名称：LL，类型：活荷载，点击 添加(A) ；

名称：SW，类型：施工阶段荷载，点击 添加(A) ；

名称：PS，类型：施工阶段荷载，点击 添加(A) 。

如图 2-85 所示。

2：主菜单选择 **荷载→自重**

荷载工况名称：ZW。

荷载组名称：ZW（施工阶段分析时，自重一定要定义在第一施工阶段激活的荷载组，其他施工阶段程序自动读取）。

自重系数：$Z=-1$，点击 添加(A) 。

如图 2-86 所示。

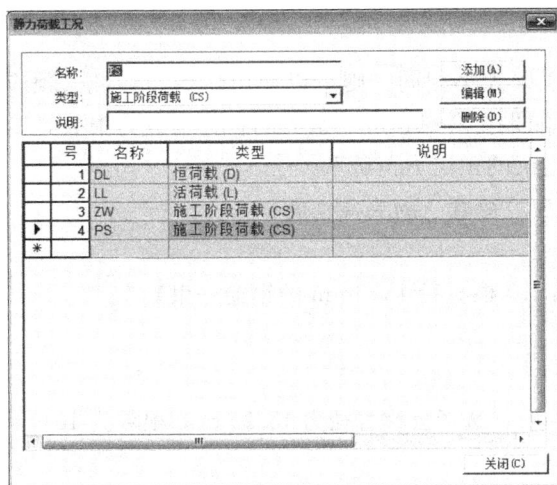

图 2-85 定义静力荷载工况类型

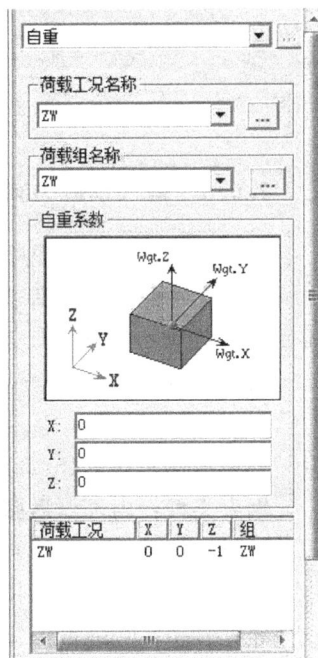

图 2-86 定义自重

3：主菜单选择 **荷载→梁单元荷载**

输入正常使用阶段的梁单元荷载。

荷载工况名称：DL，荷载组名称：默认值，荷载类型：均布荷载。

方向：整体坐标系 Z，数值：$-10kN/m$，选择梁单元，点击 适用(A) 。

荷载工况名称：LL，荷载组名称：默认值，荷载类型：均布荷载。

方向：整体坐标系 Z，数值：$-5kN/m$，选择梁单元，点击 适用(A) 。

如图 2-87 所示。

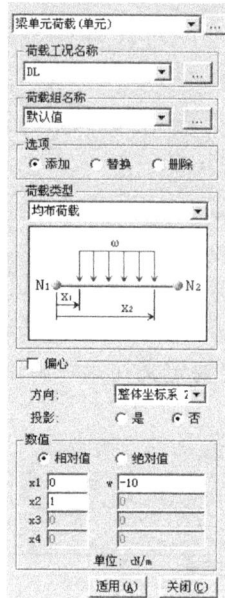

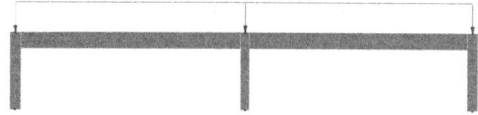

图 2-87 定义正常使用阶段的恒活载

2.6.8 输入预应力荷载

如果预应力荷载沿整个管道壁大小相同，则可以使用命令"荷载—预应力荷载—梁单元预应力荷载"；如果要考虑预应力钢束的各种预应力损失，则应使用"荷载—预应力荷载—钢束的预应力荷载"。

1：主菜单选择 **荷载→预应力荷载→钢束特性值**

点击 [添加(A)]。

钢束名称：10×15.2（表示 10 根直径 15.2mm 的钢筋一束）。

钢束类型：内部（后张）。

材料：钢束。

总面积：0.001387m² （点开[...]，选择公称直径为 15.2mm 和根数为 10）。

导管直径：0.06m。

钢筋松弛系数：Magura 45（表示低松弛）。

极限强度：$1.86 \times 10^6 \text{kN/m}^2$（即强度标准值）。

屈服强度：$1.67 \times 10^6 \text{kN/m}^2$。

预应力钢筋与管道壁的摩擦系数：0.3。

管道每米局部偏差对摩擦的影响系数：0。

锚具变形：开始端和结束端均取 0.005m。

粘结类型：无粘结（注：粘结——注浆以后，用考虑管道面积的换算截面来计算截面特性值；无粘结——张拉完钢筋后，用不考虑管道面积的混凝

68

土截面来计算截面特性值)。

如图 2-88 所示。

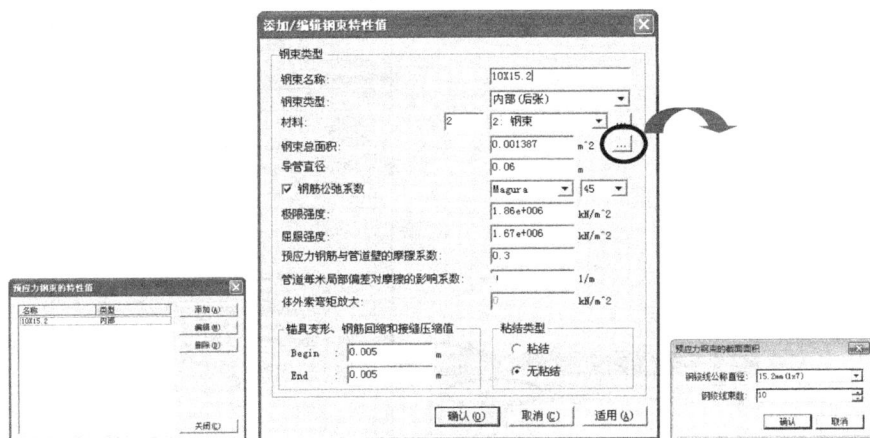

图 2-88 钢束特性值

2：主菜单选择 *荷载→预应力荷载→钢束布置形状*

钢束名称：GS。

组：默认值。

钢束特性值：10×15.2。

分配给单元：选择单元 6 和 7。

输入类型：3D。

曲线类型：样条。

布置形状：可在 Excel 中编辑好再粘贴至"布置形状"对话框的表格中（图 2-89）。

	A	B	C
1	X	Y	Z
2	0	0	-0.4
3	12.5	0	-1.2
4	27.5	0	-0.2
5	42.5	0	-1.2
6	55	0	-0.4

图 2-89 "布置形状"对话框的表格

插入点：20，0，9.1（可鼠标点击右边框，在模型中直接点选）。

如图 2-90 所示。

3：主菜单选择 *荷载→预应力荷载→钢束布置形状*

选择 GS，点击"复制和移动"。

间距：0，0.24，0。

分配当前单元：勾选。

点击 确定 。

选择 GS，点击"复制和移动"。

间距：0，-0.24，0。

分配当前单元：勾选。

点击 确定 。

选择 GS-复制 01，点击 编辑 ，钢束名称改为：GS1。

选择 GS-复制 02，点击 编辑 ，钢束名称改为：GS2。

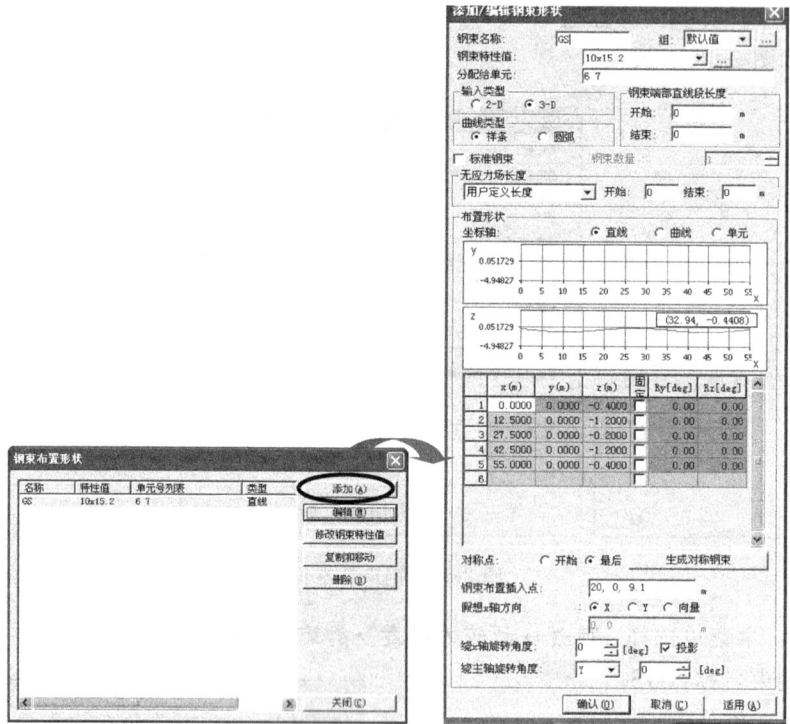

图 2-90 钢束布置形状

如图 2-91 所示。

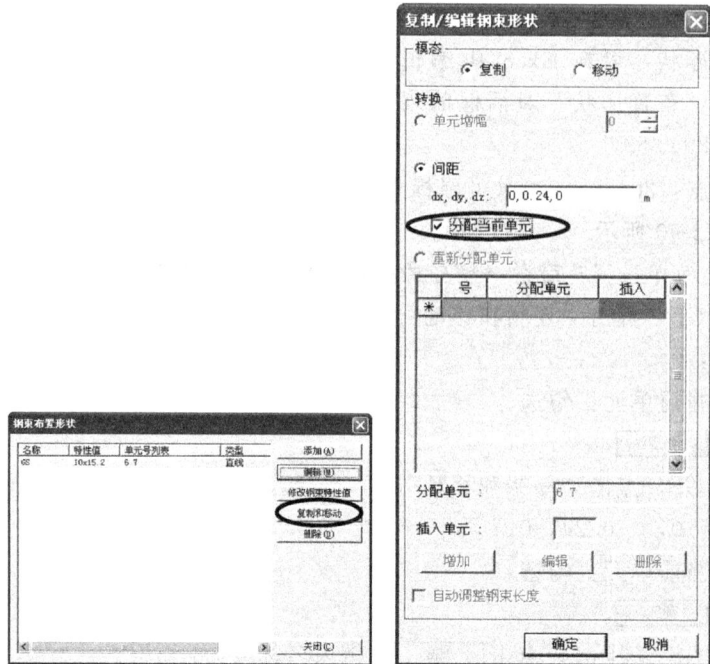

图 2-91 复制钢束

4：主菜单选择 *荷载→预应力荷载→钢束预应力荷载*

荷载工况名称：PS。

荷载组名称：PS。

预应力钢束，添加：GS，GS1，GS2。

张拉力：应力。

先张拉：两端。

开始点：1395MPa。

结束点：1395MPa。

点击 添加 。

如图 2-92 所示。

2.6.9 定义施工阶段分析数据

1：主菜单选择 *荷载→施工阶段分析数据→定义施工阶段*

名称：CS1，持续天数：20 天，保存结果：勾选"施工阶段"。

单元：结构组 1，材龄：3 天（3 天开始有强度），点击 添加 。

边界：边界组 1，点击 添加 。

荷载：PS 和 ZW，点击 添加 。

添加子步骤（将一个阶段需要分解成若干步骤）。

自动生成的步骤数：5，点击 自动生成步骤 。

最后点击 确认 。

如图 2-93 所示。

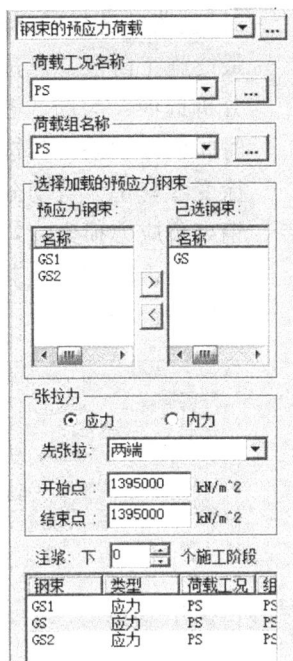

图 2-92 钢束预应力荷载

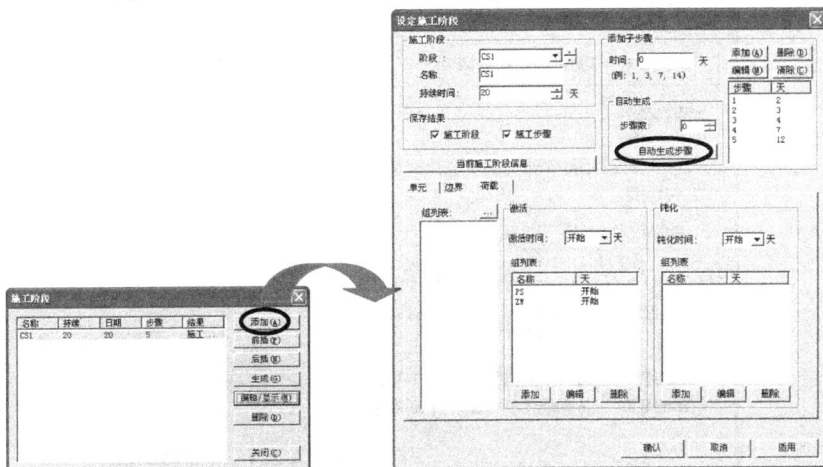

图 2-93 定义施工阶段

2：主菜单选择　**分析→施工阶段分析控制**

最终施工阶段：点选"最后施工阶段"。

分析选项：勾选"考虑时间依存效果"。

时间依存效果：勾选"徐变和收缩"，类型：点选"徐变和收缩"。

徐变：勾选"自动分割时间"。

钢束预应力损失：勾选考虑。

最后点击 确认 。

如图 2-94 所示。

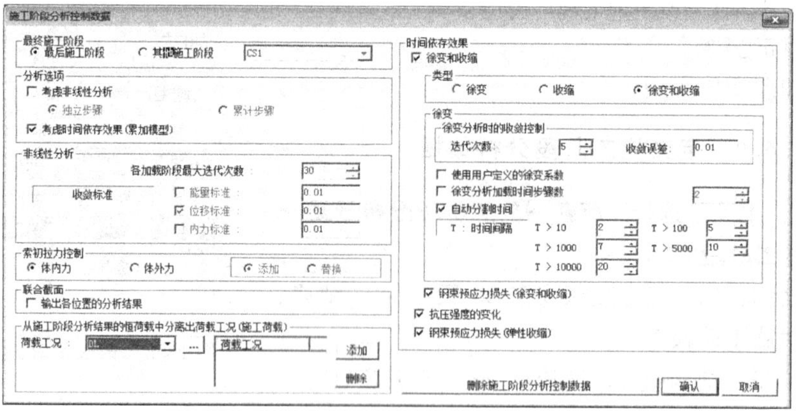

图 2-94　施工阶段分析控制

2.6.10　定义结构类型

主菜单选择　**模型→结构类型**

结构类型：选 X-Z 平面。

如图 2-95 所示。

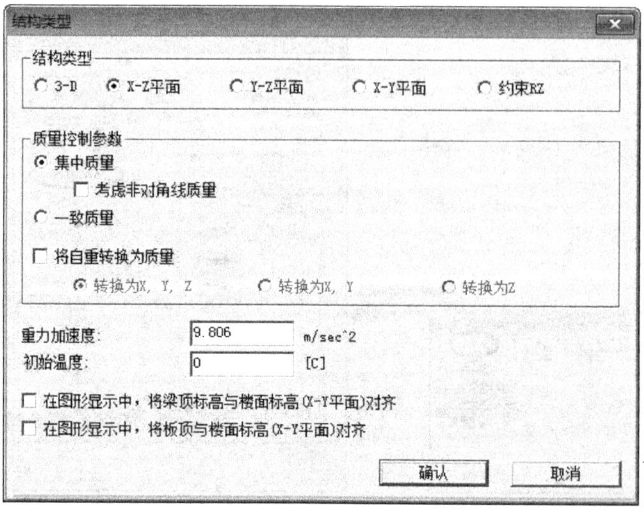

图 2-95　结构类型

2.6.11 运行分析并定义荷载组合

1：主菜单选择 *分析→运行分析*

2：主菜单选择 *结果→荷载组合*

一般组合：点击自动生成（注：确认一下长期荷载效应组合和短期荷载效应组合，必要时须手动生成）。

选择规范：混凝土。

施工阶段荷载工况：勾选"ST＋CS"，表示施工阶段荷载与使用阶段荷载进行组合，点击确认，生成荷载组合。其中，gLCB1～gLCB3 为承载力组合；gLCB4 为正常使用组合；最后 2 个组合分别对应承载力包络组合和正常使用包络组合。

查看在施工阶段（CS1）与使用阶段（POSTCS）各种组合下的内力。

如图 2-96 所示。

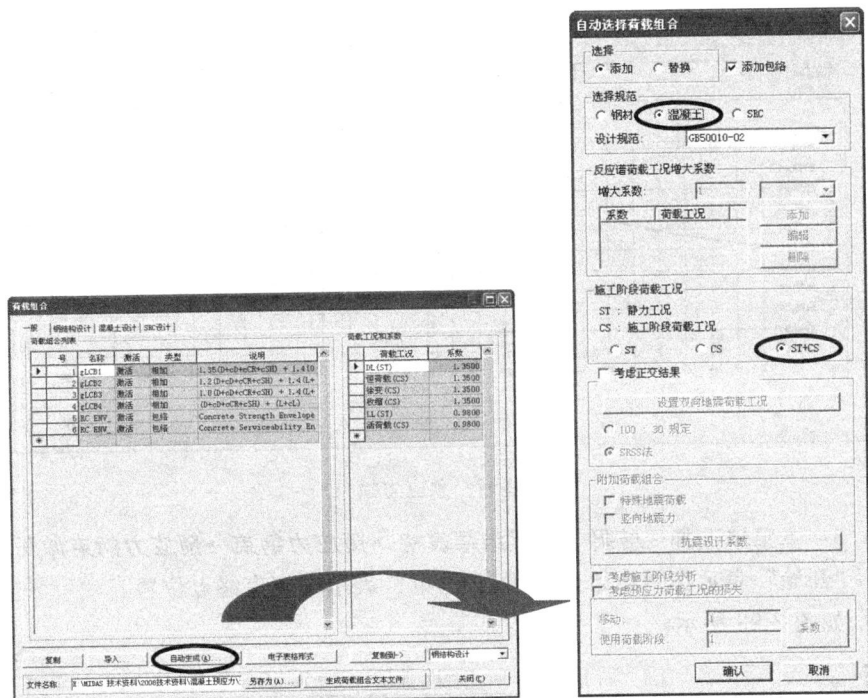

图 2-96 荷载组合

2.6.12 查看预应力损失

1：主菜单选择 *结果→钢束预应力损失图表*

选择钢束：GS。

施工阶段：CS1。

步骤：下拉选择相应的步骤。

也可通过动画查看该阶段各步骤钢束全长范围预应力的变化，来判断预应力的损失情况。该处的预应力损失包含了《无粘结预应力混凝土结构技术规程（附条文说明）》（JGJ 92—2004）的4.1.3条给出的$\sigma_{l1} \sim \sigma_{l5}$；相应的参数已经在钢束特性值和时间依存材料特性中定义过。

无粘结预应力混凝土的有效预应力按《无粘结预应力混凝土结构技术规程（附条文说明）》（JGJ 92—2004）中4.1.3的公式 $\sigma_{pe} = \sigma_{con} - \sum\limits_{n=1}^{5} \sigma_{ln}$ 来计算。本例为对称结构，因此只需计算左边梁支座和跨中处的预应力损失，计算结果如下：

$$\sigma_{l\text{sum},\text{左支座}} = \frac{(1934.865 - 1753.26) \times 1000}{1387} = 131\text{MPa} = 9.4\%\sigma_{con}$$

$$\sigma_{l\text{sum},\text{跨中}} = \frac{(1934.865 - 1764.23) \times 1000}{1387} = 123\text{MPa} = 8.8\%\sigma_{con}$$

如图2-97所示。

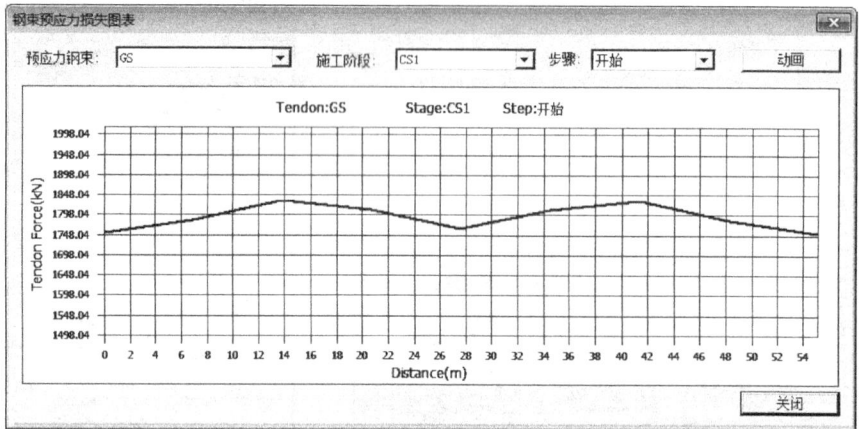

图2-97　预应力损失

2：主菜单选择　**结果→分析结果表格→预应力钢束→预应力钢束伸长量**

"开始"表示在钢束始点位置；"结束"表示在钢束终点位置。

如图2-98所示。

预应力钢束名称	阶段	步骤	预应力钢束延伸长度		混凝土压缩长度		合计	
			开始(m)	结束(m)	开始(m)	结束(m)	开始(m)	结束(m)
GS	CS1	001(first	0.1857	0.1857	0.0010	0.0010	0.1868	0.1867
GS1	CS1	001(first	0.1857	0.1857	0.0010	0.0010	0.1868	0.1867
GS2	CS1	001(first	0.1857	0.1857	0.0010	0.0010	0.1868	0.1867

图2-98　钢束伸长量

2.6.13　施工阶段验算

1：主菜单选择　**荷载→施工阶段分析数据→选择显示施工阶段**

选择施工阶段：CS1。

如图 2-99 所示。

2：主菜单选择 **结果→内力→梁单元内力图**

荷载工况/荷载组合：

CS：恒荷载，表示 CS1 阶段下的所有施工阶段荷载。

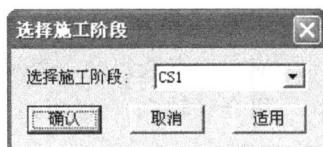

图 2-99 选择施工阶段

CS：活荷载，表示之前定义施工阶段分析控制时为了单独查看结果而分离出的荷载工况，本例没有分离。

CS：钢束一次，表示根据钢束预应力等效荷载的大小和布置位置计算的内力（与约束和刚度无关）。

CS：钢束二次，表示由超静定引起的钢束预应力等效荷载下的内力（考虑约束和刚度，用预应力等效节点荷载计算的内力减去钢束一次内力之后的结果）。

CS：合计，则包含了施工阶段的外荷载、预应力等效荷载以及收缩徐变共同作用下的结果。

荷载工况/荷载组合选择：CS：合计。

步骤：最后（其余步骤也可选择查看）。

内力：点选 My。

显示类型：勾选等值线、数值和图例。

输出位置：全部。

点击 适用 。

如图 2-100 所示。

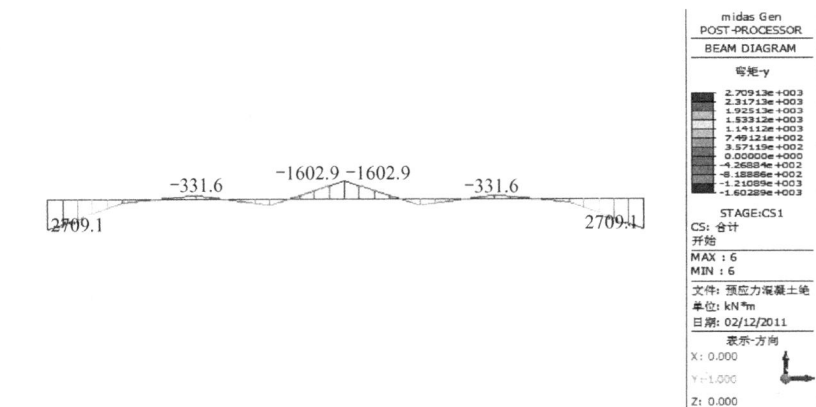

图 2-100 CS1 阶段合计作用下梁单元内力图

3：主菜单选择 **结果→应力→梁单元应力图**

可以通过该步进行张拉阶段截面边缘应力的验算。

荷载工况/荷载组合选择：CS：合计。

75

步骤：最后。

应力：点选组合，表示输出轴力和弯矩共同作用下的法向应力。

组合（轴向＋弯矩）：点选最大，表示输出边缘应力的绝对值最大值

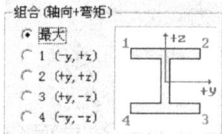

；点选 1 或 2 表示梁顶应力；点选 3 或 4 表示梁底应力。

显示类型：勾选等值线，数值和图例。

输出位置：全部。

单位体系：选择 N、mm，以方便查看应力结果。

点击 ▢适用▢ ，这样可以得到阶段 CS1 结束时，各截面边缘最大法向应力（图 2-101～图 2-103）：

$$\sigma_{cc} = \sigma_{左支座顶部} = \sigma_{右支座顶部} = 9.1\text{MPa}$$

$$\sigma_{ct} = \sigma_{左支座底部} = \sigma_{右支座底部} = 2.2\text{MPa}$$

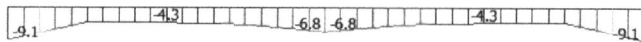

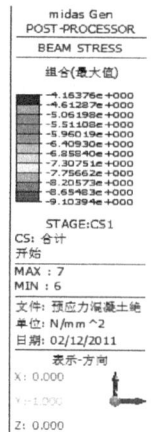

图 2-101　CS1 阶段合计作用下梁最大应力图

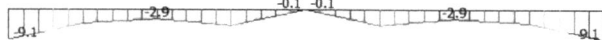

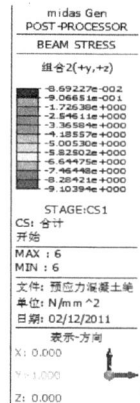

图 2-102　CS1 阶段合计作用下梁顶应力图

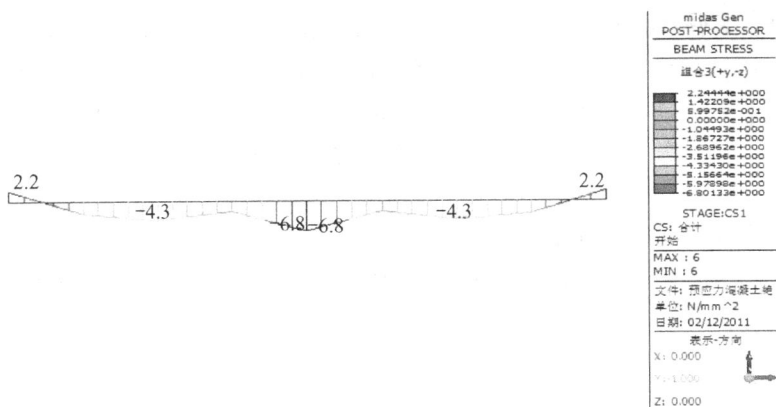

图 2-103　CS1 阶段合计作用下梁底应力图

根据《混凝土结构设计规范》（GB 50010）的 6.1.11 按不允许出现裂缝构件进行验算：

$$\sigma_{cc} = 9.1\text{MPa} < 0.8 f_{ck} = 0.8 \times 26.8 = 21.44\text{MPa}$$

$$\sigma_{ct} = 2.2\text{MPa} < f_{tk} = 2.39\text{MPa}$$

4：主菜单选择　**结果→梁单元细部分析**

荷载工况/荷载组合选择：CS：合计。

步骤：最后。

截面应力：σ_{xx} 对应为前面的法向组合应力（包括轴力和弯矩共同作用）。

单元号：用鼠标在模型中选择梁单元。

这里可以查看梁单元任意截面任意位置处的内力和应力。此时，可以更清楚地看到最大拉应力 Sig_max 和最大压应力和 Sig_min 对应为 2.2N/mm^2 和 -9.1N/mm^2，与前面的梁单元应力图一致。梁单元细部分析见图 2-104。

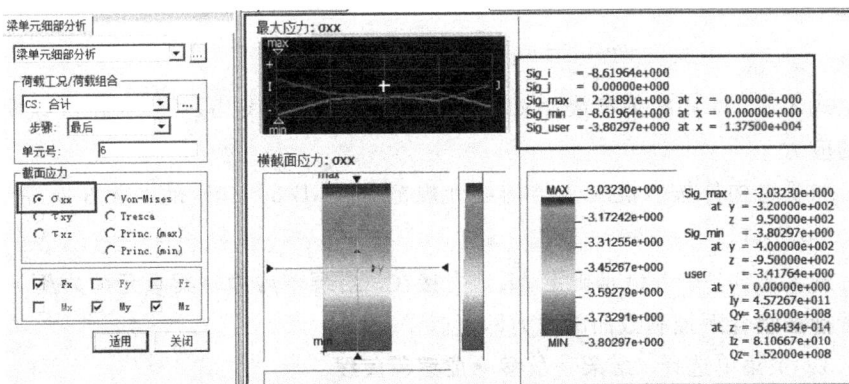

图 2-104　梁单元细部分析

2.6.14　使用阶段验算

1：主菜单选择　**荷载→施工阶段分析数据→选择显示施工阶段**

选择正常使用阶段：POSTCS（图 2-105）

图 2-105 选择使用阶段

2：主菜单选择 **结果→应力→梁单元应力图**

荷载工况/荷载组合选择：CBall：RC ENV_SER（按正常使用荷载组合的包络）。

截面应力：Princ.（min）（最大主压应力）。

单元号：鼠标在模型选择梁单元。

这样会跳出梁单元细部分析图（图 2-106），可以查看到在梁单元右端（即模型的中支座位置）截面最大主压应力为 $\sigma_{cp}=8.70$MPa，根据《混凝土结构设计规范》（GB 50010）的 8.1.5 条进行用于裂缝宽度控制的混凝土主压应力验算：

$$\sigma_{cp} = 8.70\text{MPa} < 0.6f_{ck} = 0.6 \times 26.8 = 16.08\text{MPa}$$

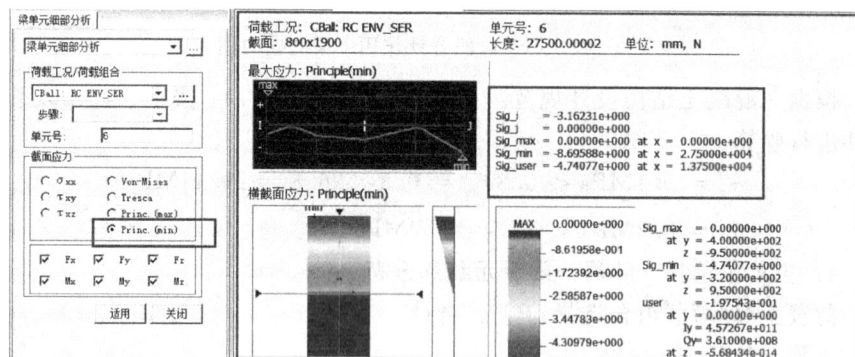

图 2-106 梁单元细部分析

注：对于允许 80 出现裂缝的构件，裂缝需按《混凝土结构设计规范》（GB 50010）的式 8.1.1-4 进行验算。但日前 Gen 780 版本尚未提供裂缝验算功能，因此需要工程人员自行计算。

下面简单介绍下利用 midas 计算结果手动验算裂缝的流程：

$$\omega_{max} = \alpha_{cr}\varphi\frac{\sigma_{sk}}{E_S}\left(1.9c + 0.08\frac{d_{eq}}{\rho_{te}}\right)$$

式 8.1.1-4 中相关参数含义参考规范，关键是确定 σ_{sk}——受拉区纵向钢筋的应力

对受弯构件按《混凝土结构设计规范》（GB 50010）的 8.1.3-3：$\sigma_{sk}=M_k/0.87h_0A_s$

式 8.1.3-3 中关键是确定 M_k，直接在（**结果→内力→梁单元内力图**）下查看标准组合下控制截面的内力即可。

3：主菜单选择 **结果→位移→位移等值线**

荷载工况/荷载组合选择：CBmin：RC ENV_SER。

位移：DZ。

显示类型：等值线，变形，数值和图例。

查看荷载短期效应组合下（短期刚度按无粘结预应力混凝土构件根据《无粘结预应力混凝土结构技术规程（附条文说明）》（JGJ 92）中 4.1.14 确

定）的变形，这里可以减去预加力所产生的反拱值，之后根据《混凝土结构设计规范》（GB 50010—2010）3.3.2 条进行验算，本例 $f = 1.096$mm。

挠度变形图见图 2-107。

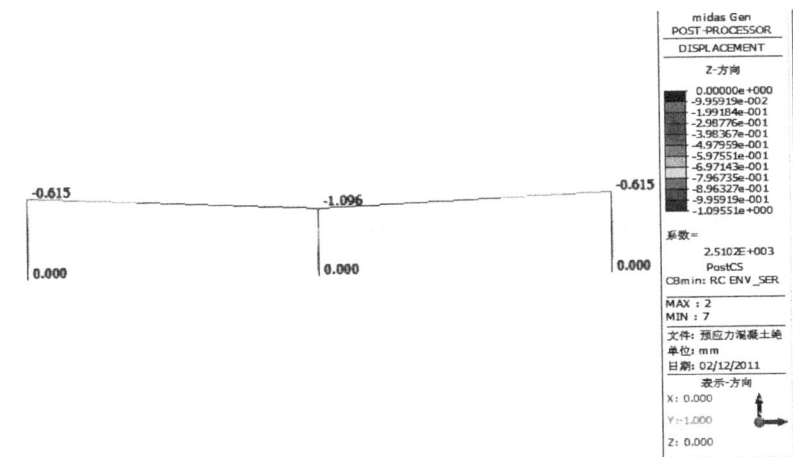

图 2-107　挠度变形图

注：在 midas 中由于考虑了施工阶段分析，因此使用阶段查看的挠度 DZ 已经考虑了反拱值，但未考虑长期效应刚度的折减。如需考虑，可按《无粘结预应力混凝土结构技术规程（附条文说明）》（JGJ 92）中 4.1.15 确定刚度折减系数 $\dfrac{M_s}{M_1 + M_s}$ 后，在模型→材料和截面特性→截面特性值系数中对梁单元的 Iyy 输入相应折减系数后重新分析查看挠度。

2.7　转换梁的分析

2.7.1　概要

由于建筑功能要求，部分竖向构件不能直接贯通落地，而需要通过刚度较大的转换构件进行连接，这样的高层建筑结构被称为带转换层的高层建筑结构。带转换层的高层建筑结构主要可归纳为两大类：一类是其主体结构由上部剪力墙结构，下部筒体框架结构或框架剪力墙结构以及结构转换层组成；另一类是其主体结构由上部小柱网框架、筒体、剪力墙结构，下部大柱网框架、剪力墙结构以及结构转换层组成。

结构转换层常见的有梁式转换和板式转换两种类型。梁式转换结构，受力比较直接明确，是目前得到广泛应用的转换结构形式。板式转换结构，受力、传力途径比较复杂，不够明确；一般只有在上下部结构明显不协调，无法采用梁式转换结构时才采用。本文主要介绍梁式转换的建模和分析过程。

在有限元分析时，对于转换梁的模拟主要有三种方法：梁单元、板单元和实体单元，各自有不同的适用范围。目前，对转换梁的分析和设计一般是结合结构整体分析的结果，再用平面有限元分析软件对转换梁进行辅助的局部分析，得到受力和配筋的结果。这种方法对于转换梁上部剪力墙比较规则的情况，能够保证其计算结果具有足够的精度，满足工程设计的要求。但在实际工程中，上部墙体经常大量采用不规则墙或短肢墙，对于这种情况，如果仅仅采取平面有限元分析，准确性难以保证。在 midas Gen 中，可以分别利用梁单元、板单元和实体单元对转换梁进行模拟后，进行整体分析。

2.7.2　简介

本工程地下 1 层，地上 31 层，建筑物总高度 105.05m。转换梁位于地上五层，转换层以下楼层采用框架剪力墙的结构形式，转换层以上楼层采用剪力墙结构（图 2-108）。

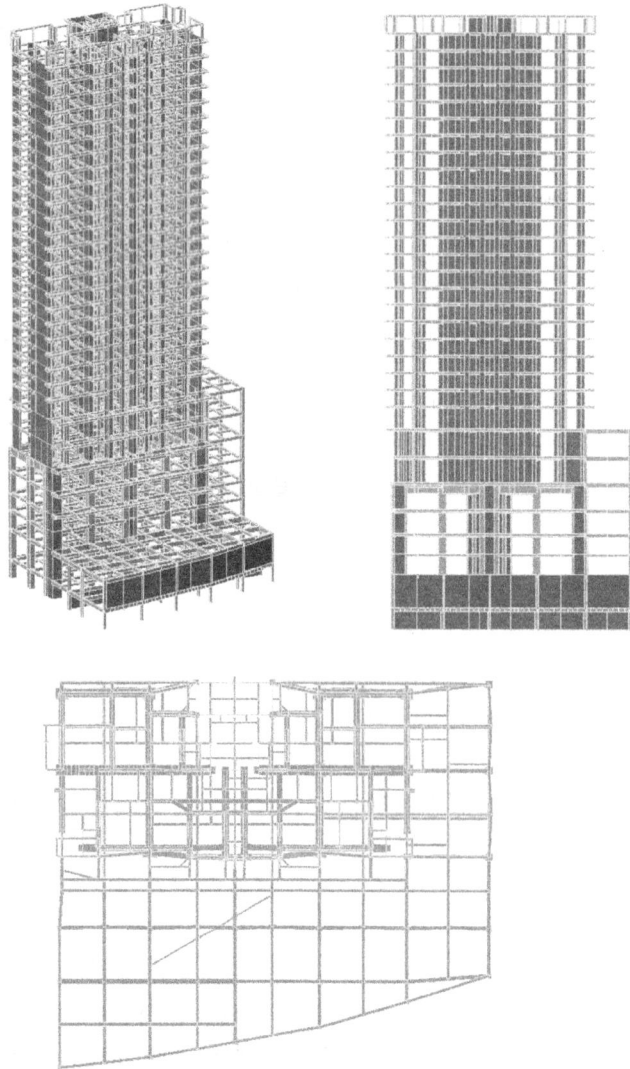

图 2-108　分析模型

2.7.3 建模要点

（1）在一般的模型分析中，进行整体分析时常常采用刚性楼板假定，但是如果要提取转换梁的内力结果时，采用刚性楼板假定往往对转换梁的分析结果有比较大的影响。因此，必须对转换层不设置刚性楼板假定，或者采取解除局部的刚性楼板假定，而利用弹性楼板进行分析。为了考察楼板对转换梁的影响，需要更详细的网格剖分。该模型中，对转换层不采取刚性楼板假定，同时为了方便模型的处理，不考虑楼板的影响，建立模型时不予建出。

（2）对于不同的工程模型，转换梁可以采用不同的单元类型；为了进行比较，该例题中分别采用梁单元、板单元和实体单元进行分析。

（3）采用板单元和实体单元模拟转换梁时边界的处理方法。

2.7.4 用梁单元、板单元和实体单元模拟转换梁的处理方法

图 2-109～图 2-111 分别是用梁单元、板单元和实体单元模拟转换梁时利用 midas Gen 建立的分析模型局部图。

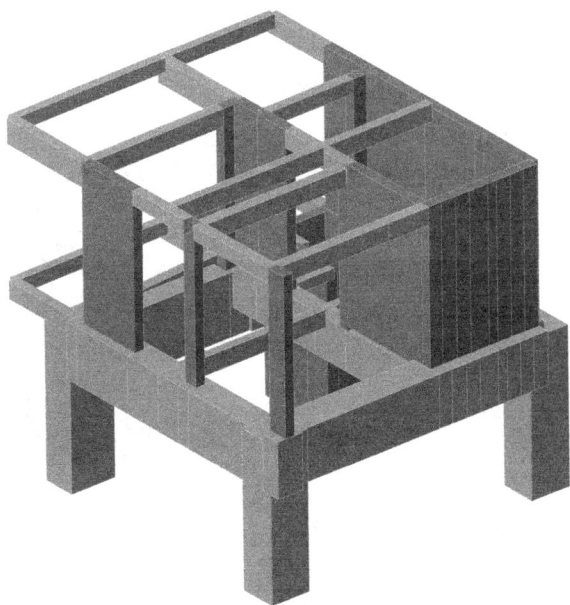

图 2-109　采用梁单元的分析模型局部图

用梁单元、板单元和实体单元建立模型时的处理：

（1）转换梁采用梁单元模拟：梁单元和周围单元通过两个节点进行传力和变形协调，这样不能保证在单元的接触面上的变形完全协调，与上部墙体的共同作用依赖于对梁和上部剪力墙的网格划分，转换梁和周围单元的计算

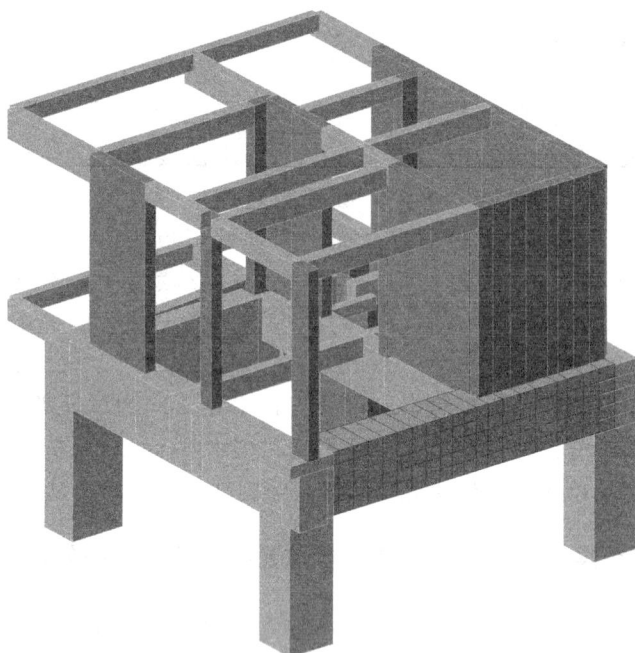

图 2-110　采用板单元的分析模型局部图

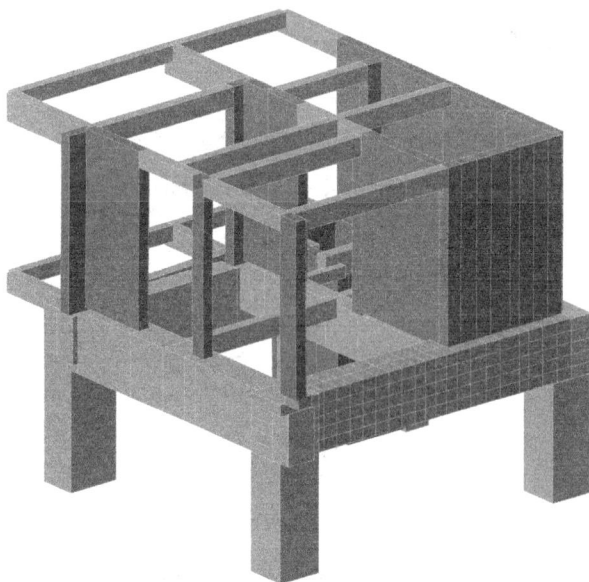

图 2-111　采用实体单元的分析模型局部图

结果均存在较大的误差，主要用于结构的整体分析。对梁单元以及上部墙体网格划分得越细，墙体导荷也就越精确。

边界条件的处理：仅仅需要对梁单元和墙单元进行分割，以使得墙上荷载能够较真实地导到梁上，梁和柱仅仅通过一个节点进行变形协调，不考虑转换梁的截面效应（图 2-112、图 2-113）。

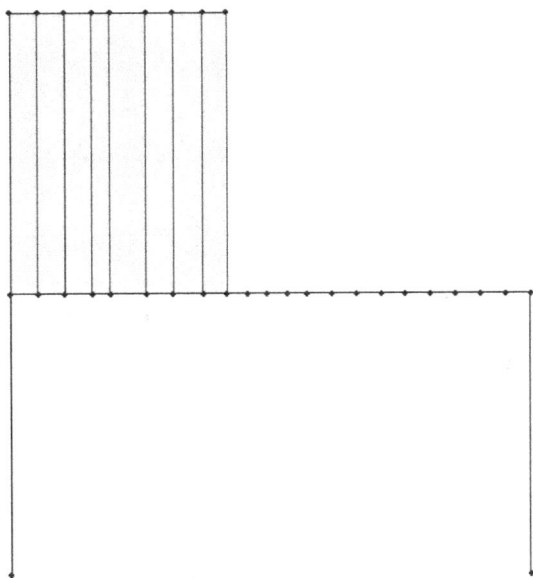

图 2-112 用梁单元模拟转换梁的边界处理

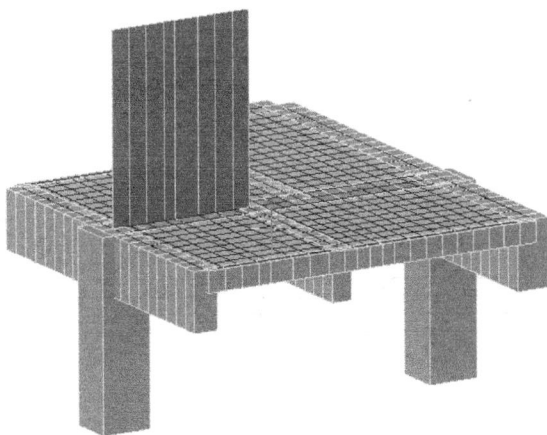

图 2-113 有楼板时楼板的网格划分

（2）转换梁采用板单元模拟：主要用于模拟比较规则的转换结构。当需要得到比较精确的转换梁分析结果时，可以用板单元模拟转换梁，以充分考虑转换梁和柱之间的截面效应，由于板单元和相应柱沿高度有几个分割节点，这样就不会像梁单元那样仅由一个节点进行传力和变形协调。同时转换梁有开洞时，用板单元能更好地处理这种情况。

边界条件的处理：除了转换梁和墙单元的变形协调以及传力问题外，由于考虑了转换梁的截面效应，转换梁和相应的柱之间要通过多个节点进行变形协调，因而需要在两个方向上对板单元进行分割（图 2-114、图 2-115）。

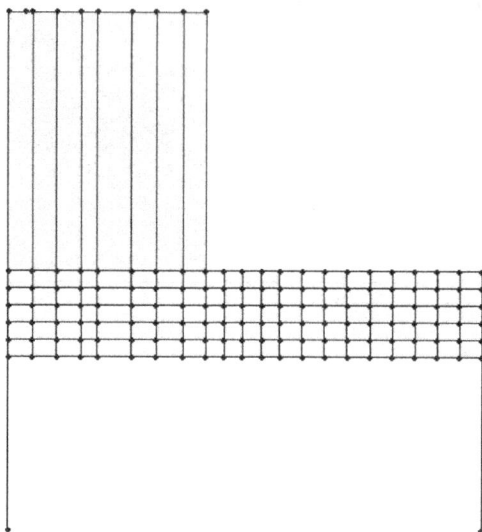

图 2-114　用板单元模拟转换梁边界处理

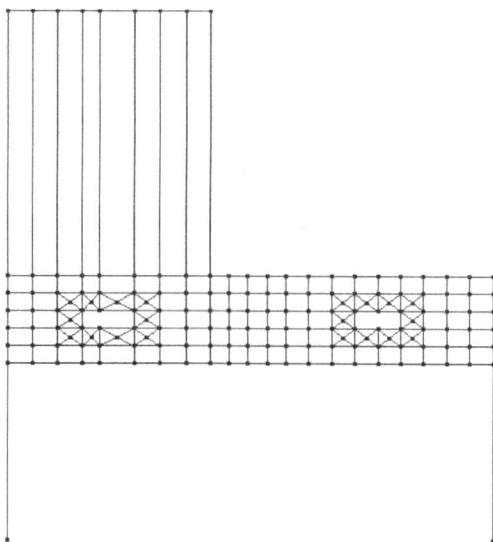

图 2-115　用板单元模拟转换梁边界处理（局部开洞）

（3）转换梁采用实体单元模拟：利用实体单元能够比较真实地模拟转换梁，适用于任何复杂的情况。对于不规则的转换，如果想得到比较精确的转换梁受力结果，建议采用实体单元。midas Gen 中，可以将实体单元与线单元的连接部位作适当边界处理后进行整体分析，这样既可以得到精确的分析结果，同时又避免了全部采用实体单元时占用太多的计算资源。但是实体单元的处理相对复杂，效率不如线单元和板单元高。

边界条件的处理：对于有限元模型，如果都采用实体单元建模，则能够较真实地考虑梁、柱和墙等单元的边界条件。但是，如果转换梁用实体单元，而周围的单元采用线单元，这里就涉及实体单元和线单元的边界处理问题。在 midas Gen 中我们可以通过刚性连接的功能处理这类边界情况，这里设置的刚性连接，就是先把中间的节点设为主节点，把同一条线上分割的其他节点设为从节点，从节点的变形协调于主节点。这样，对于实体单元，边界面部分仍然处理为一条线。实体单元边界条件的设定如图 2-116 所示。

注：这样设置的原因是实体单元只有 3 个平动自由度，如果不设定主从节点的刚性连接，则无法传递弯矩。

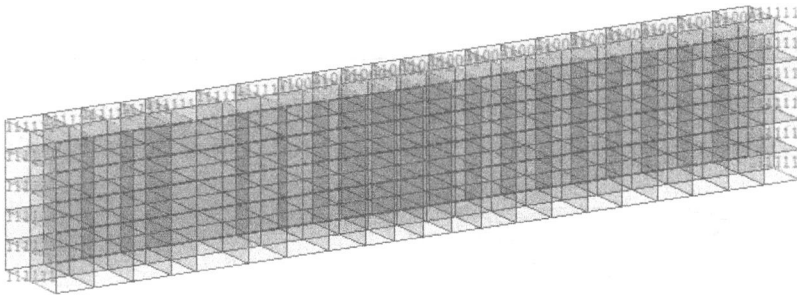

图 2-116　用实体单元模拟转换梁时边界的处理

（4）转换梁内力计算结果的提取

结果的提取，对于梁单元，可以直接提取：**结果→分析结果表格→梁单元内力**，弹出对话框如图 2-117 所示。利用梁单元计算的转换梁内力值见表 2-14。

注：为了方便提取结果，可以把要输出结果的单元设定为结构组，这样在选择类型里可以直接提取。

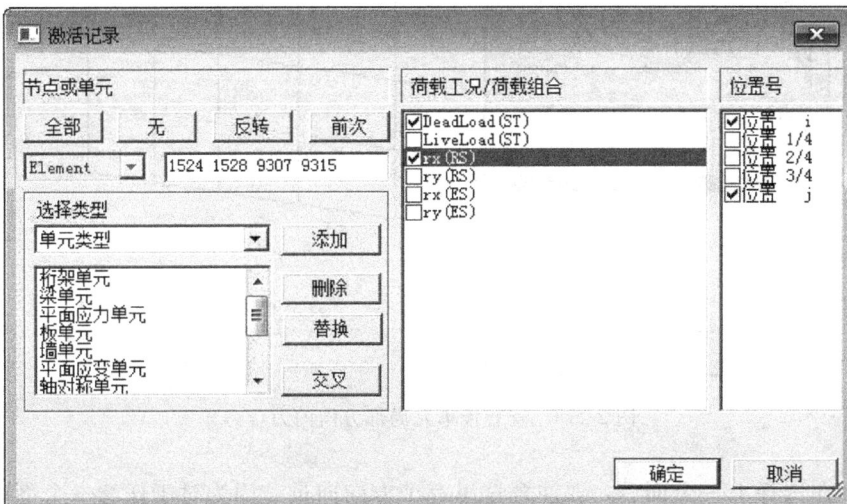

图 2-117　梁单元内力提取对话框

利用梁单元计算的转换梁内力值　　　　　　　　　　表 2-14

单元	荷载	位置	轴向 (kN)	剪力——y (kN)	剪力——z (kN)	扭矩 (kN·m)	弯矩——y (kN·m)	弯矩——z (kN·m)
1524	DL	I	255.08	46.32	−818.15	70.98	−1134.27	111.32
9307	DL	J	1082.75	46.32	−121.93	70.98	1170.64	−50.8
1528	DL	I	1346.62	267.21	108.8	−282.13	1391.27	−6.03
9315	DL	J	1344.64	−158.54	771.55	400.49	−1237.27	230.95
1524	rx(RS)	I	130.8	20.13	147.13	64.37	237.11	28.62
9307	rx(RS)	J	46.93	19.1	159.11	64.37	712.78	40.67
1528	rx(RS)	I	97.78	29.73	353.6	119.94	864.62	45.45
9315	rx(RS)	J	106.48	19.95	356.94	42.16	862.13	51.3

　　可以利用 midas Gen 中局部方向内力的合力的方法求得转换梁某截面的内力，具体为结果→局部方向内力的合力，弹出的对话框如图 2-118 所示。

注：利用局部方向内力的合力时，要注意到方向的问题，为了和梁单元分析的结果进行比较，选取剖面时要保证计算所得的局部坐标系一致。

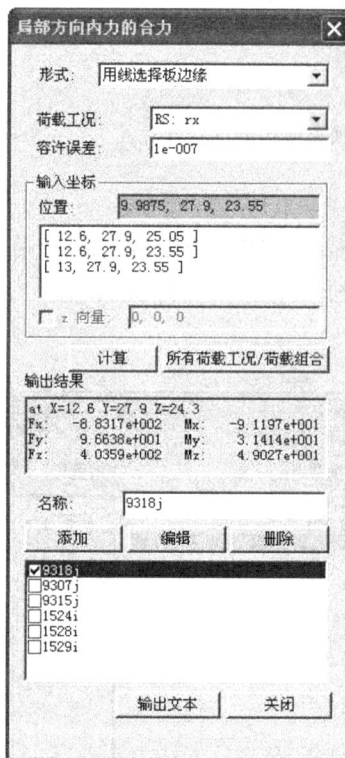

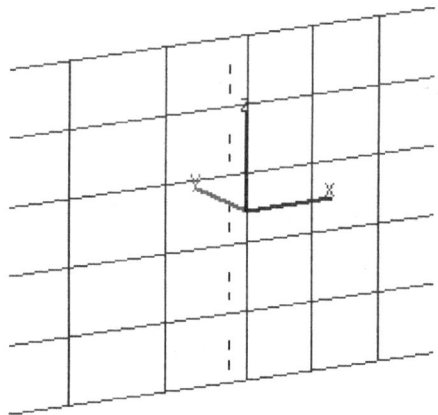

图 2-118　查看板单元局部方向内力合力

　　在选择上一个面后，要注意这里有个方向向量。因为对于任意一个剖面，都有左截面和右截面之分，所以根据需要得到的结果，选择不同的方向，当该截面的内力值有突变时需要特别注意。否则，可能由于选择的方向不对而提取了错误的结果。可以提取多个截面的内力值最终输出到一个文本文件里（表 2-15）。

利用板单元计算的转换梁内力值   表 2-15

单元	荷载	位置	轴向 (kN)	剪力——y (kN)	剪力——z (kN)	扭矩 (kN·m)	弯矩——y (kN·m)	弯矩——z (kN·m)
1524	DL	I	498.91	55.27	−2526.6	45.984	−1475.7	133.63
9307	DL	J	1545.3	55.27	−441.64	45.984	969.84	−59.82
1528	DL	I	1193.3	194.16	93.92	−337.73	1228.2	−7.9569
9315	DL	J	1185.2	−93.58	703.67	335.03	−1133.1	103.86
1524	rx(RS)	I	204.16	24.162	390.71	39.35	393.37	35.508
9307	rx(RS)	J	404.7	23.034	233.46	40.91	607.77	49.02
1528	rx(RS)	I	30.584	28.135	390.64	57.225	904.85	55.091
9315	rx(RS)	J	42.277	20.722	392.16	25.192	1000.2	47.662

对于实体单元，提取某截面的内力值同样需要利用局部方向内力合力的功能，具体为结果→局部方向内力的合力，弹出的对话框如图 2-119 所示。

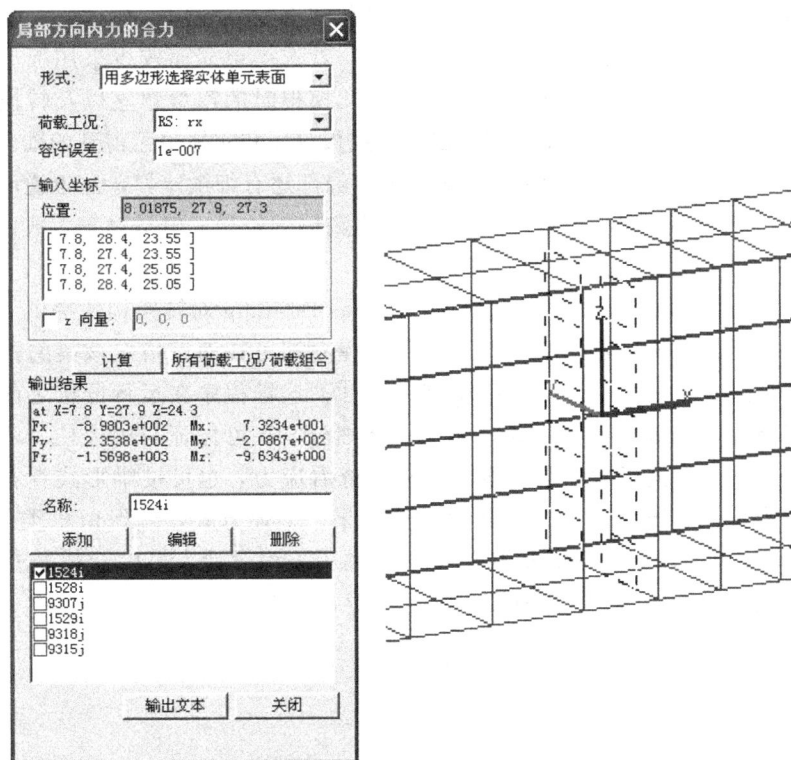

图 2-119　查看实体单元局部方向内力的合力

利用实体单元模拟转换梁的内力结果如表 2-16 所示。

利用实体单元计算的转换梁内力值　　　　表 2-16

单元	荷载	位置	轴向 (kN)	剪力——y (kN)	剪力——z (kN)	扭矩 (kN·m)	弯矩——y (kN·m)	弯矩——z (kN·m)
1524	DL	I	459.24	75.434	−2527.6	27.041	−1467.9	169.48
9307	DL	J	1526.7	258.14	−75.434	27.041	94.541	−905.04
1528	DL	I	1164.6	250.59	164.60	−104.32	1176.6	−40.603
9315	DL	J	1158.2	−143.16	635.77	190.98	−1036.0	172.05
1524	rx(RS)	I	204.97	18.856	387.35	30.064	401.18	33.289
9307	rx(RS)	J	400.44	89.09	18.642	30.689	34.29	561.47
1528	rx(RS)	I	30.569	22.985	377.36	17.142	862.15	41.231
9315	rx(RS)	J	41.427	14.729	379.33	16.51	988.35	37.935

对于其他结果的提取，可以通过结果→分析结果表格和设计→计算书进行提取，或者直接进行结果的查看，这里不再说明。

2.7.5　结论

本文阐述了利用 midas Gen 对有转换梁的高层结构进行有限元分析时的模型处理，重点介绍了采用梁单元、板单元和实体单元进行模拟时的建模方法和注意事项。由于在一般的整体分析时，首选梁单元而较少采用板单元和实体单元，所以本文重点讲解利用三种单元模拟时的模型建立以及转换梁的内力提取方法。从分析结果可以看出，利用板单元和实体单元得到的轴力和剪力更为接近和精确，但是弯矩和扭矩在某些局部还有细微差异，这也说明采用实体单元模拟转换梁时，对于弯扭能获得更精确的结果。但是对于多数比较规则的转换梁结构，利用板单元就能满足要求，可以获得较为满意的结果。

midas 系列软件中另一款建筑产品 midas Building 对转换构件提供一种更为智能的处理方式：建模时按普通梁单元建立即可；而后指定该梁的构件类型为转换梁并定义好转换梁的网格划分尺寸；这样程序在运行分析之前，会自动将该梁以板单元重新生成，并作网格细分，且可保证与周边柱、墙节点全部耦合；分析完毕后，既可按板元形式查看应力，也可按梁形式查看整个构件内力，最后还可以梁形式输出配筋结果。上述方式，既保留了类似 midas Gen 这类通用程序的分析精度，又兼顾了工程设计人员的建模及查看结果的习惯，读者朋友有类似项目时，也可尝试一下 midas Building。

3 工业院专题

3.1 变壁厚水池分析与设计

3.1.1 概要

该例题通过建立一个变壁厚水池模型，详细介绍了使用 midas Gen 建立特种结构模型的步骤和方法，演示了板单元分割、面弹性连接、变壁厚、池壁温差等特色功能的使用技巧，并就如何查看分析结果及配筋作了简要的说明。

例题的步骤如下：

（1）水池资料及计算简图；

（2）建立几何模型；

（3）添加荷载；

（4）添加约束条件；

（5）分析及添加荷载组合；

（6）查看池壁内力；

（7）配筋设计要点。

3.1.2 水池资料及计算简图（数据仅供参考）

1. 水池资料

某变壁厚双格矩形污水池，结构尺寸如图 3-1～图 3-3 所示，池壁考虑 10℃温差（水池内侧池壁温度高），中间池壁开有直径 1m 的圆孔，池下埋土的基床系数为 25000kN/m³，水池外侧无土体及地下水作用。

分析设计应符合下列标准：

《给水排水工程钢筋混凝土水池结构设计规程》（CECS 138：2002）；

《给水排水工程构筑物结构设计规范》（GB 50069—2002）；

《混凝土结构设计规范》（GB 50010—2010）。

2. 确定计算简图

水池池壁水平向计算长度按池壁底部中心线距离计算，池壁竖向计算高度取为净高加底板厚度的一半，计算简图如图 3-4、图 3-5 所示。计算模型如图 3-6 所示。

注：计算简图的确定参见规程《给水排水工程钢筋混凝土水池结构设计规程》（CECS 138：2002）第5.1.8条。

根据规程《给水排水工程钢筋混凝土水池结构设计规程》（CECS138：2002）规定，可以将池壁底部视为固定支承，但按弹性支承计算会得到更准确的计算结果。

89

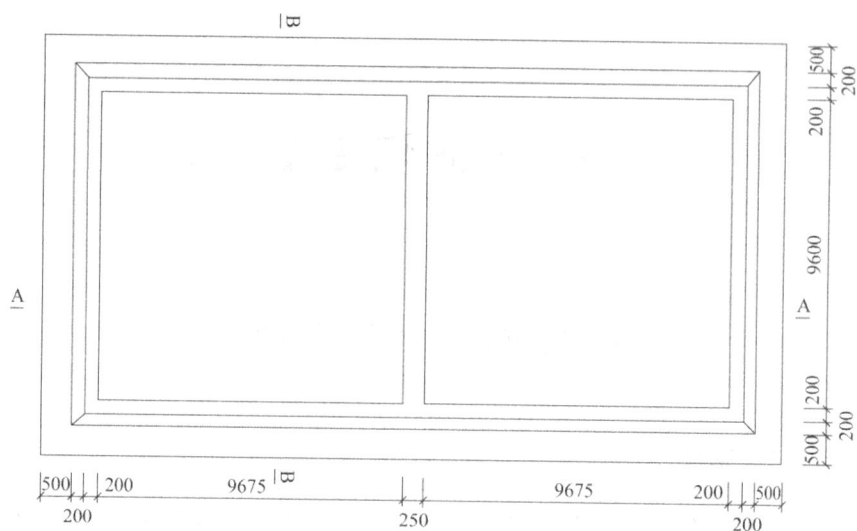

图 3-1   水池平面图

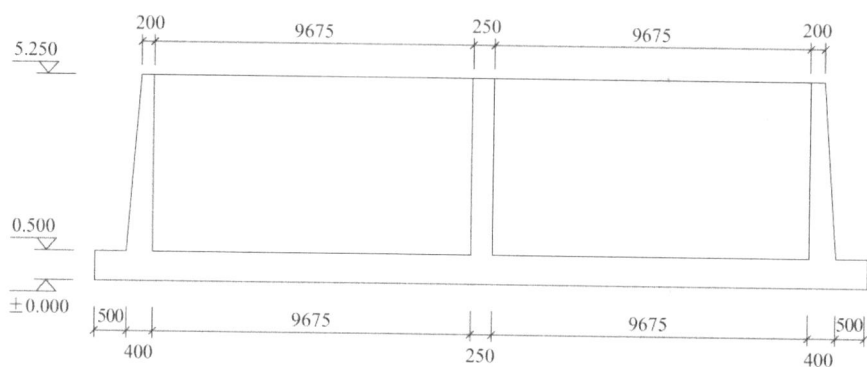

图 3-2   A-A 剖面图

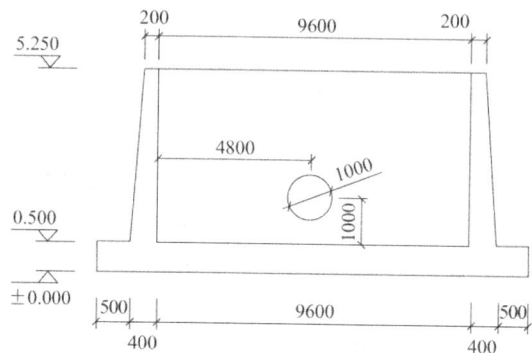

图 3-3   B-B 剖面图

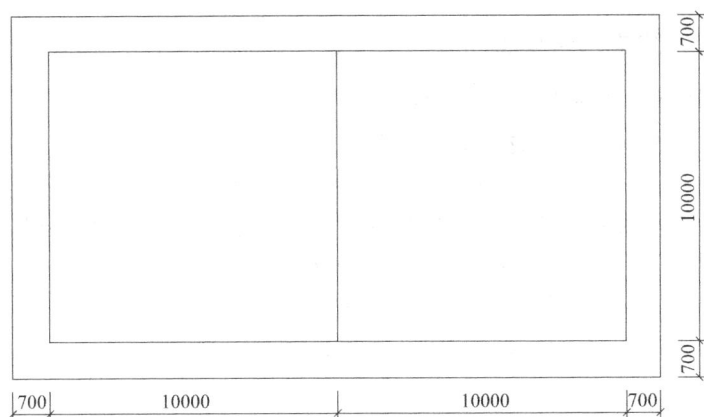

图 3-4 计算简图——平面

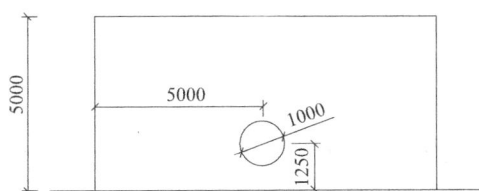

图 3-5 计算简图——立面

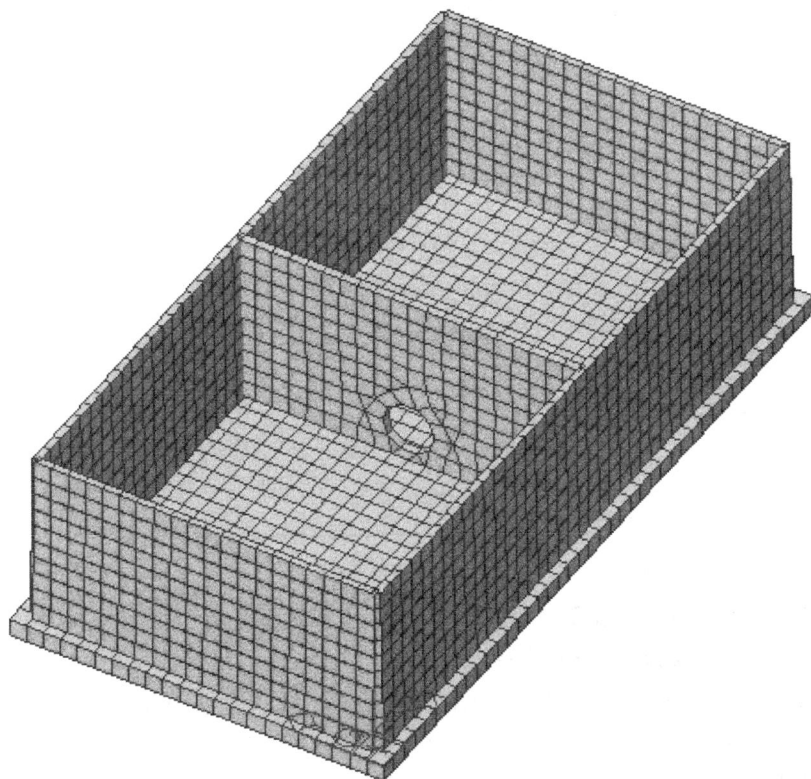

图 3-6 水池计算模型

3.1.3　建立几何模型

根据计算简图建立水池的几何模型。

1：主菜单选择　**工具→单位体系**：设定单位

长度：m；力：kN；温度：℃。

2：主菜单选择　**模型→材料和截面特性→材料**：添加水池材料

材料号：1；名称：C30；规范：GB（RC）。

数据库：C30；材料类型：各向同性。

3：主菜单选择　**模型→材料和截面特性→厚度**：添加池壁厚度

厚度号：1；厚度——面内和面外：0.25。

厚度号：2；厚度——面内和面外：0.5。

4：主菜单选择　**视图→视点→顶面**：将视图设为顶面视图

主菜单选择　**视图→轴网→点格**：打开点格

5：主菜单选择　**模型→单元→建立**：建立辅助用线单元

单元类型：梁单元。

节点连接：在视图中直接建立梁单元，按图3-4画出池底水平形状（不包括外挑底板），如图3-7所示。

注：用梁单元或桁架单元作为辅助线是常用的建模方式。

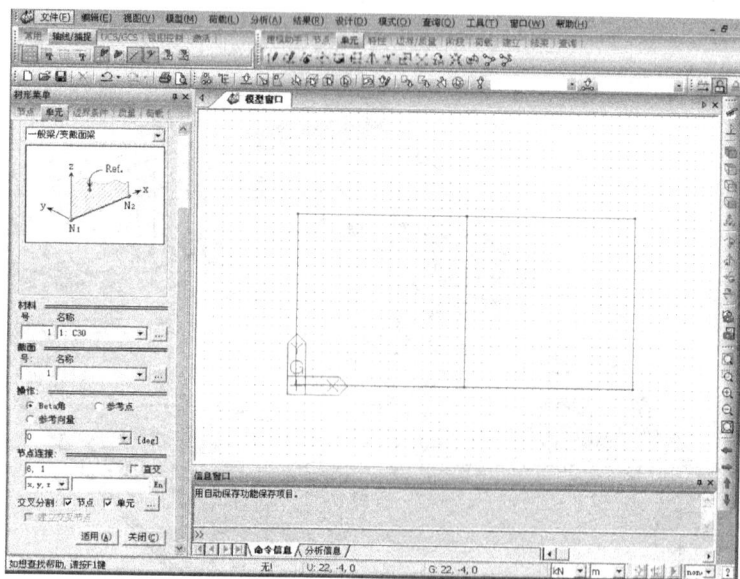

图3-7　池壁轮廓

6：主菜单选择　**模型→单元→扩展**：生成池壁

扩展类型：**线单元→平面单元**。

单元类型：板单元；目标：删除。

材料：C30。

厚度：0.25。

类型：厚板。

dx，dy，dz：0，0，5.00。

复制次数：1次。

选择四周线单元（不包括两水池中间的线单元），生成池壁，如图3-8所示。

注：也可采用先分割线单元，再进行多次扩展的方式。

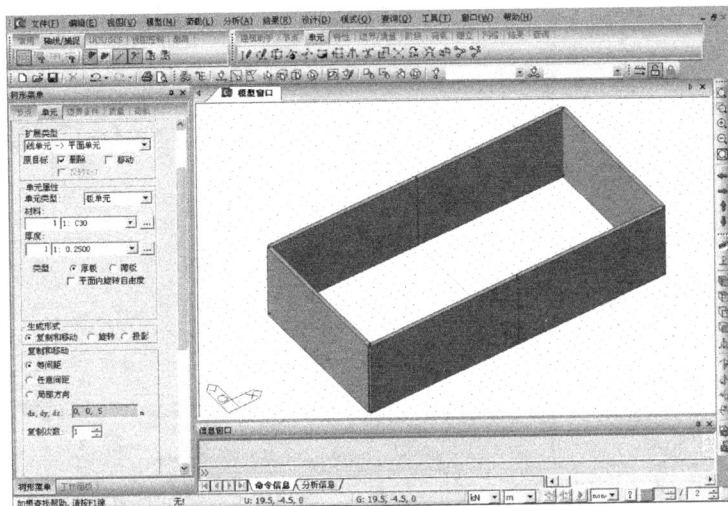

图3-8 生成池壁

7：主菜单选择 **模型→单元→分割**：分割池壁

单元类型：其他平面单元。

分割方式：等间距。

X方向分割数量：20。

Y方向分割竖向：10。

选择上一步骤生成的池壁，点击适用分割池壁，如图3-9所示。

注：分割方向由单元的局部坐标系决定，可在视图→显示→单元中，查看单元坐标轴方向。

单元的分割尺寸直接影响到求解精度。单元划分越细，计算结果越精确。对于板单元，一般单元尺寸在1～1.5m左右可满足工程要求。

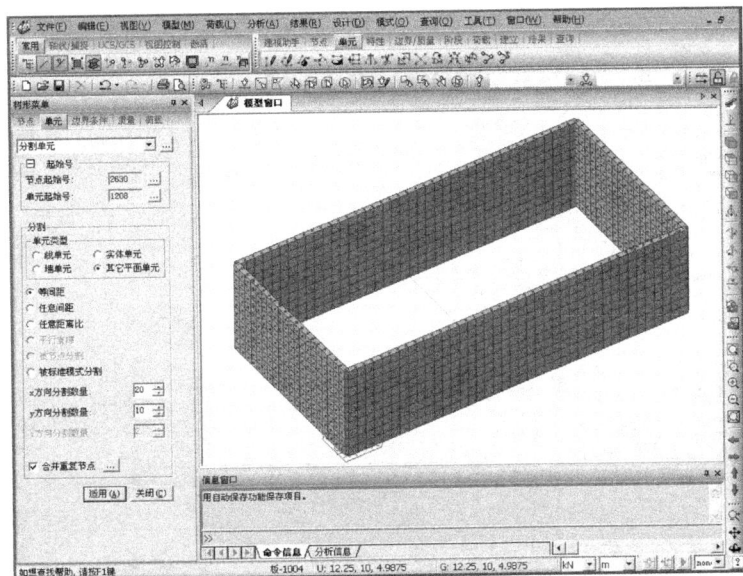

图3-9 分割池壁

注：在*视图→**显示→节点*中勾选"节点"，即可显示模型的节点。

8：选择池底所有节点，激活，视图设为顶面，如图 3-10 所示。

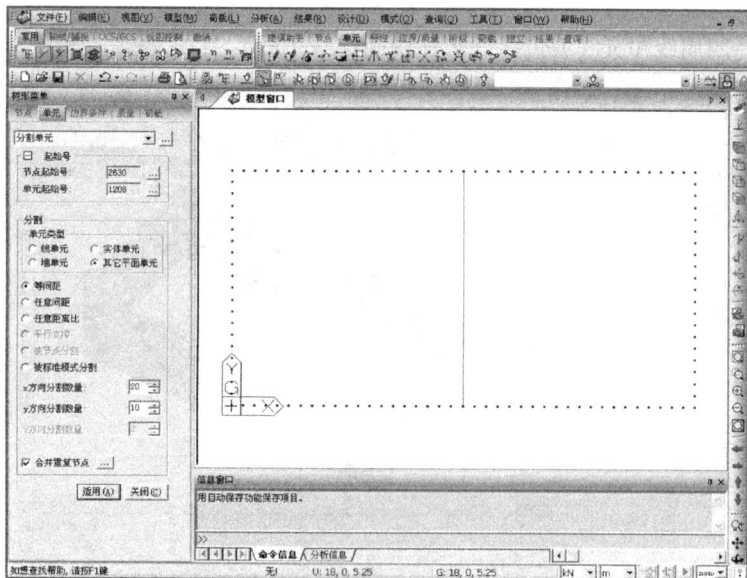

图 3-10 底部节点

9：主菜单选择 **模型→节点→复制和移动**：复制节点

选择上侧节点，等间距 dx, dy, dz：0，0.35，0；复制次数：2；适用。

选择下侧节点，等间距 dx, dy, dz：0，-0.35，0；复制次数：2；适用。

选择左侧节点，等间距 dx, dy, dz：-0.35，0，0；复制次数：2；适用。

选择上侧节点，等间距 dx, dy, dz：0.35，0，0；复制次数：2；适用。

如图 3-11 所示。

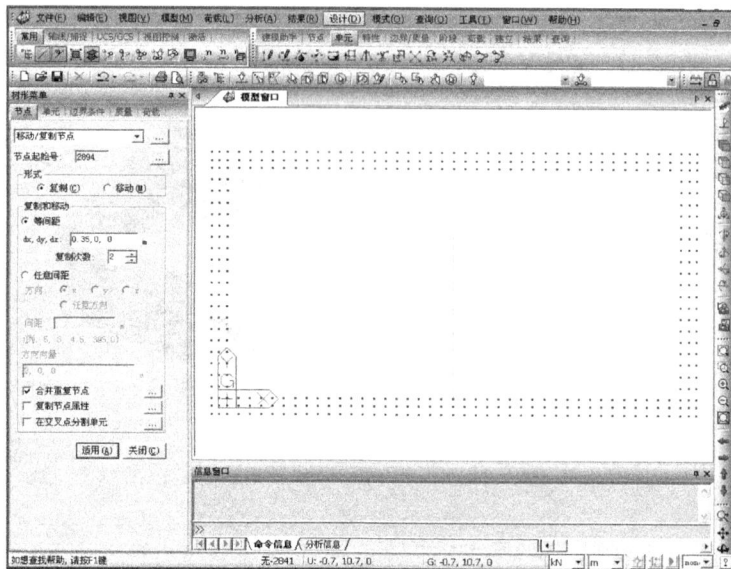

图 3-11 复制池底节点

10：主菜单选择 **模型→单元→建立**：建立池底板单元

单元类型：板，4 节点，厚板。

材料：1：C30。

厚度：2：0.5。

交叉分割：节点；建立交叉节点。

节点连接：在模型窗口中点选四个角部节点建立板单元，如图 3-12、图 3-13 所示。

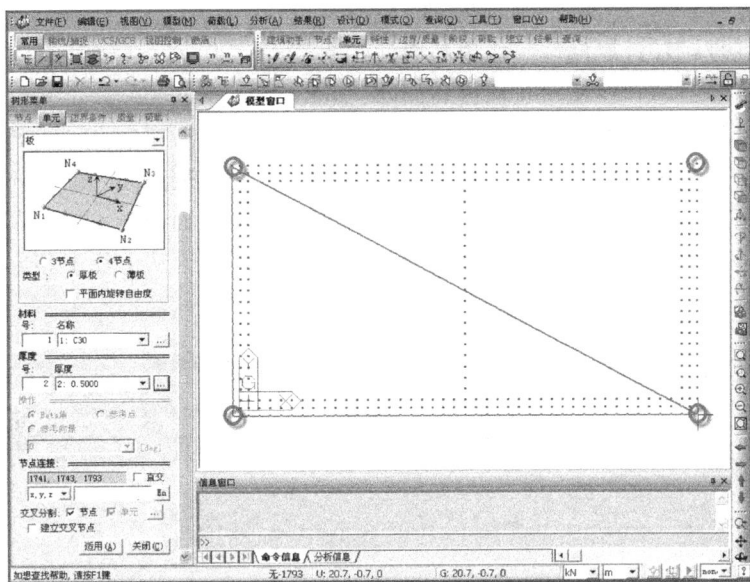

图 3-12 点取对角线两点

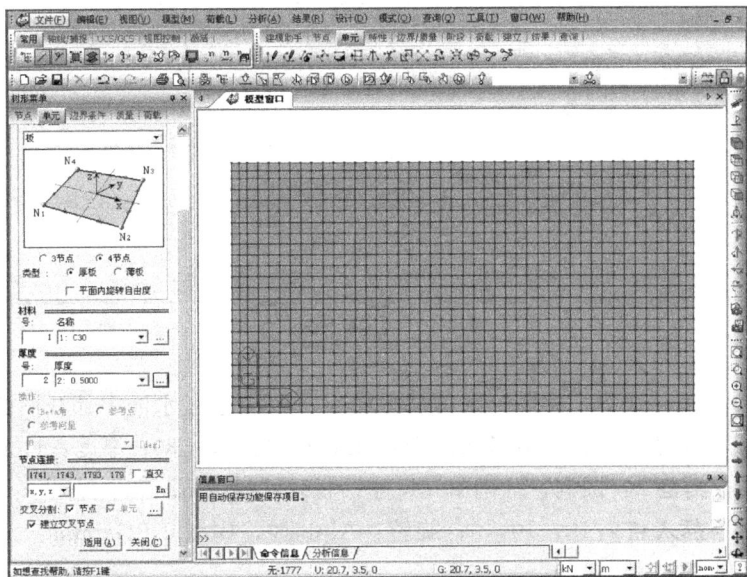

图 3-13 建立池底板单元

注：此处需要勾选"建立交叉节点"选项。

此处也可使用 Gen 780 中新增的"网格自动划分"模块，实现板单元划分会更为便利。菜单为 **模型→网格**。

注：本例题中，每个池壁板单元厚度值取用的是单元中心在相应高度处水池的壁厚。

例如，池壁最上部板单元在池壁的相应位置处，上边厚度和下边厚度分别是0.2m和0.22m，则这部分板单元厚度取为0.21m。

此处理变壁厚的方式仅供参考。

11：主菜单选择　*模型→材料和截面特性→厚度*：添加渐变的池壁厚度

厚度号：3；厚度——面内和面外：0.21。

厚度号：4；厚度——面内和面外：0.23。

厚度号：5；厚度——面内和面外：0.25。

厚度号：6；厚度——面内和面外：0.27。

厚度号：7；厚度——面内和面外：0.29。

厚度号：8；厚度——面内和面外：0.31。

厚度号：9；厚度——面内和面外：0.33。

厚度号：10；厚度——面内和面外：0.35。

厚度号：11；厚度——面内和面外：0.37。

厚度号：12；厚度——面内和面外：0.39。

12：主菜单选择　*视图→激活→全部激活*：全部激活整个模型

主菜单选择　*视图→视点→正面*：将视图设为正面视图，树形菜单设为工作，运用拖放的编辑方式，将厚度3～12号分别赋给从上往下相应的板单元，如图3-14、图3-15所示。

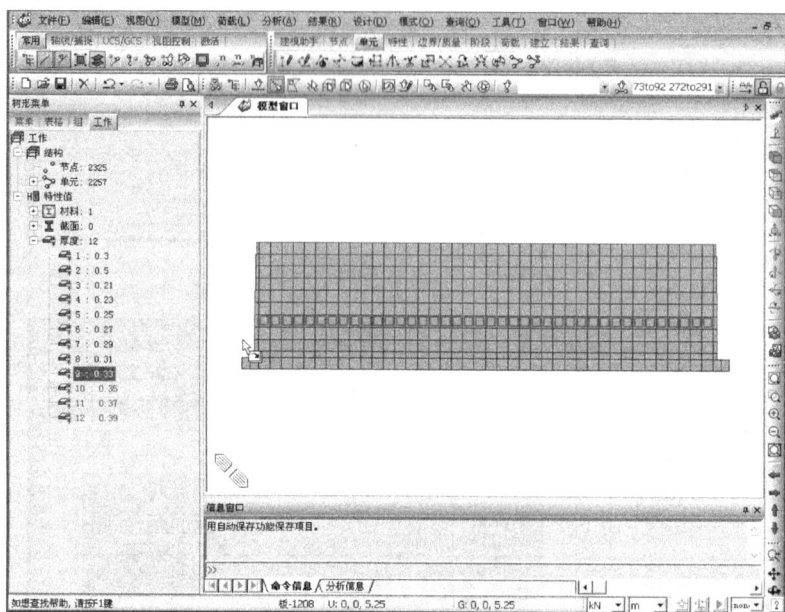

图3-14　赋予池壁厚度

13：主菜单选择　*模型→结构建模助手→板*：建立水池中部开洞的池壁

输入→类型：矩形；B：10m；H：5m；材料：1，C30；厚度：1，0.25m。

编辑→类型2：圆洞；分割单元尺寸：0.5；Db：0m；Dh：0m；r：0.5。

插入→插入点：10，10，5；旋转：Alpha 0，Beta 0，Gamma −90。

圆点：3（0，0，5）。

点击 适用(A)，将开洞池壁插入到模型中，如图3-16所示。

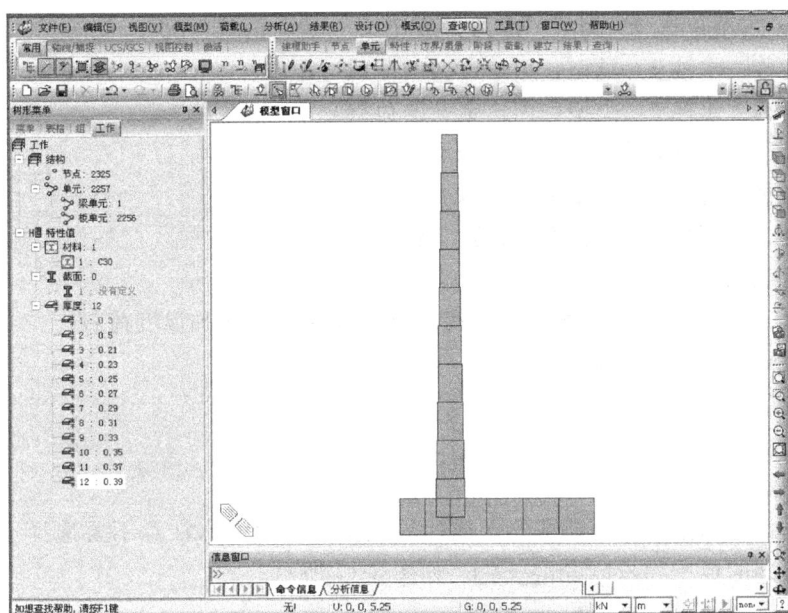

图 3-15　变截面池壁

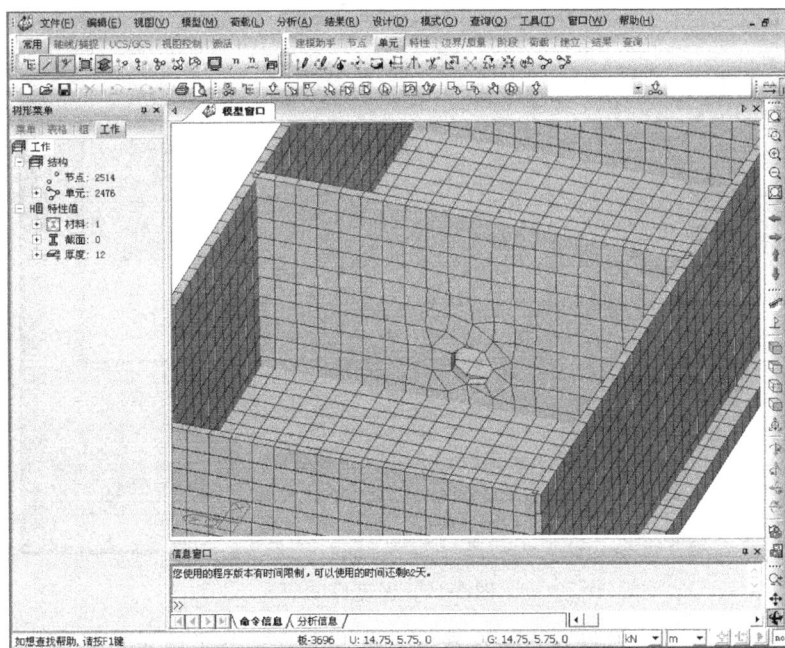

图 3-16　插入开洞的池壁

14：在树形菜单中右键点击梁单元，选择删除：将起辅助作用的线单元删除。

3.1.4　添加荷载

添加水池的荷载。

注：本例荷载工况类型均使用"用户定义的荷载"，以便按照《给水排水工程构筑物结构设计规范》(GB 50069—2002) 的规定来建立荷载组合。也可定义成"恒荷载"、"活荷载"等类型，在生成荷载组合后修改相应的组合系数。

1：主菜单选择 **荷载→静力荷载工况**：建立荷载工况

名称：水池1，类型：用户定义的荷载，添加。

名称：水池2，类型：用户定义的荷载，添加。

名称：温度，类型：用户定义的荷载，添加。

名称：自重，类型：用户定义的荷载，添加。

2：主菜单选择 **荷载→自重**：添加自重

荷载工况：自重；自重系数：$Z=-1$。

3：主菜单选择 **荷载→温度荷载→温度梯度**：添加温度荷载

荷载工况名称：温度。

选项：添加；单元类型：板。

温度梯度 T2z～T1z：$-10℃$。

勾选"使用截面的 Hz"。

注：T2z 代表板单元局部坐标系 z 轴正方向一侧的温度。

T1z 代表板单元局部坐标系 z 轴负方向一侧的温度。

板单元的局部坐标系可以通过"**视图→显示→单元**"，勾选"单元坐标轴"来查看。

选择施加温度梯度荷载的水池四周侧壁的板单元（注意不要选择水池中间及底部的板单元），点击 适用(A)，如图 3-17 所示。

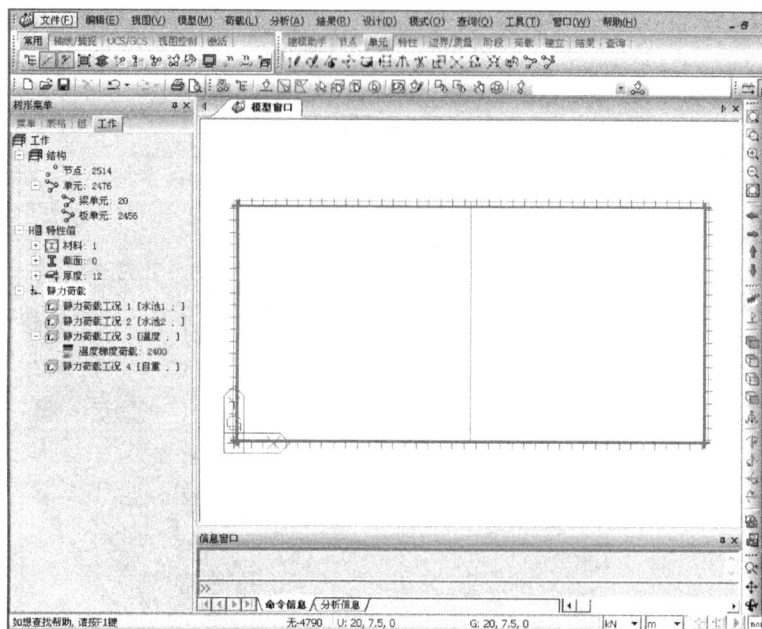

图 3-17 温度梯度

4：主菜单选择 **荷载→流体压力荷载**：添加池壁水压荷载

荷载工况名称：水池1。

选项：添加；荷载类型：线性荷载；单元类型：板单元。

方向：局部坐标系 z。

荷载变化方向：整体坐标系（$-Z$）。

参考高度（H）：5m。

均布压力荷载（Po）：0。

流体容重（g）：10.8kN/m³。

选择左侧水池上、左、下三块池壁，点击 适用(A)，如图 3-18 所示。

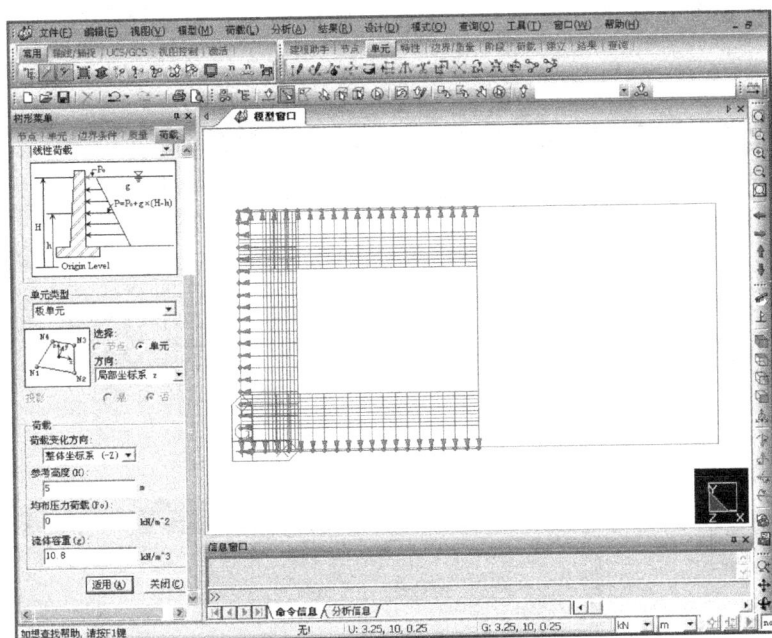

注：选择池壁时，可钝化掉池底的板单元。

流体压力荷载的方向由"流体容重"值的正负来控制。

流体容重为正，则荷载的施加方向与板单元局部坐标系 Z 轴正方向一致；反之，方向相反。

图 3-18　左侧水池流体压力荷载

流体容重（g）：−10.8kN/m³。

选择中间池壁，点击 适用(A)，如图 3-19 所示。

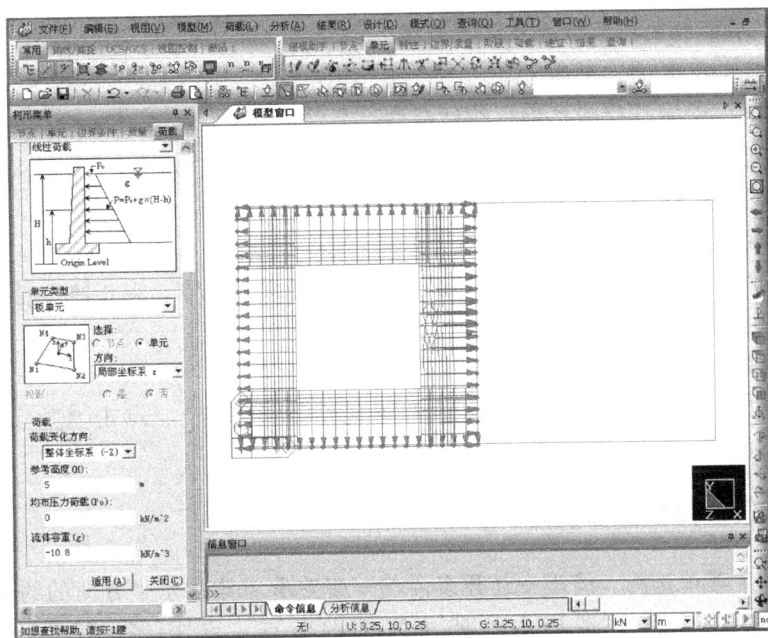

注：此处 P、P₀、g、H 等参数并不具有严格的物理意义，可理解为公式中的变量，因此其正负号的选取可随意按加载效果调整。

图 3-19　中间池壁流体压力荷载

荷载工况名称：水池 2。

流体容重（g）：10.8kN/m³。

选择右侧水池的所有池壁，包括中间的池壁，点击 适用(A)，如图 3-20 所示。

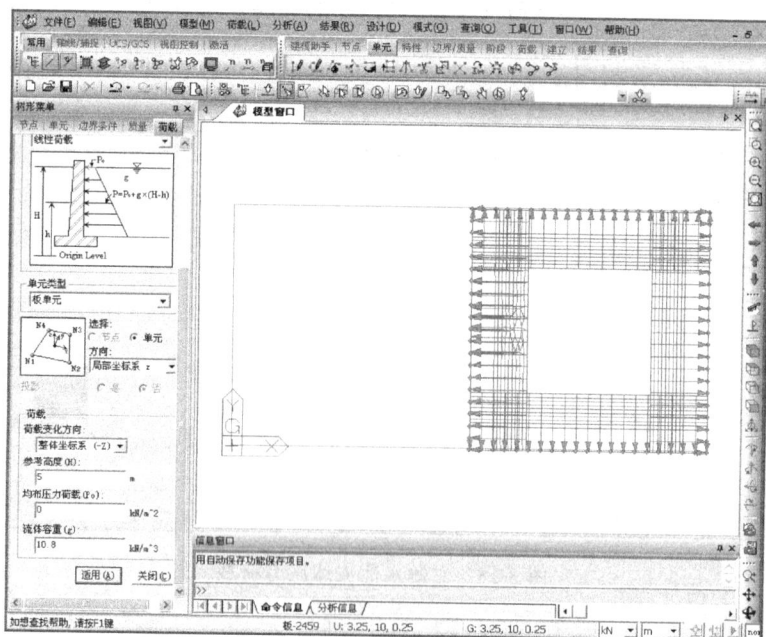

图 3-20 右侧水池流体压力荷载

5：主菜单选择 *荷载→压力荷载*：添加池底水压荷载

荷载工况名称：水池 1。

选项：添加；荷载类型：线性荷载。

单元类型：板/平面应力单元（面）。

方向：整体坐标系 Z。

荷载：均布，$P1$：-54kN/m²。

选择左侧水池池底板单元（注意不包括外挑部分），点击 适用(A)，如图 3-21 所示。

荷载工况名称：水池 2。

选择右侧水池池底板单元（注意不包括外挑部分），点击 适用(A)，如图 3-22 所示。

3.1.5 添加边界条件

1：主菜单选择 *模型→边界条件→一般支承*：添加水平方向的约束

勾选 Dx、Dy，选择水池四角底部的节点，点击 适用(A)，如图 3-23 所示。

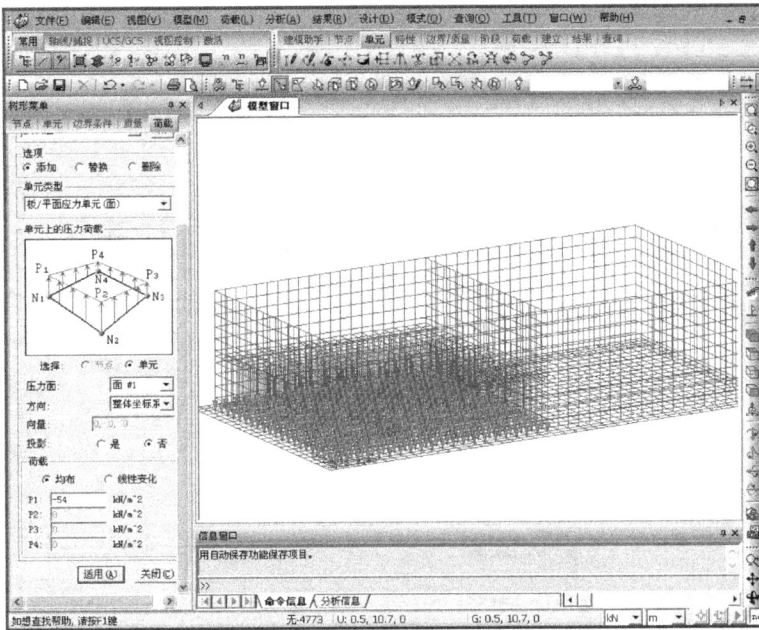

图 3-21　池底压力荷载 1

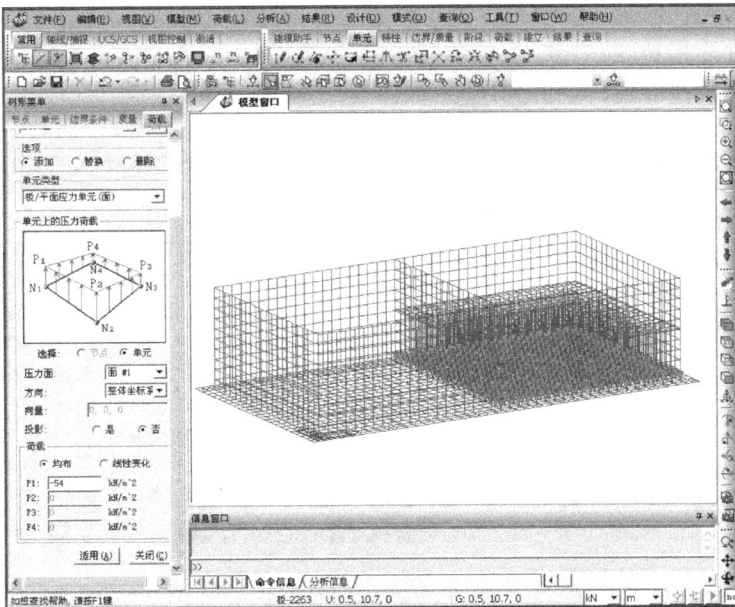

图 3-22　池底压力荷载 2

2：主菜单选择　**模型→边界条件→面弹性支承**：用弹性支承来模拟土体的作用面弹性支承转换为弹性连接。

单元类型：平面。

方向：USC-Z（—）。

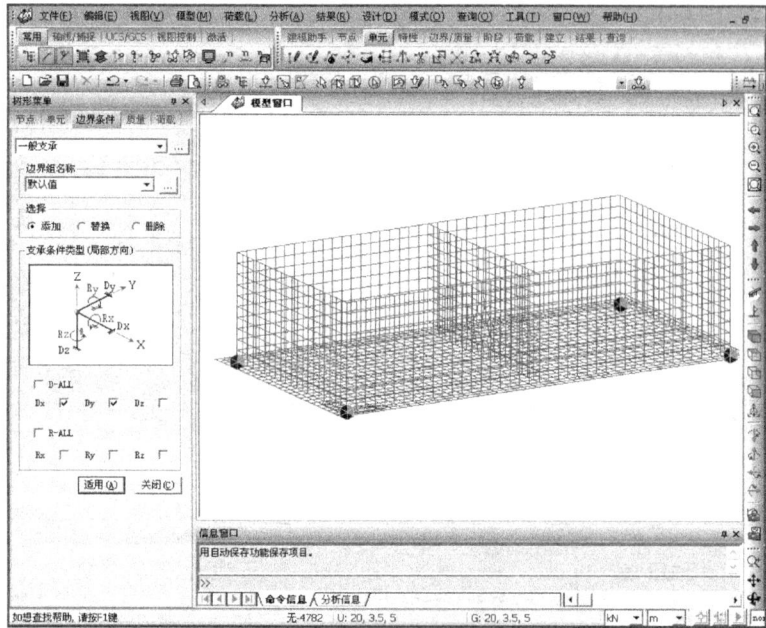

图 3-23　施加水平约束

地基弹性模量：25000kN/m³。

弹性连接长度：1m。

选择水池底板，点击 适用(A) ，如图 3-24 所示。

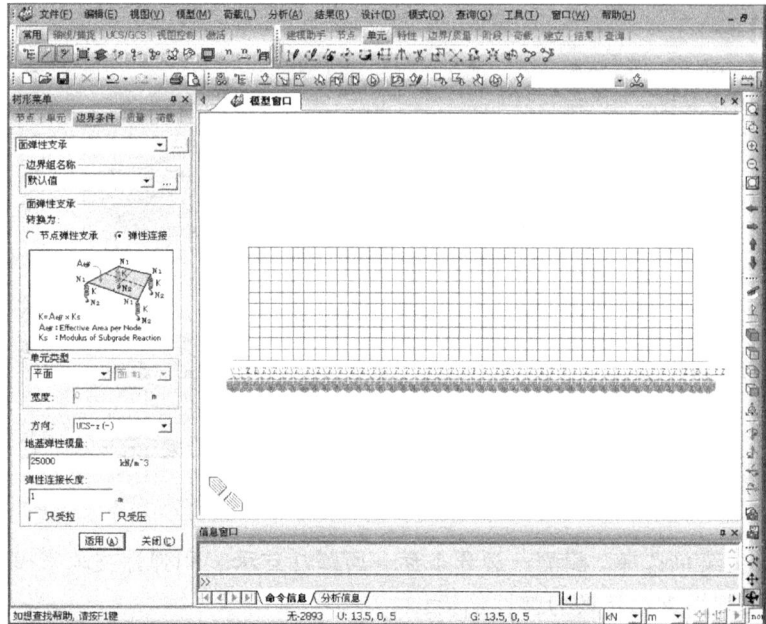

图 3-24　面弹性支承

3.1.6 分析及添加荷载组合

计算模型，按规范要求添加荷载组合。

1：主菜单选择 ***分析→运行分析***：计算模型

2：主菜单选择 ***结果→荷载组合***：添加荷载组合

根据《给水排水工程钢筋混凝土水池结构设计规程》（CECS 138:2002）和《给水排水工程构筑物结构设计规范》（GB 50069—2002）的规定，在荷载组合定义表格中，填入相应的荷载组合名称（名称由用户定义，本例题定义为 gLCB＊）、类型及组合系数。本例题定义的名称和组合系数如图 3-25 所示。

注：midas Gen 目前并没有嵌入水池相关规范，因此荷载组合系数需要自行填写。

一般 | 钢结构设计 | 混凝土设计 | SRC设计 |

荷载组合列表

	号	名称	激活	类型	水池1(ST)	水池2(ST)	温度(ST)	自重(ST)
	1	gLCB1	激活	相加	1.2700			1.2000
	2	gLCB2	激活	相加		1.2700		1.2000
	3	gLCB3	激活	相加			0.9100	1.2000
	4	gLCB4	激活	相加	1.2700	1.2700		1.2000
	5	gLCB5	激活	相加	1.2700		0.9100	1.2000
	6	gLCB6	激活	相加		1.2700	0.9100	1.2000
	7	gLCB7	激活	相加	1.2700	1.2700	0.9100	1.2000
	8	ENV	激活	包络				

图 3-25 添加荷载组合

注意：

程序在计算温度梯度时，未考虑混凝土板开裂后的影响，即计算时未乘以折减系数 $\eta s=0.65$（详见规程《给水排水工程钢筋混凝土水池结构设计规程》（CECS 138：2002）中 6.1.9、6.1.10 之规定）。如需考虑此影响，可在荷载组合时将温度梯度荷载的组合系数乘以 0.65，即 1.4×0.65=0.91。

在荷载组合定义完成之后，建立荷载包络，即定义一个类型为“包络”的荷载组合“ENV”，并取每种组合的系数均为 1.0，如图 3-26 所示。

一般 | 钢结构设计 | 混凝土设计 | SRC设计 |

荷载组合列表

	号	名称	激活	类型	水池1(ST)	水池2(ST)	温度(ST)	自重(ST)	gLCB1(CB)	gLCB2(CB)	gLCB3(CB)	gLCB4(CB)	gLCB5(CB)	gLCB6(CB)	gLCB7(CB)	ENV(CB)
▶	1	gLCB1	激活	相加	1.2700			1.2000								
	2	gLCB2	激活	相加		1.2700		1.2000								
	3	gLCB3	激活	相加			0.9100	1.2000								
	4	gLCB4	激活	相加	1.2700	1.2700		1.2000								
	5	gLCB5	激活	相加	1.2700		0.9100	1.2000								
	6	gLCB6	激活	相加		1.2700	0.9100	1.2000								
	7	gLCB7	激活	相加	1.2700	1.2700	0.9100	1.2000								
	8	ENV	激活	包络					1.0000	1.0000	1.0000	1.0000	1.0000	1.0000	1.0000	
*																

图 3-26 添加荷载包络

3.1.7 查看池壁内力

以全局坐标系 Y 轴所在池壁为例，说明池壁内力的查看方式。

具体查看内力方法参见附录：板单元内力查看说明。

将全局坐标系 Y 轴所在池壁（即图 3-8 中左侧池壁）激活。

1：主菜单选择　**模型→定义用户坐标系→Y—Z平面**：定义查看内力所需坐标系原点：0，0，0。

角度：0。点击确定，将坐标系的 XY 平面转换至池壁所在平面，如图 3-27 所示。

注：板单元内力的输出是以坐标系为基础的。故在查看内力之前需先确定查看内力用的坐标系，如用户定义坐标系或板单元局部坐标系等。

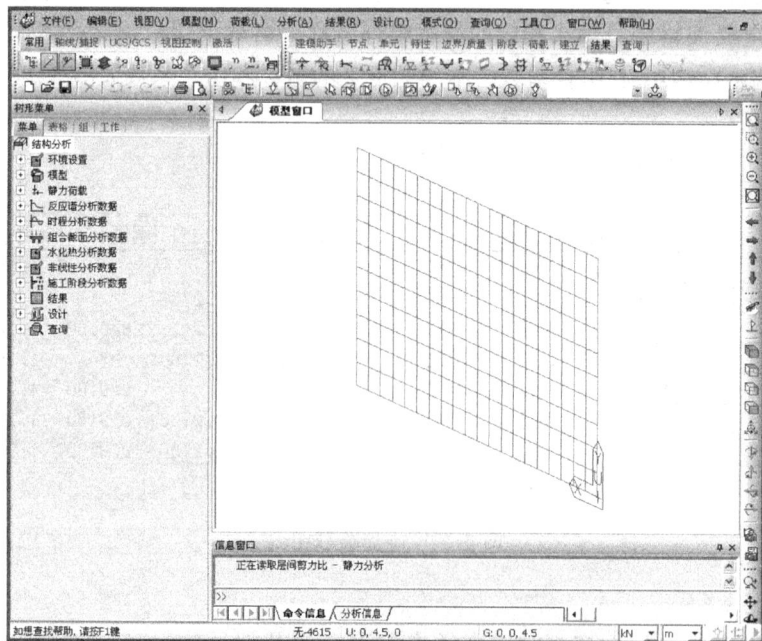

图 3-27　定义用户坐标系

2：主菜单选择　**结果→内力→板单元内力**

池壁横向轴力（池壁沿用户定义坐标系 x 轴方向的轴力）：

荷载工况/荷载组合：CB_{max}：ENV（查看轴力的包络值）。

内力选项：**用户→当前用户坐标系**；单元。

内力：Fxx。

显示选项：勾选"数值"。

数值选项：最大值。

点击 适用，各板单元轴力的最大值将显示在板单元中央，正值为拉力，负值为压力，如图 3-28 所示。

注：这里显示的内力值均为单位宽度的内力值。

池壁水平向弯矩（池壁绕用户定义坐标系 y 轴的弯矩）：

荷载工况/荷载组合：CB：gLCB7。

内力选项：**用户→当前用户坐标系**。

内力：Mxx。

显示选项：勾选"数值"。

数值选项：最大值。

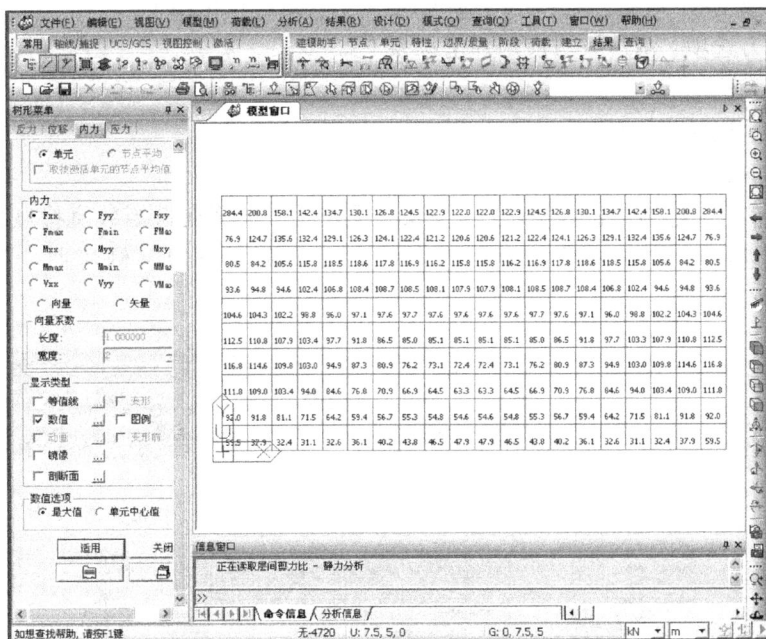

图 3-28　池壁拉力

点击　适用　，各板单元在全部荷载作用下水平向弯矩数值将显示在板单元中央，如图 3-29 所示。正值表示板向 z 轴正方向一侧弯曲，负值则相反。

注：Z 轴根据右手法则来确定：拇指代表 X 轴正方向，其余手指代表 Y 轴正方向，则手心方向为 Z 轴的正方向。

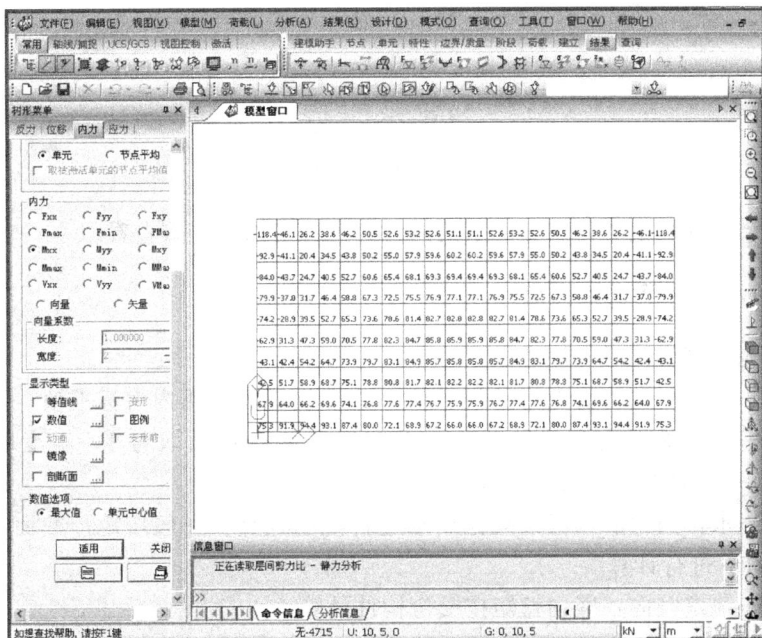

图 3-29　池壁横向弯矩

池壁竖向弯矩（池壁绕用户定义坐标系 x 轴方向的弯矩）：

荷载工况/荷载组合：BC：gLCB4（在水及自重作用下）。

内力选项：**用户→当前用户坐标系**。

内力：Myy。

显示选项：数值。

数值选项：最大值。

点击 **适用**，各板单元在水平及自重作用下的竖向弯矩数值将显示在板单元中央，如图 3-30 所示。正值表示板向 z 轴正方向一侧弯曲，负值则相反。

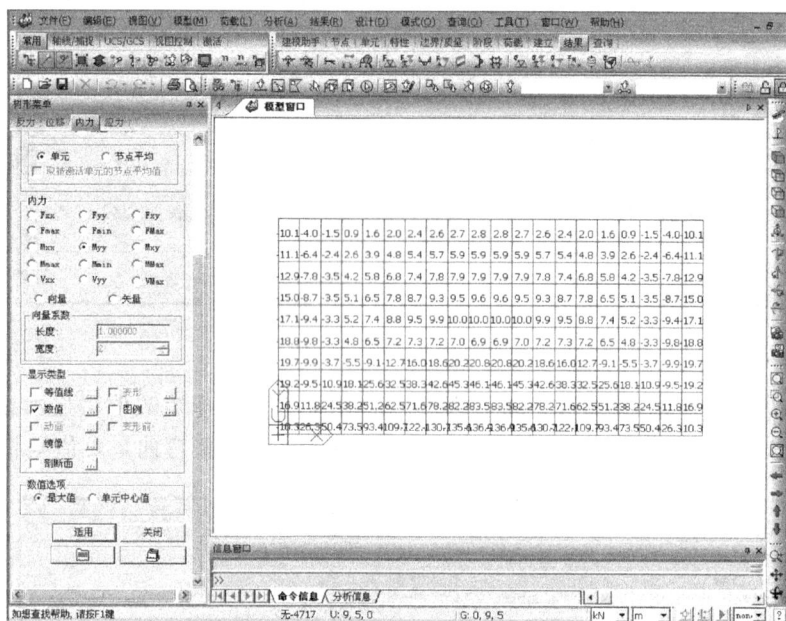

图 3-30　池壁竖向弯矩

其余池壁及池底在各工况下的内力，可参考以上步骤查看。

3.1.8　配筋设计要点

水池配筋设计时，注意以下几点：

（1）以上所求均为内力的设计值。验算裂缝需要用内力标准值，可在荷载组合中，将除温度荷载外其他荷载工况的组合系数取为 1，温度取 0.65（考虑板开裂的折减系数）即可。

（2）求得内力后，可按规范要求进行配筋设计，一般按矩形截面，取截面宽度 1m 进行计算。

（3）池壁竖向：竖向弯矩按受弯构件计算。

（4）池壁水平向：水平向弯矩和水平拉力一般按偏心受拉构件计算；当弯矩为零时，按轴心受拉构件计算；当轴力为零时，按受弯构件计算。

（5）CB$_{max}$：ENV 和 CB$_{min}$：ENV 分别代表内力的最大包络值和最小包络值，对于池壁的弯矩来说就是池壁分别向两侧弯曲的弯矩包络值。

（6）池底按受弯构件或偏心受拉构件计算。

具体配筋请参考其他相关资料，本文略。

附录：板单元内力查看说明

板单元内力结果的查看，有两个命令，分别为：

结果→内力→板单元内力

结果→内力→板剖断面内力图

下面介绍"板单元内力"命令的使用，"板剖断面内力图"命令请参阅在线帮助。

1：坐标系

板单元内力是按坐标轴方向来输出的，所有内力值的显示都要以坐标系作为基准。输出内力可以使用三种坐标系，分别是：全局坐标系、用户坐标系、单元（局部）坐标系。在查看内力值时首先要确定是在哪种坐标系下，以免发生错误（如附图 1 所示）。

注：在单元坐标系下查看板单元内力，应该在建模时将一块板分割后得到的板单元坐标轴方向统一起来（***模型 → 单元 → 修改单元参数 → 统一单元坐标轴***）。

如果无法统一，则应使用用户坐标系来查看结果。

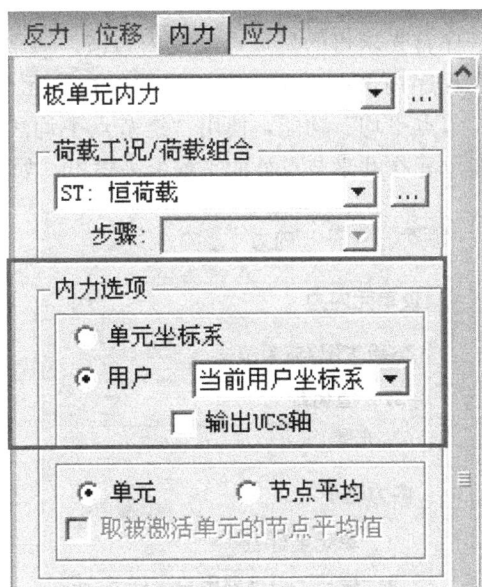

附图 1　板单元内力——坐标系选项

在"内力选项"中，选择输出内力所用坐标系，如附图 1 所示。

"单元坐标系"：以单元（局部坐标）系作为基准来输出内力值。

"用户"：以当前用户自定义坐标系作为基准来输出内力；如果没有定义用户坐标系，则以全局坐标系输出。

2：内力名称

板单元内力值，均为单位宽度的内力值。

Fxx：板沿坐标系 x 轴方向的轴力，拉力为正，压力为负。

Fyy：板沿坐标系 y 轴方向的轴力，拉力为正，压力为负。

Fxy：Fxy＝Fyx，板单元平面内的剪力。

Fmax；Fmin；FMax：最大轴力，最小轴力，绝对值最大轴力。

Mxx：作用在与局部坐标系或用户坐标系 x 轴垂直的平面内，绕 y 轴旋转的单位宽度弯矩（绕局部坐标系 y 轴的平面外弯矩）。

Myy：作用在与局部坐标系或用户坐标系 y 轴垂直的平面内，绕 x 轴旋转的单位宽度弯矩（绕局部坐标系 x 轴的平面外弯矩）。

Mxy：Mxy＝Myx，板绕坐标系 x 轴或 y 轴的扭矩。

Mmax；Mmin；MMax：最大弯矩，最小弯矩，绝对值最大弯矩。

Vxx：作用在与坐标系 x 轴垂直的平面内，沿坐标系 z 轴（厚度）方向上的剪力。

Vyy：作用在与坐标系 y 轴垂直的平面内，沿坐标系 z 轴（厚度）方向上的剪力。

Vmax：最大剪力。

3：内力数值

对于板单元，程序首先求得的是节点处的内力值。通常，一个节点会被几个板单元共享，故在程序内部一个节点对于不同的板单元会有不同的内力值。因此，程序提供了"节点平均"功能，使用"绕节点平均法"计算各节点的内力和应力值，即取各单元在共享节点处的平均值来输出，如附图 2 所示。

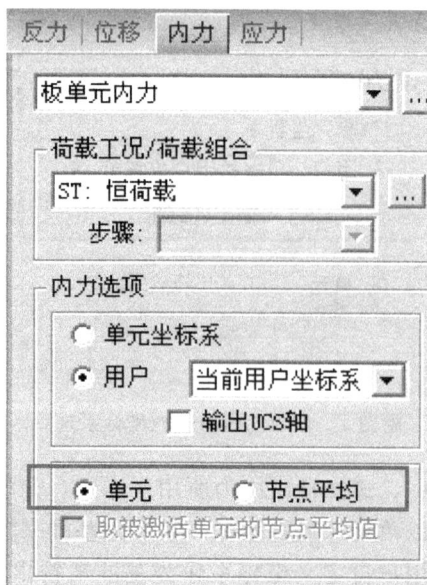

附图 2 板单元内力——输出方式选项

这里选择的是节点处内力值的输出方式。在使用剖断面功能显示内力值时，可以清晰地看到"单元"与"节点平均"之间的不同，如附图 3 所示。

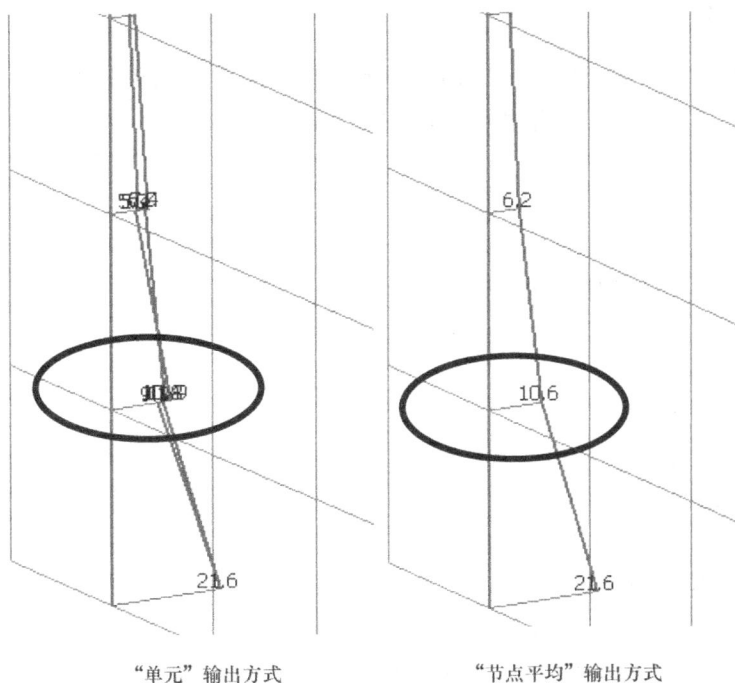

"单元"输出方式   "节点平均"输出方式

附图 3 "单元"与"节点平均"输出方式的差异

在附图 4 所示的数值选项中，有"最大值"和"单元中心值"两个选项。这里"最大值"的含义是输出板单元各顶点处内力值（绝对值）最大的。"单元中心值"则是对单元各节点处内力值作插值运算后得到的单元中心处内力值。

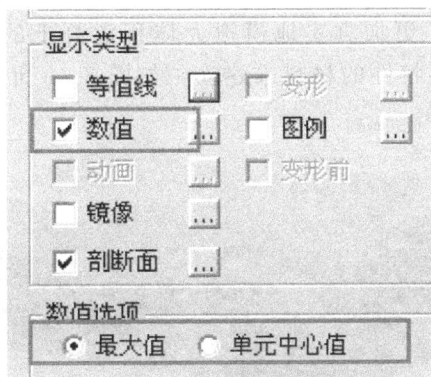

附图 4 数值选项

3.2　大体积混凝土水化热分析

3.2.1　概要

此例题将介绍利用 midas Gen 作大体积混凝土水化热分析的整个过程，以及结合工程实际查看有限元分析结果的方法。

此例题的步骤如下：

（1）简介；

（2）设定操作环境及定义材料；

（3）定义材料时间依存特性；

（4）建立实体模型；

（5）组的定义；

（6）定义边界条件；

（7）输入水化热分析控制数据；

（8）输入环境温度；

（9）输入对流函数；

（10）定义单元对流边界；

（11）定义固定温度；

（12）输入热源函数及分配热源；

（13）输入管冷数据；

（14）定义施工阶段；

（15）运行分析；

（16）查看结果。

3.2.2　简介

本例题介绍使用 midas Gen 的水化热模块来进行大体积混凝土分层浇筑的施工模拟。为了更加真实地模拟大体积混凝土的传热过程，将地基用具有比热和热传导特性的材料来建立，如图 3-31 所示。考虑到对称性，

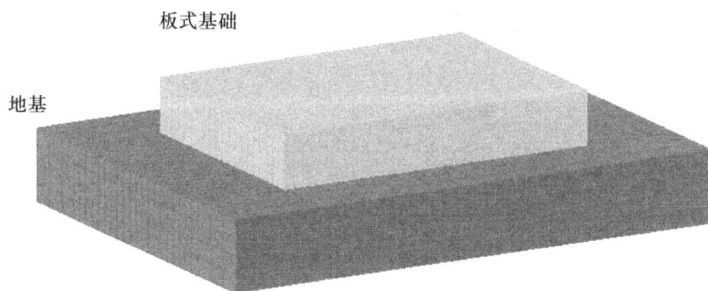

图 3-31　分析模型

取 1/4 模型来分析。例题模型为板式基础结构,对浇筑混凝土后的 1000 个小时进行了水化热分析,其中管冷作用于前 100 个小时(该例题数据仅供参考)。

基本数据如下:

➤地基:17.6m×12.8m×2.4m。

➤板式基础:11.2m×8.0m×1.8m。

➤水泥种类:低热硅酸盐水泥(Type IV)。

3.2.3 设定操作环境及定义材料

在建立模型之前先设定环境及定义材料。

1:主菜单选择 **文件→新项目**

2:主菜单选择 **文件→保存**:输入文件名并保存

3:主菜单选择 **工具→单位体系**:长度(m),力(kN)

如图 3-32 所示。

注:也可以通过程序右下角的 N ▼ m ▼ 随时更改单位。

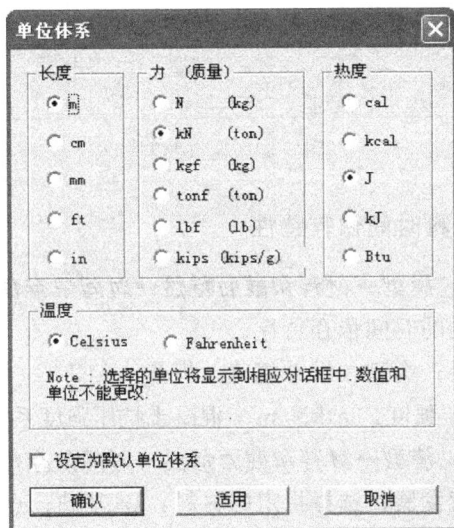

图 3-32 定义单位体系

4:主菜单选择 **模型→材料和截面特性→材料**

添加:定义新材料。

材料号:1;名称:基础;规范:GB(RC)。

混凝土:C30;材料类型:各向同性。

材料号:2;名称:地基;设计类型:用户定义;材料类型:各向同性。

弹性模量:1e6;泊松比:0.2;线膨胀系数:1e-5;容重:18kgf/m³。

注:1e6=1×10^6;
1e-5=1×10^{-5}。

如果没有桩基,地基弹性模量应该在 100MPa 以下;若有桩基,可参考相关文献取保守值。

5：主菜单选择 **工具→单位体系**：长度（m），力（kgf），热度（kcal）

6：主菜单选择 **模型→材料和截面特性→材料**

编辑：修改材料热特性数据。

基础：比热：0.25，热传导率：2.3。

地基：比热：0.2，热传导率：1.7。

如图 3-33 所示。

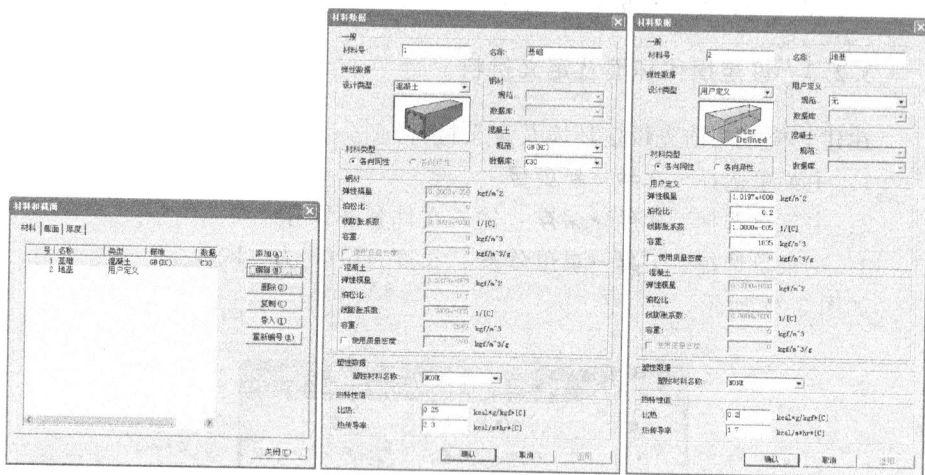

图 3-33　定义材料

3.2.4　定义材料时间依存特性

1：主菜单选择 **模型→材料和截面特性→时间依存性材料（抗压强度）**

添加：定义基础的时间依存特性。

名称：强度发展；类型：设计规范；规范：ACI。

混凝土 28 天抗压强度：$3e4kN/m^2$；混凝土抗压强度系数 a：4.5，b：0.95。

2：主菜单选择 **模型→材料和截面特性→时间依存性材料连接**

强度进展：强度发展；选择指定的材料：1.基础；点击 添加／编辑 。

如图 3-34、图 3-35 所示。

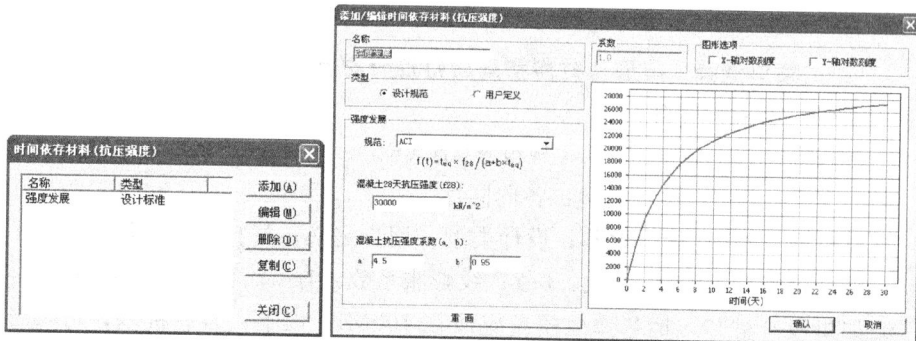

注：材料的收缩徐变特性在水化热分析控制中定义。

图 3-34　定义材料时间依存特性

112

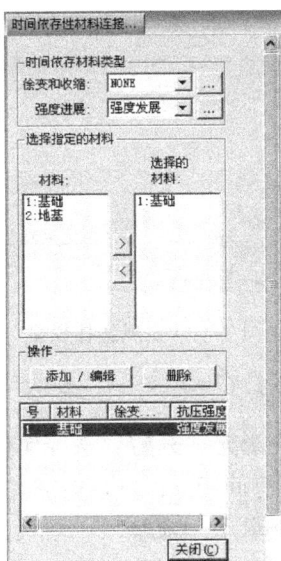

图 3-35 时间依存性材料连接

3.2.5 建立实体模型

1：主菜单选择 **模型→节点→建立**

坐标 1 (0，0，0)、2 (8.8，0，0)、3 (8.8，6.4，0)、4 (0，6.4，0)。

2：主菜单选择 **模型→单元→建立**

单元类型：板 4 节点；类型：厚板；材料：1：基础；厚度：1。

节点连接：1，2，3，4。

3：主菜单选择 **模型→单元→扩展**：选择板单元

扩展类型：**平面单元→实体单元**；目标：删除；单元类型：实体单元。

材料：1：基础；生成形式：复制和移动；复制和移动：等间距。

dx，dy，dz：0，0，4.2；复制次数：1。

如图 3-36、图 3-37 所示。

注：此处无须定义真实板厚，只是用于扩展成实体单元。

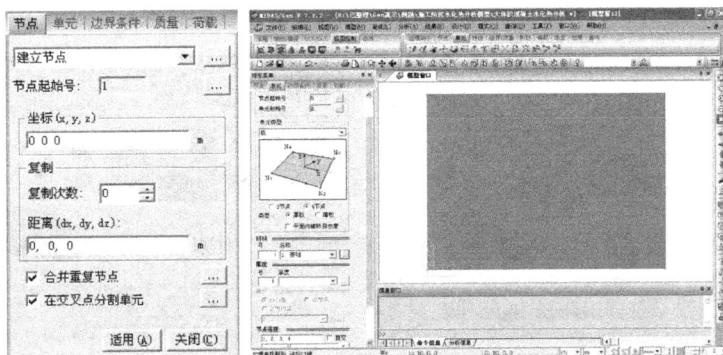

图 3-36 生成节点和临时板单元

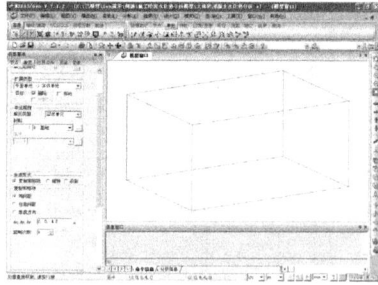

图 3-37 生成实体模型

单元细分及部分单元删除：

1：主菜单选择 **模型→单元→分割**：选择实体单元

单元类型：实体单元；等间距 x：11，y：8，z：7。

2：主菜单选择 **模型→单元→删除**

在前视图中选择单元；类型：选择包括自由节点

在左视图中选择单元；类型：选择包括自由节点，如图 3-38 所示，点击
适用Ⓐ。

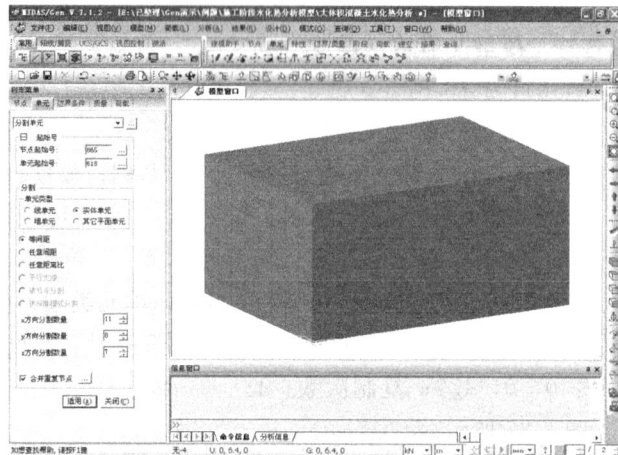

图 3-38 单元网格划分及部分单元删除

单元进一步网格划分:

主菜单选择 **模型→单元→分割**:选择前视图中的实体单元

单元类型:实体单元;等间距 x:2,y:1,z:1;选择前视图中的实体单元。

单元类型:实体单元;等间距 x:1,y:2,z:1;选择左视图中的实体单元。

如图 3-39 所示。

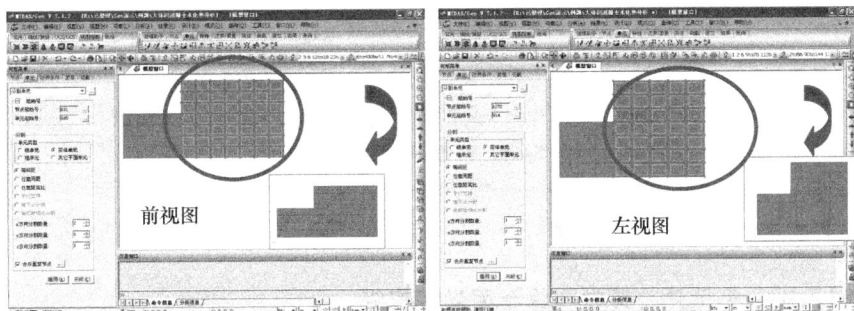

图 3-39 单元进一步网格划分

单元类型:实体单元;等间距 x:1,y:1,z:2;选择左视图中的实体单元。

如图 3-40 所示。

注:由于模型几何形状、边界、荷载均对称,所以此处取 1/4 模型来分析。

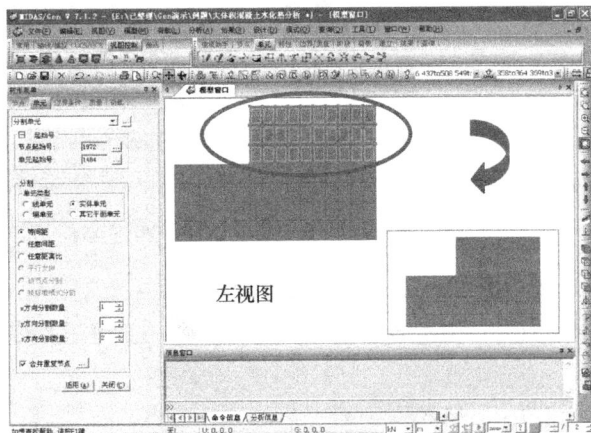

图 3-40 生成最终实体模型

修改地基材料:

主菜单选择 **模型→单元→修改单元参数**

参数类型:材料号;形式:分配;定义:2:地基;选中图中的下部单元。

如图 3-41 所示。

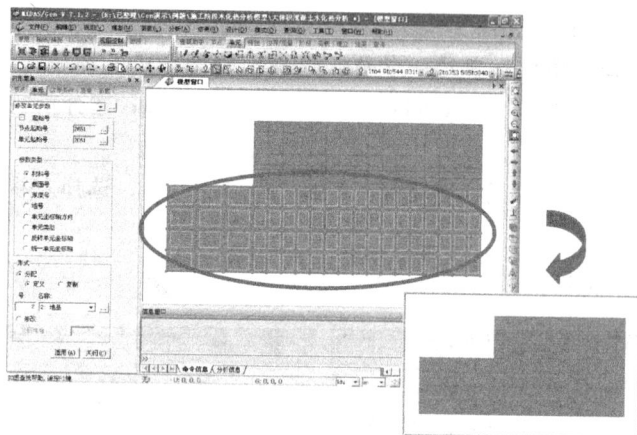

图 3-41　修改地基材料特性

3.2.6　组的定义

1：主菜单选择　**模型→组→定义结构组**

名称：基础，　添加(A)　；名称：地基，　添加(A)　。

在模型窗口中利用拖放功能分配各个组的单元。

如图 3-42 所示。

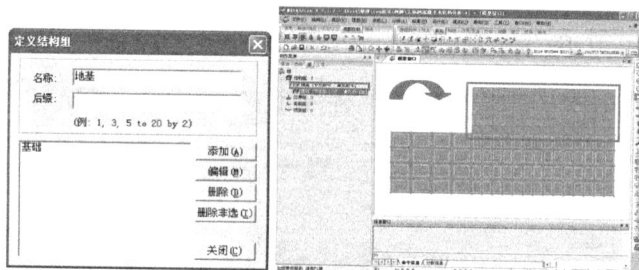

图 3-42　定义结构组及分配单元

2：主菜单选择　**模型→组→定义边界组**

名称：约束条件，　添加(A)　；名称：对称条件，　添加(A)　名称：固定温度条件，　添加(A)　。

名称：对流边界，　添加(A)　。

3.2.7　定义边界条件

1：主菜单选择　**窗口→新窗口**

2：主菜单选择　**窗口→水平排序**

3：主菜单选择　**模型→边界条件→一般支承**

边界组名称：约束条件，"添加"，D-ALL。

如图 3-43 所示。

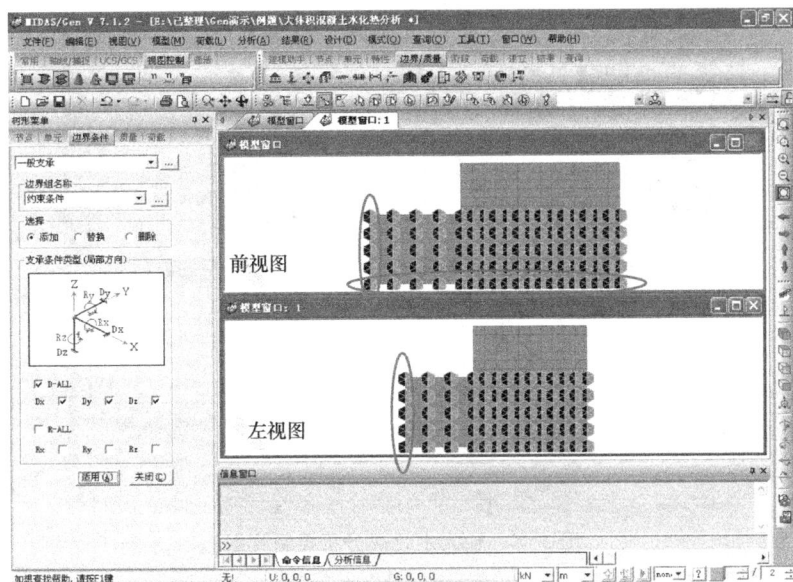

注：实体单元每个节点只有三个平动自由度。因此我们无须对转动自由度进行约束。

图 3-43 定义边界条件

4：主菜单选择 **模型→边界条件→一般支承**

边界组名称：对称条件，"添加"，Dx，选择前视图中的单元。

边界组名称：对称条件，"添加"，Dy，选择左视图中的单元。

如图 3-44 所示。

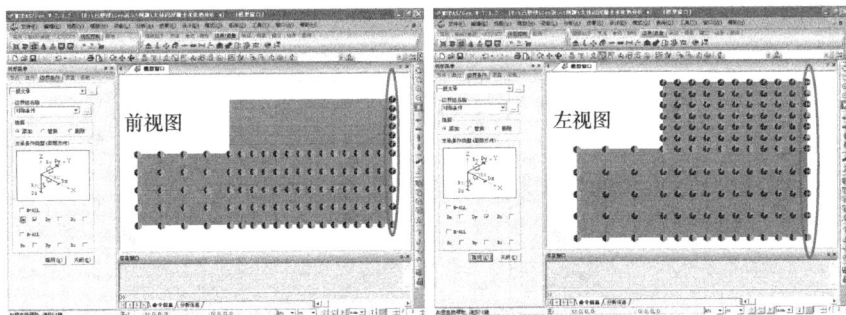

注：这里取 1/4 模型需输入对称边界条件。

图 3-44 定义对称条件

3.2.8 输入水化热分析控制数据

主菜单选择 **分析→水化热分析控制**

最终施工阶段：最后施工阶段；积分系数：0.5；初始温度：20℃。

单元应力输出位置：高斯点；类型：徐变和收缩；徐变计算方法：有效系数。

phi1：0.73，$t<3$；phi1：1，$t>5$；使用等效材龄和温度；自重系数：-1。

如图 3-45 所示。

图 3-45　输入水化热分析控制数据

3.2.9　输入环境温度

主菜单选择　**荷载→水化热分析数据→环境温度函数**

函数名称：环境温度；函数类型：常量；温度：20℃。

环境温度，即大气温度，严格来说，应该是随时间变化的函数，但在施工前缺乏大气温度数据，可简化地取大气平均温度。实际上，由于混凝土表面、侧面都有保温层，取平均气温对结果影响不大。

如图 3-46 所示。

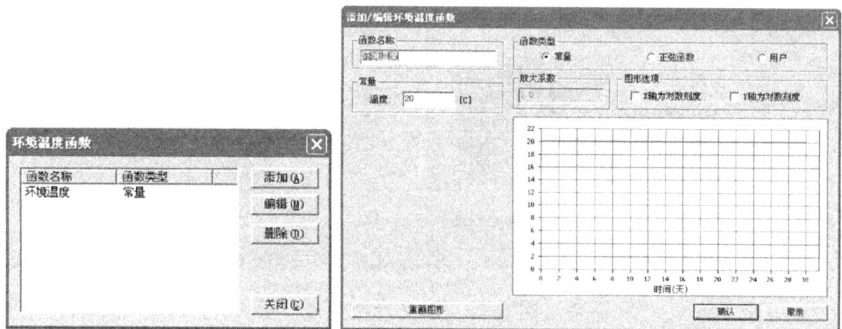

图 3-46　输入环境温度函数

3.2.10　输入对流函数

主菜单选择　**荷载→水化热分析数据→对流系数函数**

函数名称：对流系数；函数类型：常量；对流系数：12kcal/（m² · hr · ℃）。

当混凝土表面附有模板或者保温层时，按第三类边界条件计算，用选择对流系数 β_s 的方法来考虑模板或保温层的影响。

$$\beta_s = \frac{1}{(1/\beta) + \sum (h_i/\lambda_i)}$$

式中 β——最外面保温层在空气中的放热系数；

$\quad h_i$——保温层厚度；

$\quad \lambda_i$——保温层的导热系数。

如图 3-47 所示。

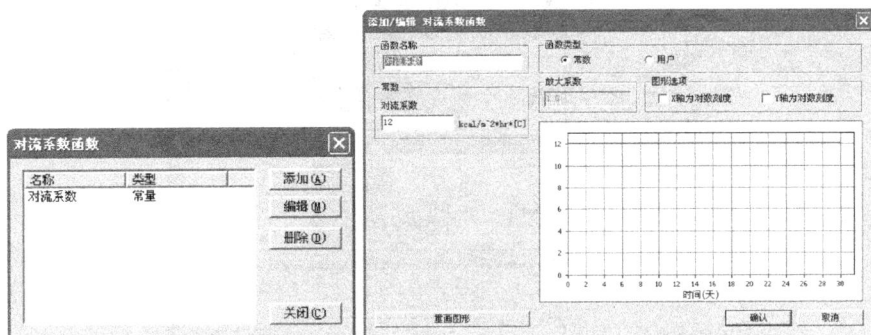

图 3-47 输入对流系数函数

3.2.11 定义单元对流边界

1：主菜单选择 *窗口→新窗口*

2：主菜单选择 *窗口→水平排序*

3：主菜单选择 *荷载→水化热分析数据→单元对流边界*

边界组名称：对流边界；对流系数函数：对流系数；环境温度函数：环境温度；选择：根据选择的节点。

每个面都有边界，或支承边界，或单元对流边界，不能有完全自由的面。

如图 3-48 所示。

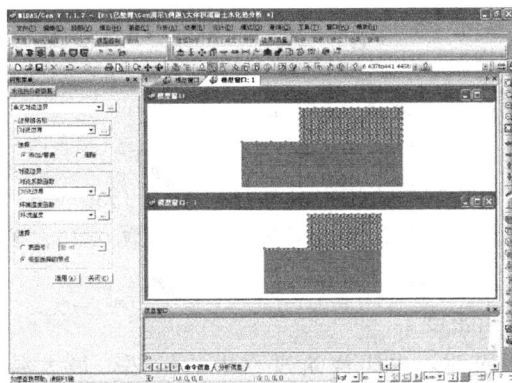

图 3-48 定义单元对流边界

3.2.12 定义固定温度

主菜单选择 *荷载→水化热分析数据→固定温度*

边界组名称：固定温度条件；温度：20℃。

如图 3-49 所示。

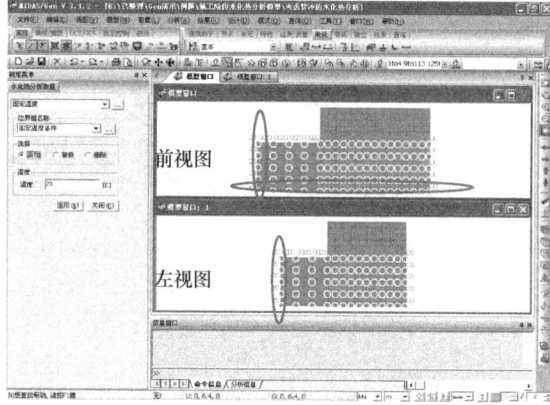

图 3-49 定义固定温度

3. 2. 13 输入热源函数及分配热源

1：主菜单选择 **荷载→水化热分析数据→热源函数**

函数名称：热源函数；函数类型：设计标准；最大绝热温升：41℃；导温系数：759。

混凝土的最大绝热温升（K）和导温系数（a）根据实验确定。如无实验数据，可参考有关文献确定。

在没有任何热损耗的情况下，胶凝材料（包括水泥、粉煤灰和矿粉）和水化合后产生的反应热，全部转化为温升后的最后温度，按下式计算：

$$K = \frac{Q_0(W + kF)}{c\rho}$$

式中　Q_0——水泥最终水化热（kJ/kg）；

W——单位体积混凝土中水泥用量（kg/m³）；

F——单位体积混凝土中混合材料的用量（kg/m³）；

k——混合材料水化热折减系数，粉煤灰取 0.25，矿粉取 0.463；

c——混凝土比热；

ρ——混凝土密度。

实际混凝土浇筑时，由于浇筑过程中的散热，最大温升往往低于绝热温升。

导温系数 a 是与水泥品种比表面积、浇捣时温度有关的经验系数。

2：主菜单选择 **荷载→水化热分析数据→分配热源**

热源：热源函数。

如图 3-50、图 3-51 所示。

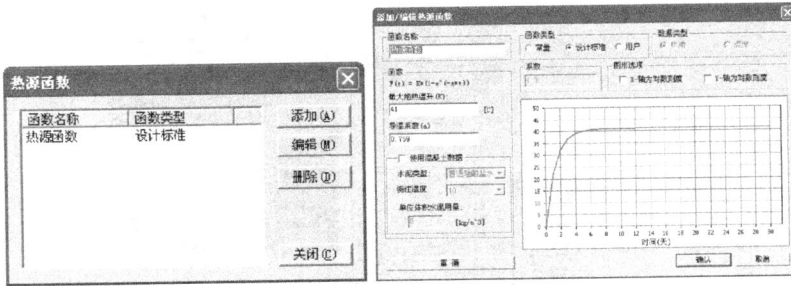

图 3-50 定义热源函数

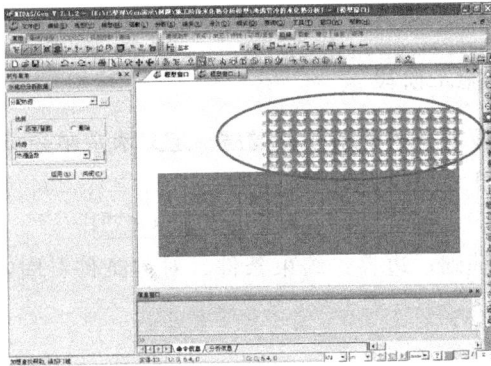

图 3-51 分配热源

3.2.14 输入管冷数据

这里假设把冷却管设置在距基础底部 0.9m 高的位置。为了输入数据的方便，将相应位置的节点选择后激活。

主菜单选择 **荷载→水化热分析数据→管冷**

名称：管冷；比热：1kcal·g/kN·℃；容重：1000kN/m³；流入温度：15℃。

流量：1.2m³/h；流入时间：开始，CS1，0，h；结束，CS1，100，h。

管径：0.027m；对流系数：319.55kcal/(m²·hr·℃)；选择：两点。

如图 3-52、图 3-53 所示。

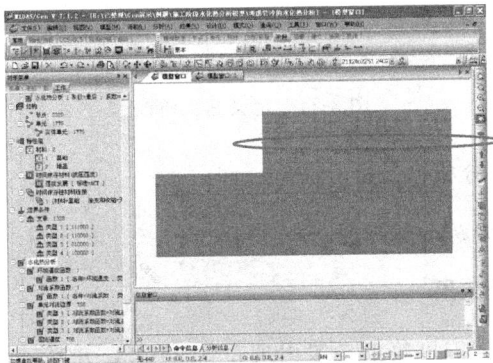

图 3-52 激活管冷节点

121

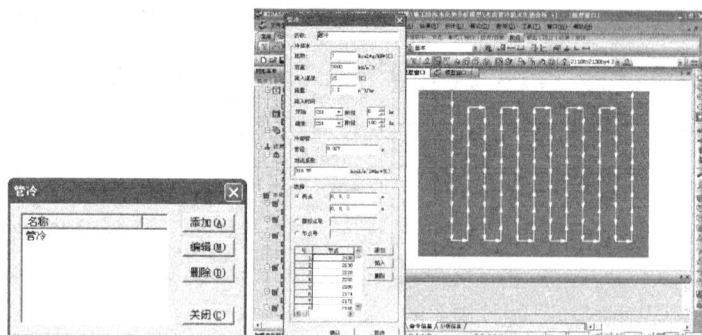

图 3-53 定义管冷

3.2.15 定义施工阶段

主菜单选择 荷载→水化热分析数据→定义水化热分析施工阶段

名称：CS1；初始温度：20℃；时间：10、20、30、45、60、80、100、130、170、250、350、500、700、1000h，[添加]。

单元：地基、基础；边界：约束条件、对称条件、固定温度条件、对流边界。

如图 3-54 所示。

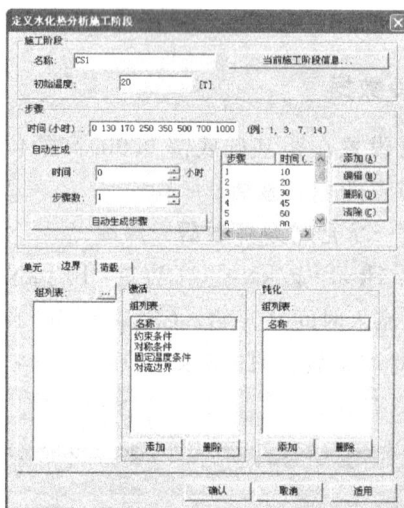

图 3-54 定义施工阶段

3.2.16 运行分析

主菜单选择 分析→运行分析

3.2.17 查看结果

根据工程经验，温度峰值一般出现在 3～5 天，并且持续约 1 天左右，之后开始降温，一般控制降温速率为 1.0～2.0℃。根据规范规定，对大体积混凝土的养护，应根据气候条件采取控温措施，并按需要测定浇筑后的混凝土表面和内部温度，将温差控制在设计要求的范围内；当设计无具体要求时，温差不宜超过 25℃。

理论计算的目的是为了指导工程实践。根据工程要求，温度场的计算结果一般须查看：①3、5、7、10、15、30 天等的温度场；②底面、中间、顶面的温度变化趋势；③3、5、10 天等时间点的温度梯度。

1：主菜单选择 *结果→分析结果表格→水化热分析→温度*

2：主菜单选择 *结果→水化热分析→温度*

通过对表格进行排序，可以找到出现最高温度的阶段和节点，再对应到图形结果里面清楚地显示整个实体的温度分布。

同时也可以查看 5、7、10 天附近阶段的温度变化，对比内外节点的温度差，并与规范相比较。

3：主菜单选择 *结果→水化热分析→图表*

定义内外节点的温度和应力时程图，并在同一张图中显示，可以很直观地比较内外节点温差，并与规范限值比较。

本次浇筑的混凝土以 2～4 天达到最高温度的居多，持续约 1 天左右，之后开始降温，速率为 1.0～2.0℃。混凝土表面和内部温度的温差为 25℃ 左右，满足要求。

如图 3-55～图 3-57 所示。

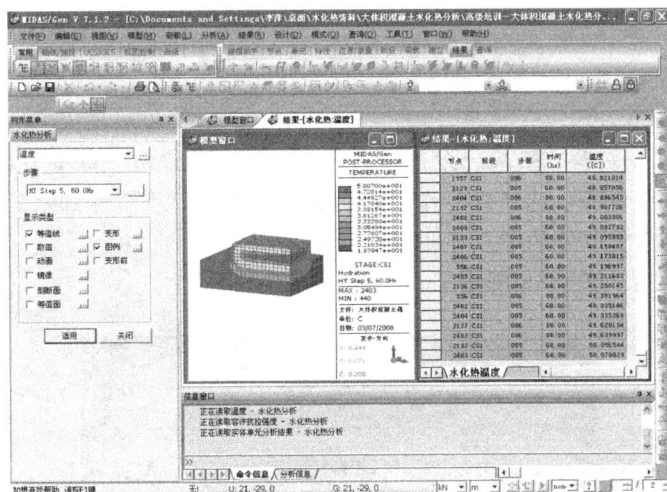

图 3-55　最高温度的图形和表格结果对比

4：主菜单选择 *结果→水化热分析→温度*

将设置管冷效果的单元激活后查看温度分布，可以看到温度有一定程度的减小。因此，可以通过设置管冷，减小混凝土的内外温差，从而减小由内部约束引起的应力。

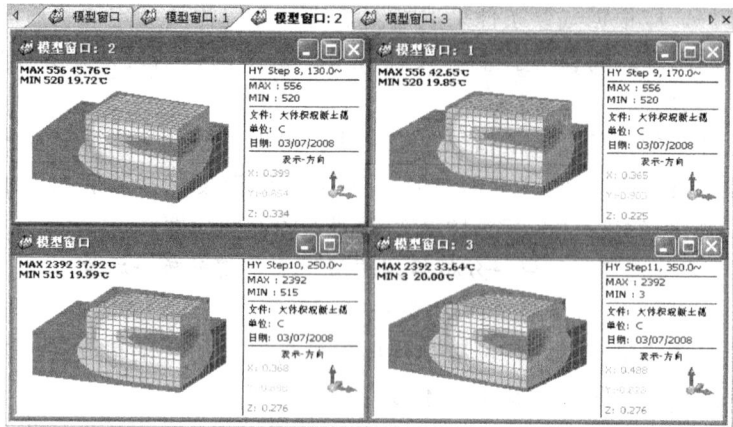

图 3-56　130、170、250、350h 的温度分布

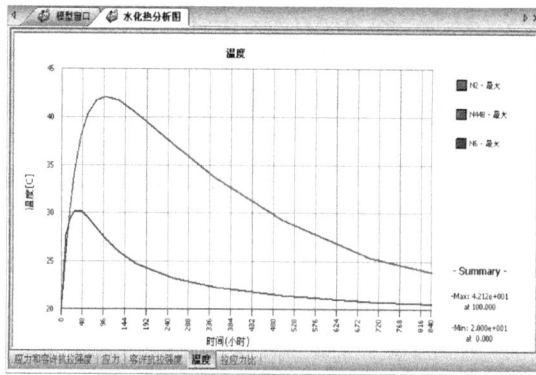

图 3-57　内外部节点温度变化图

5：主菜单选择　**结果→分析结果表格→水化热分析→管冷节点温度**

通过结果表格，选择管冷作用时期的所有步骤，查看冷却水的温度变化，图示可见管冷出口处的节点在步骤 7 时已经达到了 31.78℃。

如图 3-58、图 3-59 所示。

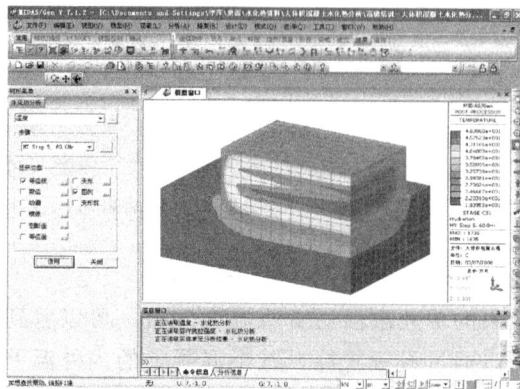

图 3-58　设置管冷单元的温度减小图示

图 3-59　表格显示冷却水温度变化

6：主菜单选择　**结果→水化热分析→图表**

应力一般滞后于温度，可从 5 天开始查看。

通过查看某一点的应力及容许张拉应力，可判断该点是否会出现裂缝。

图 3-60、图 3-61 所示为上中下层三个点的应力及容许张拉应力比较，5 天后

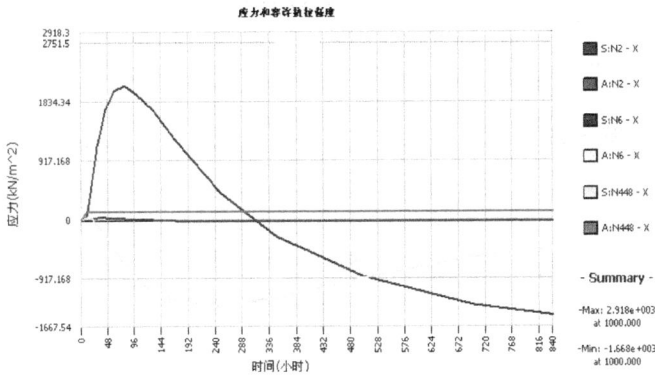

图 3-60　上中下层三个点的应力及容许张拉应力比较

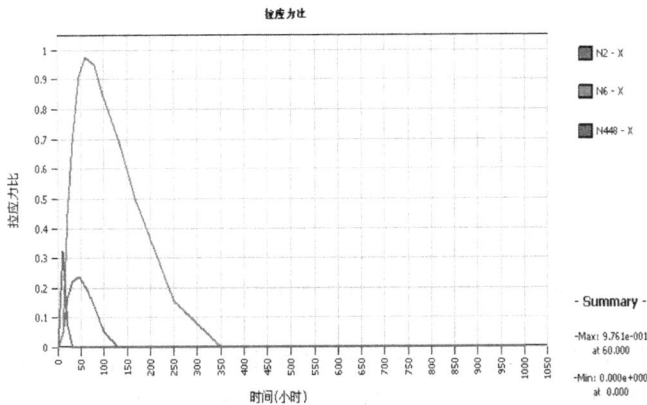

图 3-61　上中下层三个点的拉应力比

最大应力都小于容许张拉应力，拉应力比都小于 1，故不会开裂。值得注意的是，这里的容许张拉应力是混凝土材料的实际抗拉应力（立方体强度），而不是规范规定的强度设计值或标准值。

3.3 地下结构工程分析

3.3.1 概述

地下结构的种类繁多，如地下通道、地下管道、异形箱涵、地铁车站、地下隧道、地下变电站、地下水池及其他地下设施的附属地下结构等。这类结构的共同特点是受荷复杂，既要承受设备、人群等荷载，又要承受土压力、水压力、水浮力等荷载。若要考虑人防或者地震，还要承受人防和地震荷载作用。另外，这种结构的边界条件比较复杂，既要考虑地基土的弹性作用又要考虑侧土的弹性约束。因此，如何正确地计算荷载作用及模拟边界条件成为此类结构分析的重点。

本文以一地铁车站的标准段横断面分析模型为例，来说明采用 midas Gen 进行此类结构分析的方法及关键技术问题。

3.3.2 工程概况

轴测图如图 3-62 所示。

图 3-62　地铁车站标准段横断面分析模型轴测图

本站为地下双层岛式站，站台宽度为 10m。车站主体结构尺寸为：长 237.39m，标准段结构宽度为 18.7m。车站底板埋深约为 14.895m，顶板覆土约为 2.346m。采用钻孔灌注桩围护结构体系，桩径 800mm，间距 1m。标准横断面主体结构尺寸如图 3-63、图 3-64 所示。

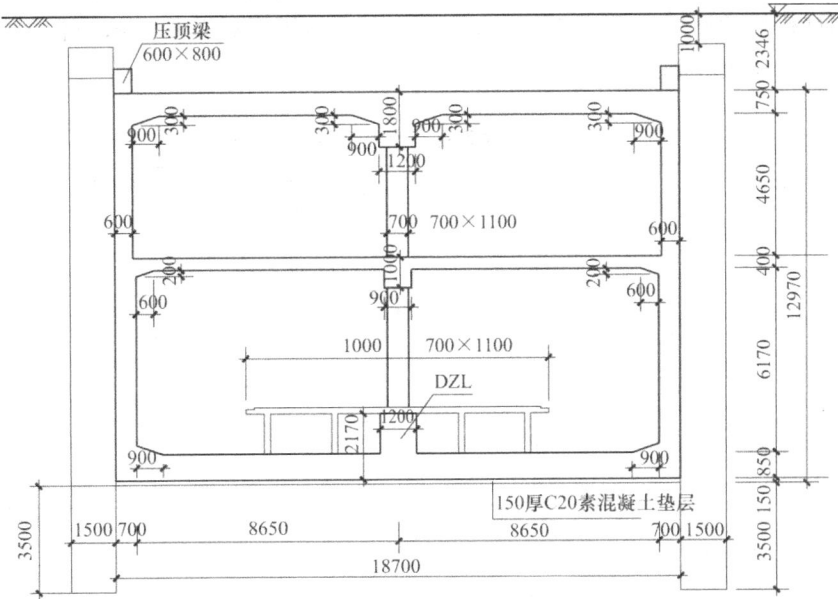

图 3-63 地铁车站标准段横断面尺寸示意图

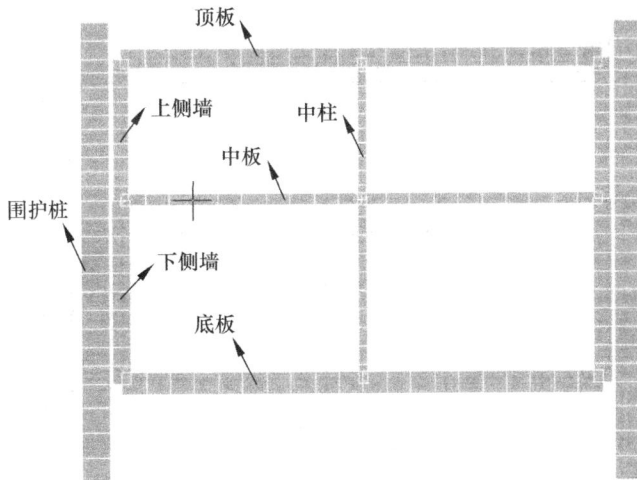

3.3.3 重要建模问题

1. 标准段横断面模型的模拟

沿地铁站长度方向取单位长度（1m）建立整个横断面的分析模型，围护结构与主体结构均采用梁单元来模拟，如：顶板厚为 750mm，则建立 1000mm×

127

750mm 的梁单元来模拟顶板；上侧墙厚为 600mm，则建立 1000mm×600mm 的梁单元来模拟上侧墙，其他结构部分的模拟与此类似。围护桩的模拟采用等刚度代换的原则，采用 1000mm×1069mm 的矩形梁单元。结构各部分材料及尺寸见表 3-1。

地铁车站标准段横断面模型材料及尺寸 表 3-1

结构部分	单元类型	混凝土强度等级	尺寸（mm）
顶板	梁单元	C30	1000×750
中板	梁单元	C30	1000×400
底板	梁单元	C30	1000×850
上侧墙	梁单元	C30	1000×600
下侧墙	梁单元	C30	1000×700
中柱	梁单元	C45	1000×400
围护桩	梁单元	C30	1000×1069

2. 边界条件

注：图 3-65 所示为施加了一般弹性支承的节点，主体结构的节点再与这些节点通过弹性连接来实现桩土共同作用，主体结构与地基的弹性作用及桩与主体结构的弹性作用等。

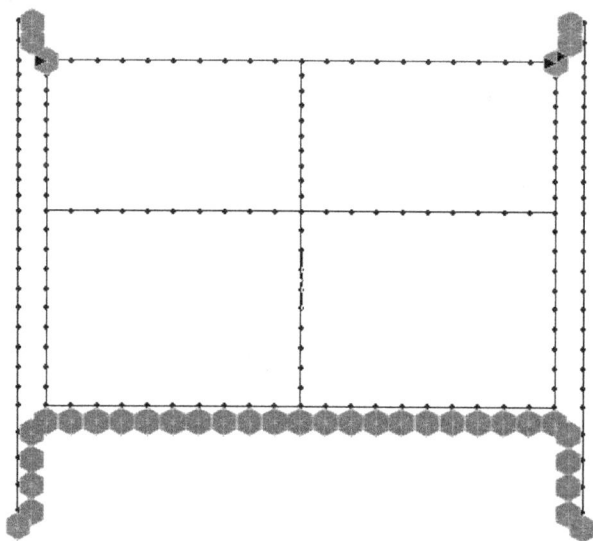

图 3-65 约束主体结构的一般支承

如图 3-65、图 3-66 所示，综合观察两图反映了整个结构的边界条件施加情况，通过弹性连接（弹性连接号为 1～14）使桩顶与桩底的节点与施加了一般支承的节点相连接，来模拟桩土的共同作用。通过弹性连接（弹性连接号为 36～77）使桩身节点与主体结构侧墙节点相连接，来模拟桩与主体结构的共同作用。通过弹性连接（弹性连接号为 15～35）使主体结构底板与施加一般支承的节点相连接，来模拟主体结构与地基土的弹性作用。

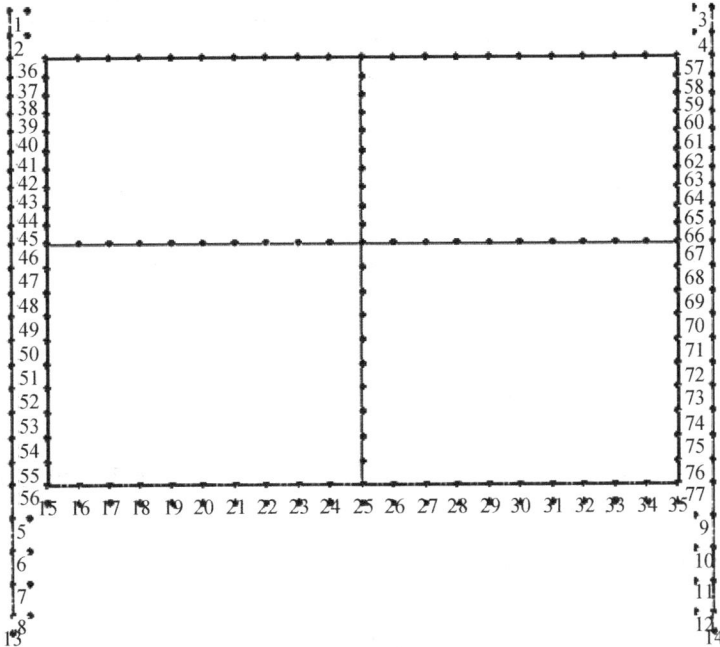

图 3-66　模拟弹性地基及桩土共同作用的弹性连接

弹性连接的弹簧刚度值与地基土的水平基床系数和垂直基床系数有关，可根据梁单元的截面大小及单元的划分长度情况通过换算得到，换算方法如下：

水平弹性连接刚度＝该土层的水平基床系数×单元长度×单元宽度

垂直弹性连接刚度＝该土层的垂直基床系数×单元长度×单元宽度

上述公式中的单元指相邻两弹性连接之间的单元。

以桩顶弹性连接 1～4 的刚度及底板弹性连接 15～35 的刚度为例，计算如下：

桩顶部分位于中砂（松散）土层，查出该土层的水平基床系数为 10MPa/m，而桩相邻两弹性连接之间的单元长度为 0.673m，单元宽度为 1m。根据以上公式，该弹性连接的刚度＝10000000N/m²/m×0.673m×1m＝6730000N/m＝6730kN/m。

底板也位于中砂（松散）土层，查出该土层的垂直基床系数为 120MPa/m，而底板相邻两弹性连接之间的单元长度为 0.9m，单元宽度为 1m，根据以上公式，该弹性连接的刚度＝120000000N/m²/m×0.9m×1m＝108000000N/m＝108000kN/m。

整个结构的弹性连接刚度计算见表 3-2。

整个结构的弹性连接刚度 表 3-2

弹性连接号	弹性连接类型	模拟类型	土层	水平基床系数（MPa/m）	垂直基床系数（MPa/m）	弹性连接刚度（kN/m）
1～4	受压	桩与土	中砂	10	120	6730
5～12	受压	桩与土	中砂	10	120	86688
13～14	受压	桩与土	中砂	10	120	128280
15～35	受压	底板与土	中砂	10	120	108000
36～77	受压	桩与侧墙之间相互作用	与土层无关	根据混凝土的弹性模量计算		100000000

3. 荷载的计算与施加

1）荷载的计算

（1）地层土压力：水平压力按静止土压力计算；竖向土压力按顶板承受计算截面以上全部土重量考虑。

（2）水压力：使用阶段按水土分算原则进行计算，本工程设防水位取至地面。

（3）地面超载：按 20kPa 计算。

（4）设备荷载：按 8kPa 计算。

根据以上方法计算的各荷载大小如表 3-3 所示。

荷载计算表格 表 3-3

荷载名称	荷载类型	荷载大小	作用部位
覆土压力	恒荷载	44.6kPa	顶板
侧土压力	恒荷载	26.7～52.7kPa	桩
侧水压力	恒荷载	3.46～131.6kPa	桩、侧墙
水浮力	恒荷载	128.2kPa	底板
地面超载	活荷载	20kPa	顶板
设备荷载	活荷载	8kPa	底板

2）荷载的施加

定义荷载工况后，荷载施加通过"**荷载→连续梁单元荷载**"，选择荷载工况及荷载类型，荷载类型包括均布荷载或梯形荷载，如覆土压力按均布荷载施加，而侧土压力则需要按梯形荷载施加，然后选择要加载区间的两个节点，点击 适用 施加荷载。

4. 分析方法的选择

本工程边界条件复杂，模型中包括有边界非线性单元——只受压弹性连接，因此需要根据计算情况设定相关分析选项，在"**分析→主控数据**"中，"**仅受拉/仅受压单元（弹性连接）**"的对话框里，可酌情调整迭代次数和收敛误差。

5. 荷载组合与非线性分析工况的定义

由于非线性分析不满足线性叠加原理，因此如果查看某荷载组合下的内力及位移等非线性分析结果，需要单独定义非线性分析工况，具体方法分为三个步骤：

通过"*荷载→静力荷载工况*"命令，定义两个"用户定义的荷载"工况，命名为"非线性（基本组合）"和"非线性（标准组合）"。

通过"*结果→荷载组合*"命令，定义想要查看非线性分析结果的荷载组合。本工程分别定义"基本组合"与"标准组合"。

通过"*荷载→由荷载组合建立荷载工况*"命令，选择对应的荷载组合及荷载工况，点击 适用 。如图 3-67 所示。

注：此处操作的含义是，在分析之前，将荷载组合转换为一个单独的工况，分析时一次性作用到结构上；而非常规分析那样在分析之后将各工况结果按组合值系数线性叠加。这点对于材料非线性、几何非线性等也都适用。

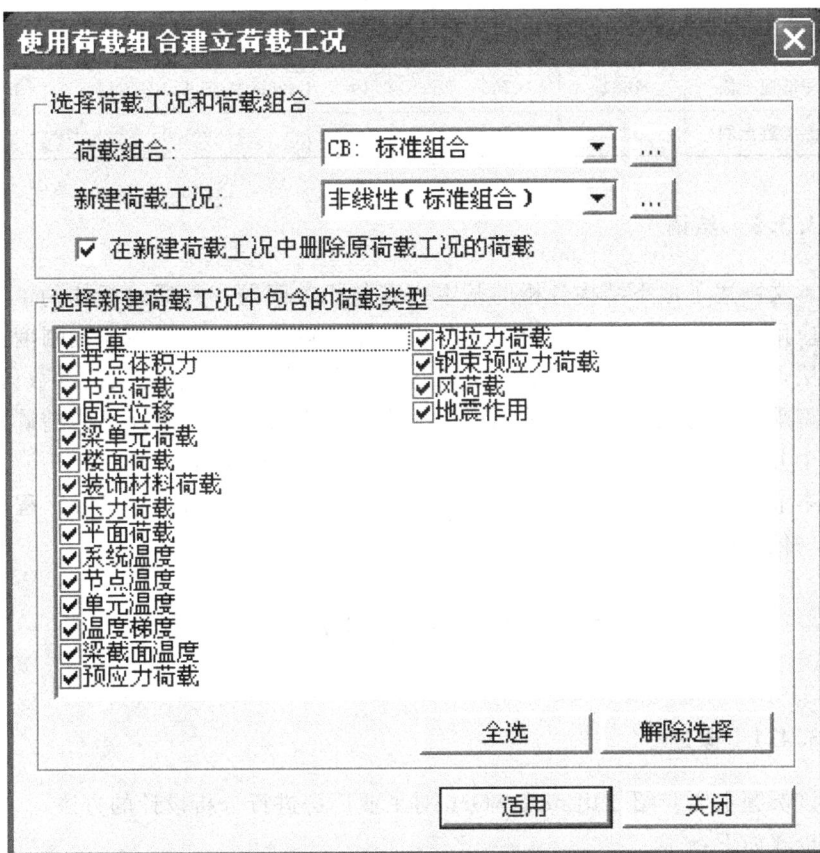

图 3-67 使用荷载组合建立荷载工况

3.3.4 内力结果提取及设计

本工程将基本组合的非线性分析结果应用于承载能力极限状态的设计（配筋设计）。再将标准组合的非线性分析结果应用于正常使用极限状态的设计验算（裂缝宽度验算）。计算结果如表 3-4 所示。

用于设计的内力提取与设计结果输出 表 3-4

位　置	弯矩 (kN·m)	轴力 (kN)	裂缝宽度 (mm)	配筋（Ⅱ级钢筋）	截面尺寸 (mm)
顶板跨中正弯矩	499	237	0.19	$\phi 25@150$	750×1000
顶板中柱负弯矩	969	237	0.18	$\phi 25@150 + \phi 22@150$	750×1000
中板跨中正弯矩	84	496	0.05	$\phi 20@150$	400×1000B
中板中柱负弯矩	191	496	0.16	$\phi 20@150$	400×1000
底板跨中正弯矩	694	892	0.27	$\phi 25@150$	850×1000
底板边柱负弯矩	1081	892	0.16	$\phi 25@150 + \phi 22@150$	850×1000
上侧墙迎土侧	471	425	0.19	$\phi 28@150$	600×1000
上侧墙背土侧	23	425	0.02	$\phi 16@150$	600×1000
下侧墙迎土侧	1081	708	0.19	$\phi 25@150 + \phi 22@150$	700×1000
下侧墙背土侧	207	708	0.13	$\phi 18@150$	700×1000

3.3.5 结语

本文阐述了地下结构分析的基本内容与相关问题，并通过具体的工程实例，应用 midas Gen 建立了简化的分析模型，重点介绍了弹性连接刚度的计算方法，以及非线性分析工况的定义方法和几何非线性分析方法的参数设置。本模型采用了简化方法，均采用梁单元模拟，亦可采用板单元更为精确地建立整个分析模型，具体方法参考水池分析与设计的相关资料。

本节意在说明 midas Gen 程序的相关功能，所有数据并不代表工程实际情况，仅供读者参考。

3.4 工业厂房分析设计

3.4.1 概述

该例题主要介绍使用 midas Gen 对工业厂房进行分析设计的方法。

步骤如下：

（1）简介；

（2）建模过程中需要注意的几个事项说明；

（3）荷载组合说明；

（4）一般设计参数定义及说明；

（5）钢结构设计参数定义及说明；

（6）钢构件设计验算。

3.4.2 简介

此例题介绍使用 midas Gen 对工业厂房进行分析设计的方法。例题模型为钢结构单层门式刚架厂房（图 3-68）。（该例题数据仅供参考）

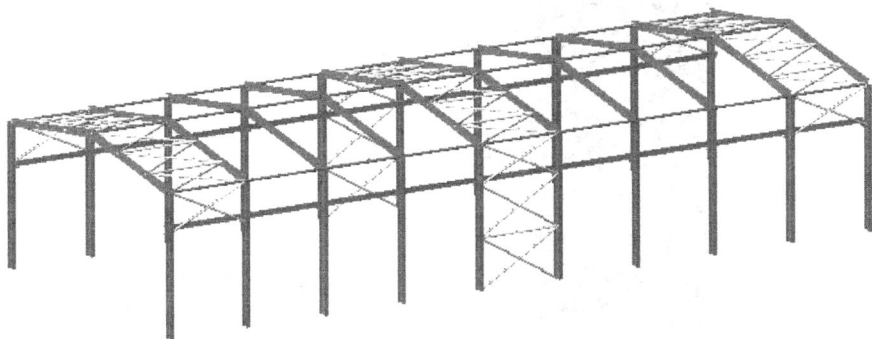

图 3-68 某门式刚架厂房

基本数据如下：

➤ 材料：Q235。

➤ 柱截面：HM 588×300×12/20。

➤ 吊车梁截面：HM 340×250×9/14。

➤ 变截面刚架梁截面：（600～400）×300×10/14。

➤ 牛腿截面：（600～250）×300×6/10。

➤ 支撑截面：P160×5。

➤ 系杆截面：P194×12。

➤ 柱距：6m。

➤ 厂房跨度：21m。

➤ 柱高：10m。

➤ 钢梁夹角：9°。

➤ 设防烈度：7°（0.10g）。

➤ 场地：Ⅱ类。

➤ 吊车参数：吊车跨度 19.5m，最大轮压 7.9t，最小轮压 2.95t，吊车轨道高 0.134m，无制动梁，水平刹车系数 0.1，吊车摆动系数 0.1。

3.4.3 建模要点

1. 变截面梁的输入

主菜单中选择*模型→材料和截面特性→截面→添加→变截面*，如图 3-69所示。

2. 主菜单选择 风荷载的输入

对于钢结构厂房，风荷载的输入方法有以下两种：

注：模型中牛腿以及门式刚架梁为变截面。

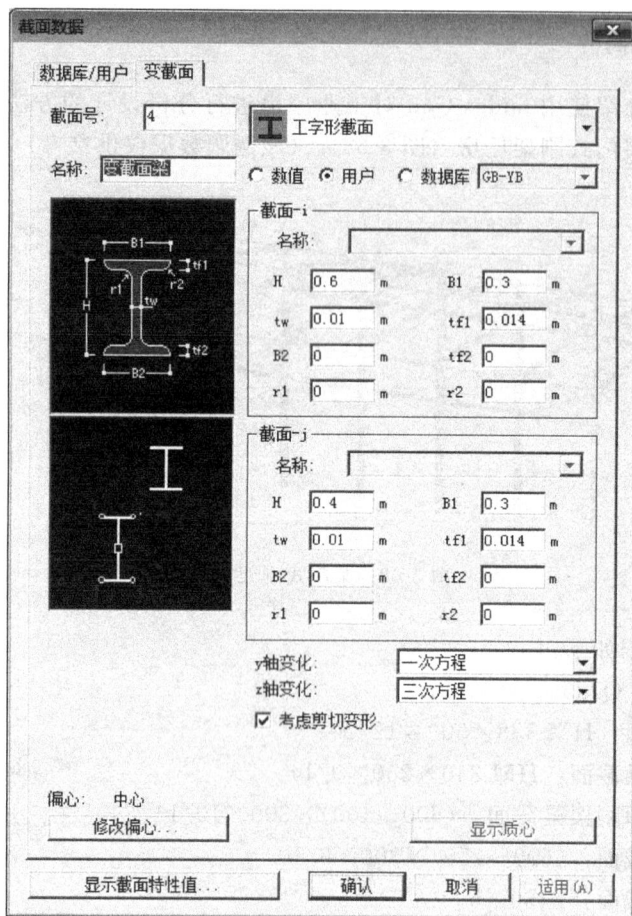

图 3-69 变截面

（1）人工计算出来，然后分配到梁或者节点上。

（2）建立虚面，然后对其施加压力荷载来替代风荷载。

注：虚面是指厚度比较薄以及弹性模量很小的面，仅仅是为了导荷载。

本模型采用第一种方法，如图 3-70 所示。

3. 吊车荷载的输入方法以及说明

主菜单选择 *荷载→吊车荷载分析数据*，如图 3-71 所示。

根据实际工程项目选用吊车的型号输入最大轮压、最小轮压，以及根据水平刹车系数和吊车摆动系数求出刹车荷载。在 midas Gen 中，输入吊车荷载并不一定需要输入吊车梁，这时可以利用设置左偏心、右偏心、竖向偏心的方法来确定吊车的位置。

3.4.4 荷载组合说明

主菜单选择 *结果→荷载组合→钢结构设计*：点击自动生成荷载组合，如图 3-72 所示，可以看到吊车荷载参与荷载组合的情况。

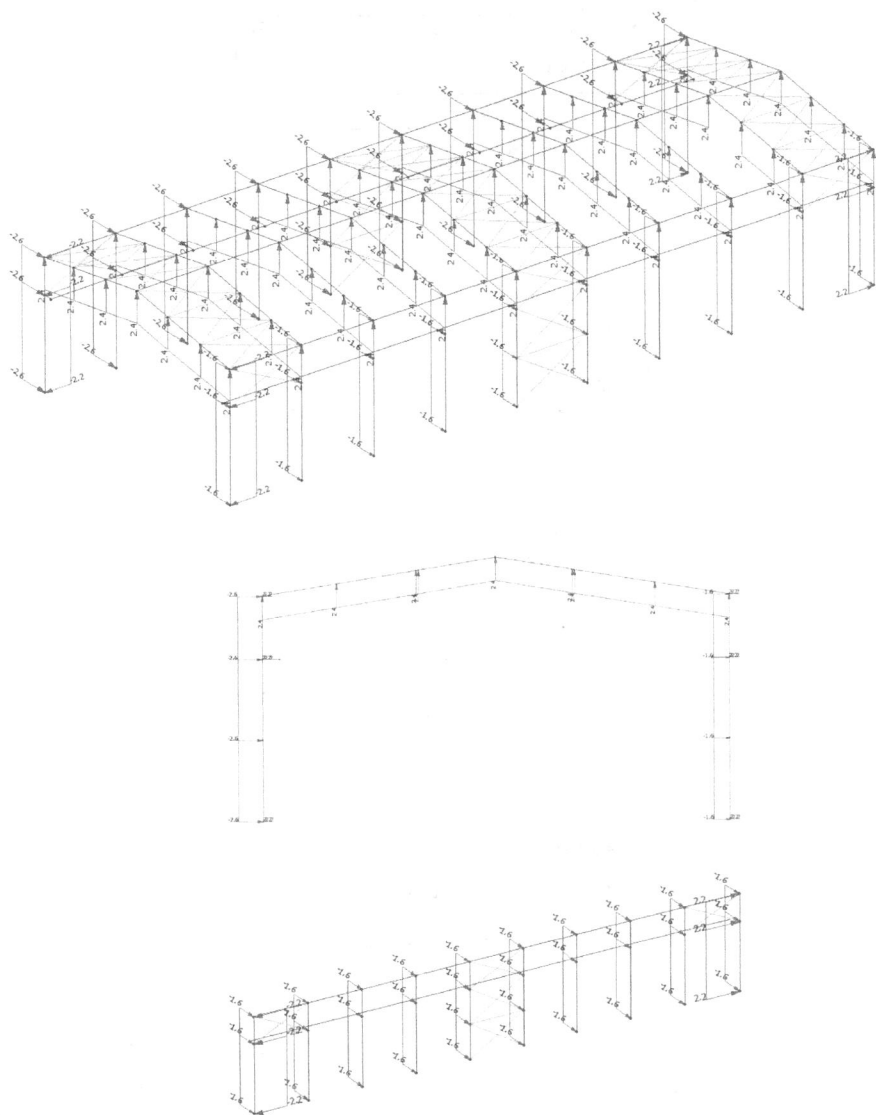

图 3-70 风荷载输入

3.4.5 一般设计参数定义及说明

1：主菜单选择 **设计→一般设计参数→定义计算长度系数**

如图 3-73 所示。

对于钢结构，midas Gen 可以由程序自动计算"计算长度系数"，对于一些复杂的构件，计算长度系数由程序判断不准确时，这时可以采用程序中的手动指定计算长度系数的功能。

2：主菜单选择 **设计→一般设计参数→指定构件**

分析按单元来进行，而设计按构件来进行；对于梁或桁架，当一个构件由几个线单元组成时，需将这些单元指定为一个构件进行设计。

注：对于钢结构需要将单元指定为构件进行设计验算，否则构件的计算长度容易出错。

135

注：用节点建立车道时要把布置车道的每个节点都顺次点击一次。

程序会自动按"宽度"寻找对应距离的节点。

根据对应节点相对位置的不同，"宽度"可以取正值或负值。

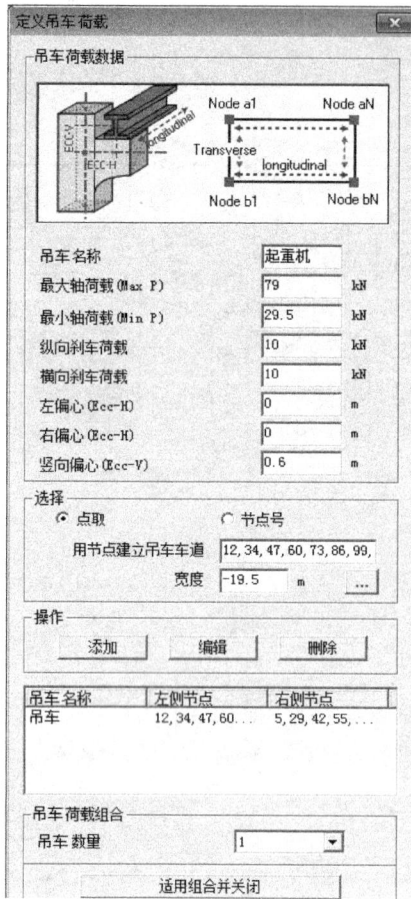

图 3-71　输入吊车荷载数据

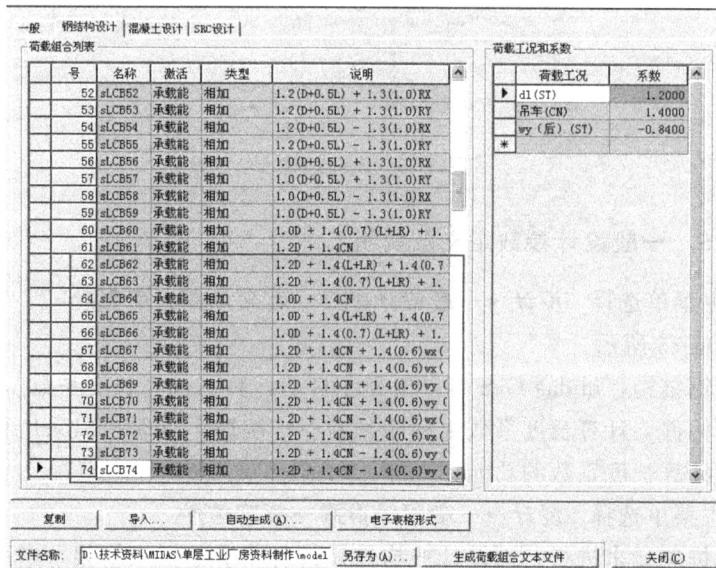

图 3-72　荷载组合

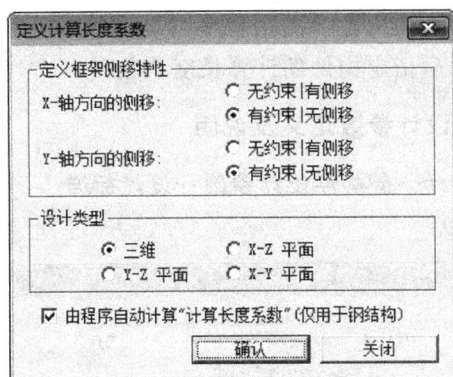

图 3-73　定义计算长度系数

本例题指定构件后如图 3-74 所示。

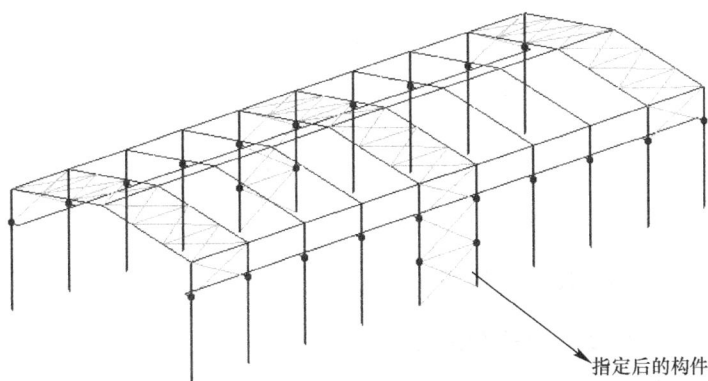

指定后的构件

图 3-74　指定构件

3：主菜单选择　*设计→一般设计参数→自由长度*

如图 3-75 所示。

输入所选构件绕强轴和弱轴弯曲的自由长度，对于绕弱轴弯曲的构件输入受压翼缘的侧向自由长度。

4：主菜单选择　*设计→一般设计参数→计算长度系数*

如图 3-76 所示。

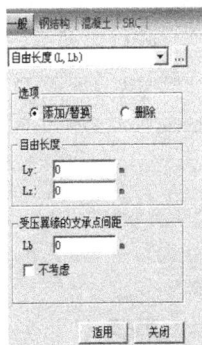

图 3-75　定义自由长度

图 3-76　计算长度系数

对于一些受力复杂的构件，当由程序自动计算的计算长度系数不准确的时候，可以手动计算后指定构件的计算长度系数。

3.4.6　钢构件设计参数定义及说明

主菜单选择　**设计→钢构件设计参数→设计标准**

如图 3-77 所示。

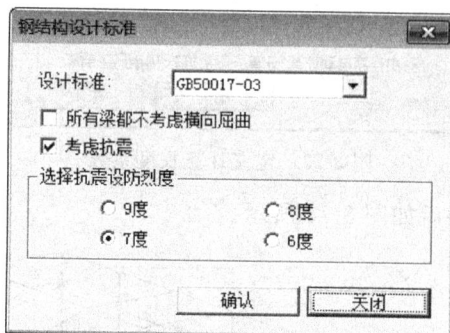

图 3-77　设计标准

如果勾选"所有梁都不考虑横向屈曲"，则将不对梁（或桁架）作整体稳定性计算，此模型不勾选。

3.4.7　钢构件设计验算

主菜单选择　**设计→钢构件截面验算**

如图 3-78 所示。

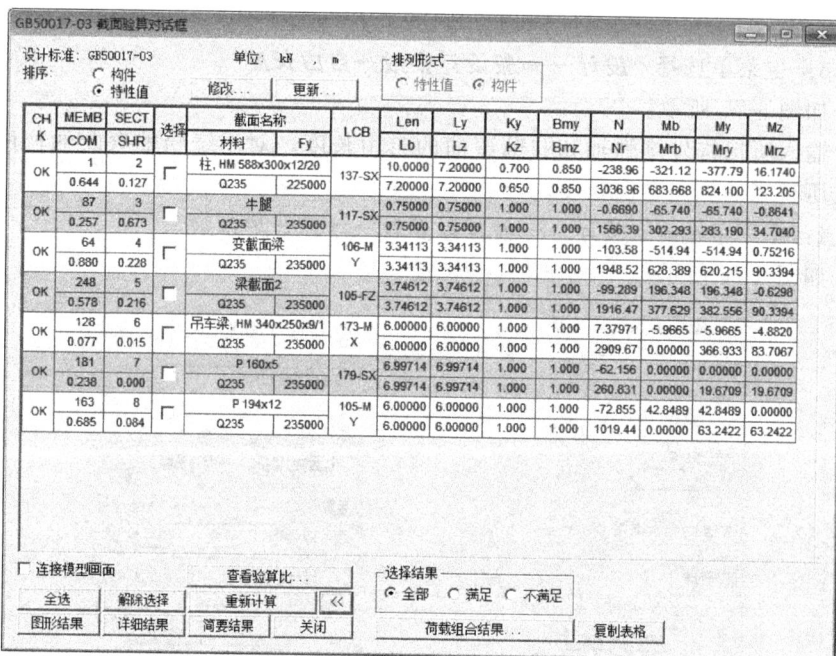

CHK	MEMB	SECT	选择	截面名称	LCB	Len	Ly	Ky	Bmy	N	Mb	My	Mz
	COM	SHR		材料　Fy		Lb	Lz	Kz	Bmz	Nr	Mrb	Mry	Mrz
OK	1	2		柱，HM 588x300x12/20	137-SX	10.0000	7.20000	0.700	0.850	-238.96	-321.12	-377.79	16.1740
	0.644	0.127		Q235　225000		7.20000	7.20000	0.650	0.850	3036.96	683.668	824.100	123.205
OK	87	3		牛腿	117-SX	0.75000	0.75000	1.000	1.000	-0.6690	-65.740	-65.740	-0.8641
	0.257	0.673		Q235　235000		0.75000	0.75000	1.000	1.000	1566.39	302.293	283.190	34.7040
OK	64	4		变截面梁	106-M Y	3.34113	3.34113	1.000	1.000	-103.58	-514.94	-514.94	0.75216
	0.880	0.228		Q235　235000		3.34113	3.34113	1.000	1.000	1948.52	628.389	620.215	90.3394
OK	248	5		梁截面2	105-FZ	3.74612	3.74612	1.000	1.000	-99.289	196.348	196.348	-0.6298
	0.578	0.216		Q235　235000		3.74612	3.74612	1.000	1.000	1916.47	377.629	382.556	90.3394
OK	128	6		吊车梁，HM 340x250x9/1	173-M X	6.00000	6.00000	1.000	1.000	7.37971	-5.9665	-5.9665	-4.8820
	0.077	0.015		Q235　235000		6.00000	6.00000	1.000	1.000	2909.67	0.00000	366.933	83.7067
OK	181	7		P 160x5	179-SX	6.99714	6.99714	1.000	1.000	-62.156	0.00000	0.00000	0.00000
	0.238	0.000		Q235　235000		6.99714	6.99714	1.000	1.000	260.831	0.00000	19.6709	19.6709
OK	163	8		P 194x12	105-M Y	6.00000	6.00000	1.000	1.000	-72.855	42.8489	42.8489	0.00000
	0.685	0.084		Q235　235000		6.00000	6.00000	1.000	1.000	1019.44	0.00000	63.2422	63.2422

图 3-78　构件验算结果

可以利用修改的功能，控制设计极限验算比，在数据库中搜索合适的截面，对结构进行初步优化设计，假设极限验算比控制在 0.8～1 的范围内，可以搜索到的合适截面如图 3-79 所示。

注：midas Gen 中修改极限验算比来搜索适合截面是根据截面特性值来修改的，而不是根据构件来修改的。

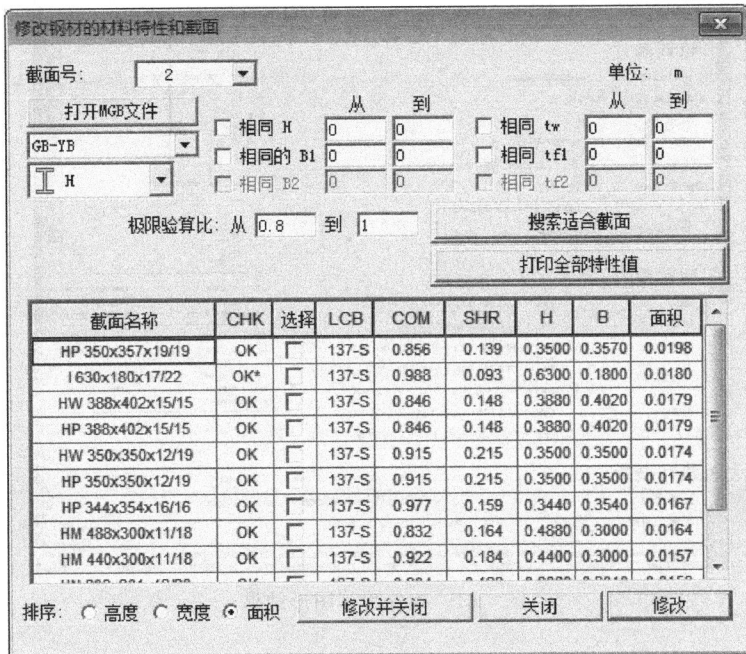

图 3-79 构件截面优化设计

点选构件以每个构件的方式显示钢构件验算结果，如图 3-80 所示。

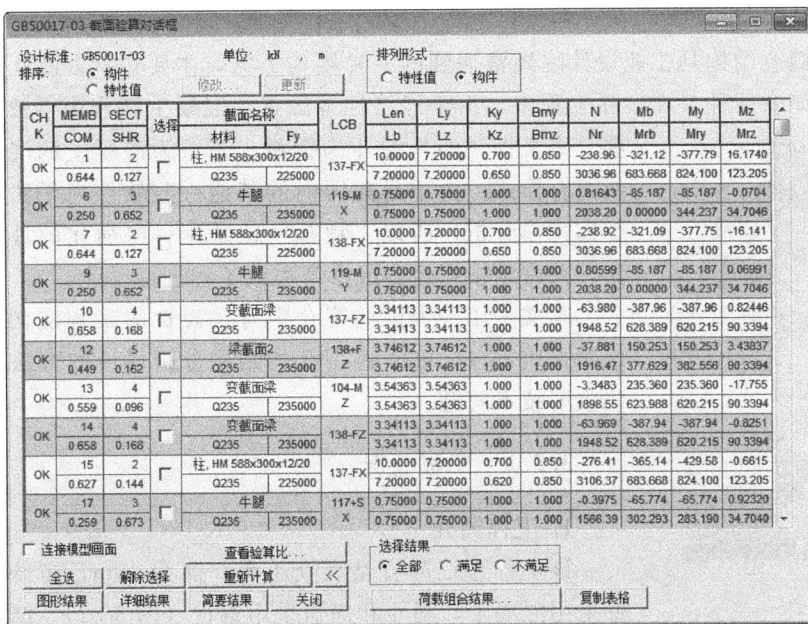

图 3-80 钢构件验算结果

选中相应的构件，可以根据需求查看每个构件的图形计算结果以及详细设计计算书，如图 3-81 所示。

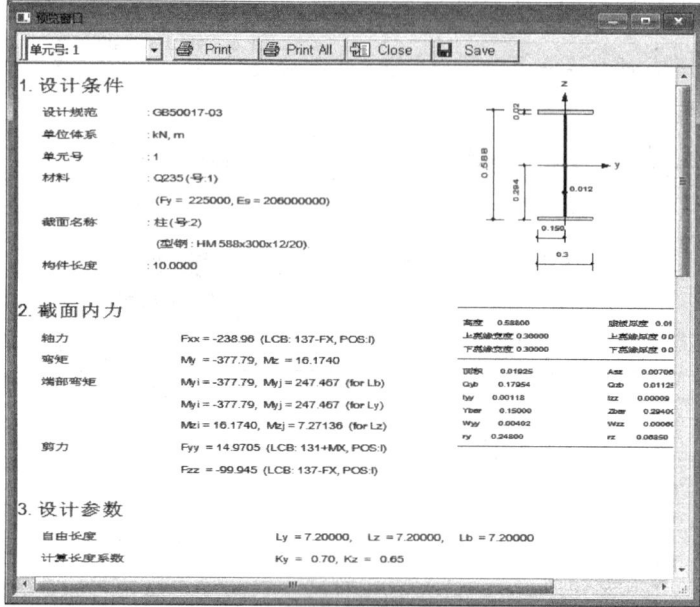

图 3-81　构件验算图形结果

3.5　混凝土筒仓有限元分析与设计

3.5.1　概述

筒仓结构是工业设计院经常遇到的一种结构类型，主要包括混凝土筒仓与钢筒仓两种。在实际工程中，由于经济性等因素，混凝土筒仓用得较多一些。本文探讨的是漏斗为钢材、筒壁为混凝土的混合材料筒仓形式。由于目前国内的其他一些软件尚无法进行整体建模分析，所以工程师往往采用一些简化的计算方法，并常常根据经验或参考类似工程进行设计。

本文采用一个该类筒仓中有代表性的工程实例，来说明采用 midas Gen 进行此类结构分析设计的方法及一些主要技术问题。

3.5.2　工程概况

1. 工程简介

该工程为江苏省某煤仓工程，高为 40m，筒壁、仓壁采用混凝土，漏斗和筒盖采用钢材（图 3-82）。结构分析设计的基本参数为：

图 3-82　某筒仓模型
轴测示意图

（1）基本风压 $0.9kN/m^2$（50 年一遇）。

（2）抗震设防烈度：7 度；设计基本地震加速度值：$0.10g$。

（3）贮料物理特性参数：煤重力密度 $12kN/m^3$，内摩擦角 $30°$。

主要设计原则及条件为：

（1）该设计采用 midas Gen 软件进行分析设计。

（2）基础采用桩基础，承台为圆形筏板。

（3）筒壁（24.5m 以下）厚 700mm，仓壁（24.5m 以上）厚 400mm。

（4）仓壁加设预应力钢筋，防止因温度作用开裂。

（5）$h_n/d_n = 20.5/20 = 1.025 < 1.5$，故贮料压力按浅仓计算。

（6）筒仓直径大于 18m，因此按独仓布置。

（7）材料：C40 混凝土；钢筋为 HRB235（HRB335）；预应力钢筋采用无粘结高强预应力钢绞线 $1×7$。

2. 计算分析

1）模型建立

整个筒仓由筒仓壁板和筒仓内部钢漏斗两部分组成。筒仓壁板和筒仓内部漏斗壁板采用不同厚度的板壳单元模拟，环梁采用一般梁单元模拟，局部筒仓壁板施加了预应力。在 midas Gen 中，筒仓的模型可以通过建模助手方便建立，也可以先建立筒壁轮廓进行分割后扩展（旋转扩展）。模型建立后定义材料和截面厚度，利用拖放功能赋予相应单元。具体的建模过程可以参见《midas Gen 用户培训手册——初级手册》。

按照筒仓的实际支承情况，对筒壁底部的所有节点施加固端约束。

2）荷载施加

（1）自重

程序自动计算自重。

（2）仓顶恒荷载

在 midas Gen 中可以进行包括仓顶钢结构体系在内的整体结构分析。这里为了方便，将计算得到的仓顶钢结构体系的荷载，直接加在混凝土筒仓顶部的加强环梁上。通过柱传来的节点荷载为 500kN，梁单元荷载为 25kN/m。

（3）仓顶活荷载

节点荷载为 350kN，梁单元荷载为 25kN/m。

（4）贮料压力

按浅仓计算，仓壁摩擦力不考虑。

仓壁水平压力：侧压力系数 $k = \tan^2(45° - \varphi/2)$，取 $\varphi = 30°$，则 $k = 1/3$，仓壁水平压力 $P_h = k \cdot \gamma \cdot s = 1/3 × 12 × s = 4s$。

漏斗壁法向压力 P_n 和切向压力 P_t：$P_v = \gamma \cdot s = 12s$，$P_t = P_v(1-k) \cdot \sin a \cdot \cos a = 8s \cdot \sin 76.8° × \cos 76.8° = 1.8s$；$P_n = e \cdot P_v = 0.412 \cdot 12s = 4.94s$。

（5）风荷载

通过压力荷载施加风荷载，取基本风压值，不考虑其他放大系数。

3）反应谱分析

（1）计算地震用煤重

如果按照贮料压力转化的质量作为计算地震用资料，那计算的重心会偏低，这样对筒壁底部的受力造成较大误差，不能很好地指导基础设计，因此添加这一工况。这里选择按节点荷载把煤重加在节点上。

（2）添加反应谱工况，计算地震力

4）温度应力分析

考虑到筒壁较厚且入仓生贮料有较高的温度，应该对筒仓进行温度分析。

（1）整体升温

升温30℃。通过"*荷载→温度荷载→系统温度*"施加，参考温度取为10℃。

（2）整体降温

降温20℃。

（3）内外温差

考虑入料的温度，取内比外高50℃。通过"*荷载→温度荷载→温度梯度*"施加。

温度应力分析得到的温度工况下的应力结果，按照资料乘以0.3的系数后再与混凝土抗拉强度的标准值进行比较，如果小于标准值则认为不会开裂。

5）预应力施加和分析

此筒仓直径及高度不大，贮料压力对筒壁造成的拉应力并不大，但如果考虑温度作用，则会产生较大的拉应力，需要考虑通过施加环向预应力来防止混凝土开裂。

在实际工程的处理中，预应力可以通过建立环向桁架单元并加初拉力来考虑，如图3-83所示，具体操作略。

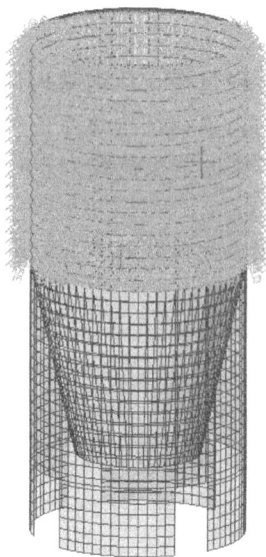

图 3-83　施加预应力

3.5.3 配筋设计

1. 结果提取

1）荷载组合

按照混凝土规范进行组合，计算地震用荷载采用用户自定义荷载可自动不参与组合，温度应力单独和恒活载进行组合，再定义包络。

2）基底反力

通过贮料压力荷载的基底反力来判断贮料压力荷载施加是否合理。

通过恒活载标准组合以及承载能力极限状态下所有荷载工况基底反力包络指导基础设计。图 3-84 为承载能力极限状态下所有荷载工况包络基底反力的包络值。

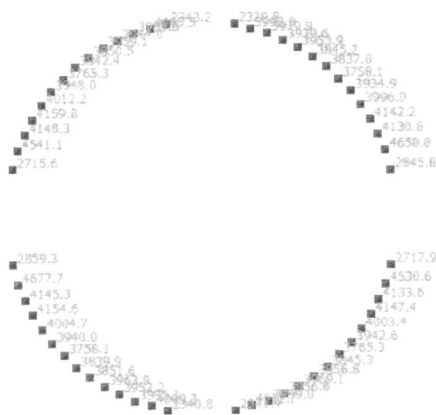

图 3-84　基底反力包络值

3）位移情况

（1）自重作用下筒壁位移

如图 3-85 所示。

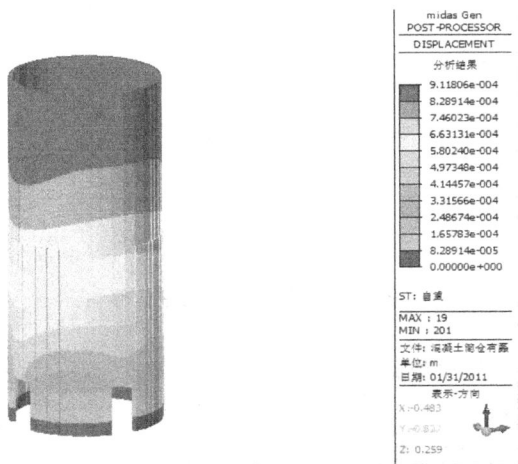

图 3-85　自重作用下筒壁位移

143

（2）贮料压力作用下筒壁位移

如图 3-86 所示。

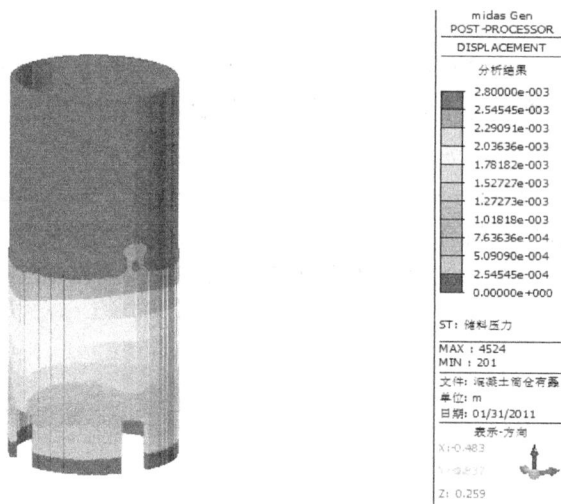

图 3-86　贮料压力作用下筒壁位移

（3）升温 30℃筒壁位移

如图 3-87 所示。

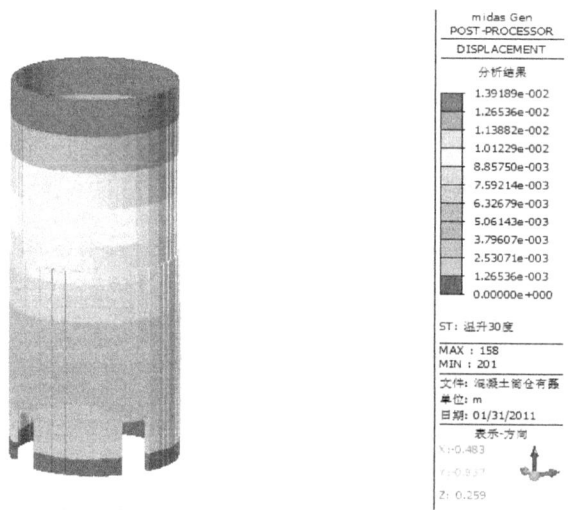

图 3-87　升温 30℃筒壁位移

（4）降温 20℃筒壁位移

如图 3-88 所示。

（5）内外温差筒壁位移

如图 3-89 所示。

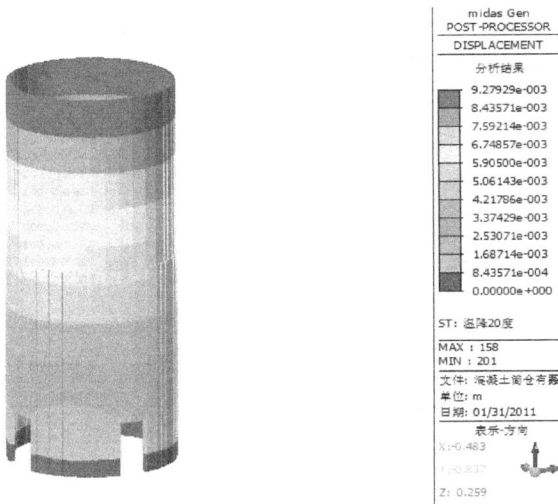

图 3-88　降温 20℃筒壁位移

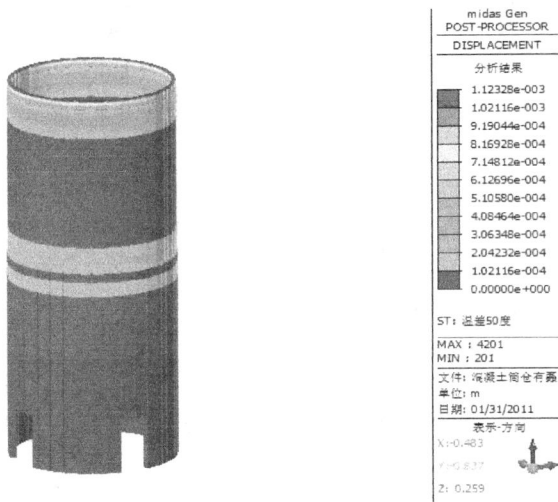

图 3-89　内外温差筒壁位移

由内外温差位移显示可以看出，尽管仓顶已经设置加劲环梁，但此处变形仍较大，需要加大环梁或施加预应力。

（6）承载能力极限状态 CBall 筒壁位移

如图 3-90 所示。

4）环向内力

（1）贮料压力作用下筒壁环向内力

如图 3-91 所示。

（2）承载极限状态 CBall 筒壁环向内力（含剖断面图）

如图 3-92 所示。

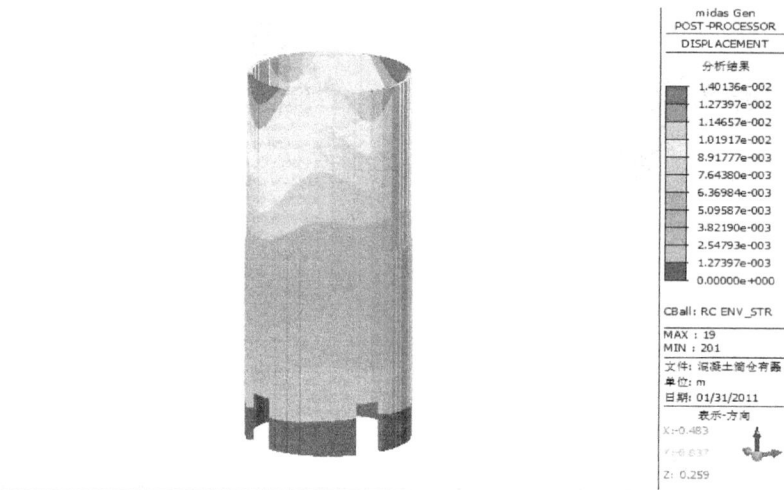

图 3-90   承载能力极限状态 CBall 筒壁位移

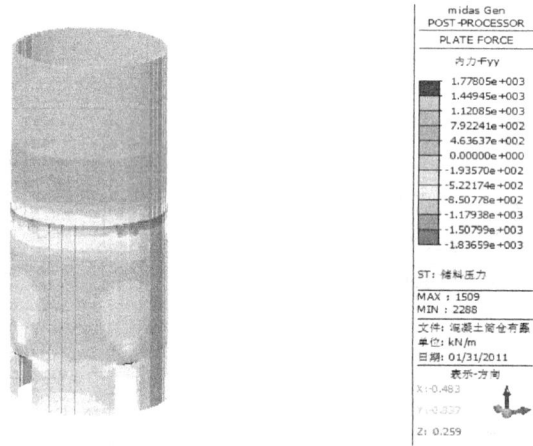

图 3-91   贮料压力作用下筒壁环向内力

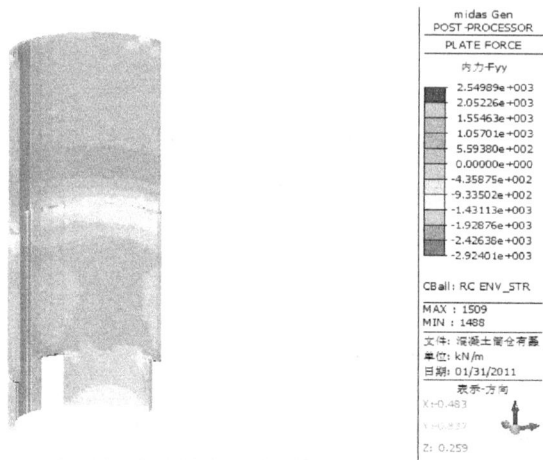

图 3-92   承载极限状态 CBall 筒壁环向内力

（3）温度作用 CBall 筒壁环向内力（含剖断面图）

如图 3-93 所示。

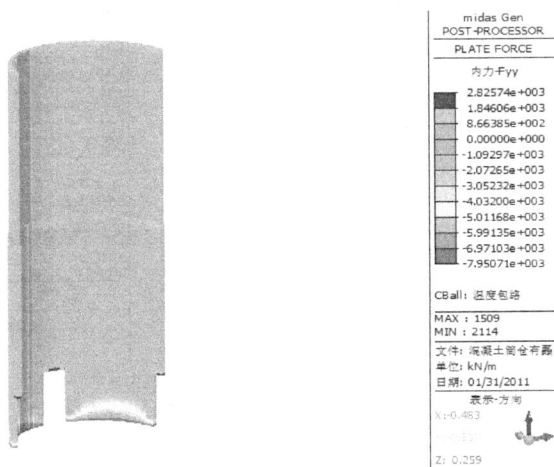

图 3-93　温度作用 CBall 筒壁环向内力

5）筒壁板单元应力

（1）降温 20℃ 板顶、板底最大主应力

如图 3-94 所示。

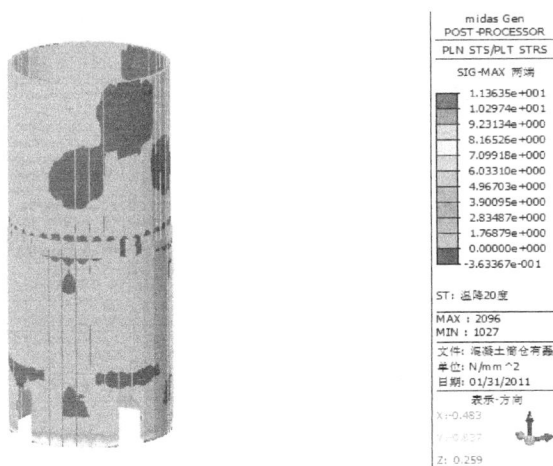

图 3-94　降温 20℃ 板顶、板底最大主应力

如图 3-94 所示，降温 20℃ 时，横活荷载和温度组合后最大主应力出现在底部外侧，最大的拉应力为 11.36MPa，此值乘以徐变应力松弛系数 0.3，大于混凝土的抗拉强度标准值，混凝土会开裂。

（2）升温 30℃ 板顶、板底最大主应力

如图 3-95 所示。

147

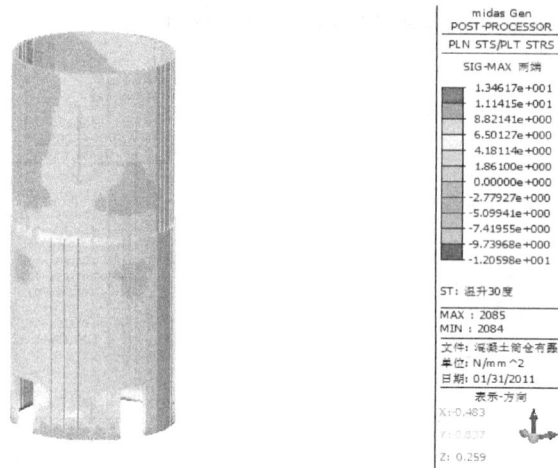

图 3-95 升温 30℃板顶、板底最大主应力

由图 3-95 可知，升温 30℃时，恒、活荷载和温度组合后最大主应力出现在底部内侧，最大的拉应力为 13.46MPa，此值乘以混凝土徐变应力松弛系数 0.3，大于混凝土的抗拉强度标准值，认为开裂。

（3）温差 50℃板顶、板底最大主应力

如图 3-96 所示。

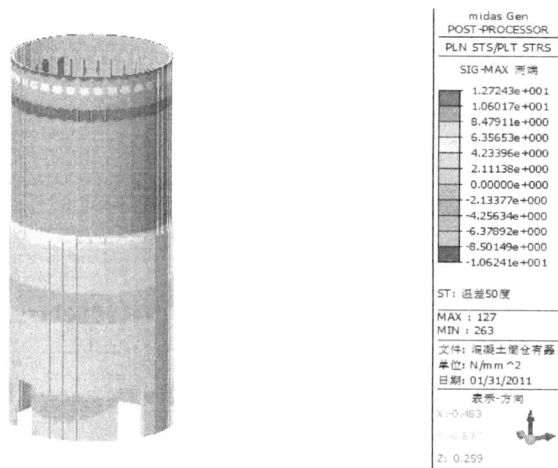

图 3-96 温差 50℃板顶、板底最大主应力

（4）温度作用 CBall von-mises 应力

如图 3-97 所示。

由图 3-97 可知，内外温差 50℃，恒活载和温度组合后仓内侧出现最大的拉应力为 40.8MPa，仓外出现最大拉应力，其值为 43.9MPa，大大超过了混凝土抗拉强度的标准值，可以考虑采用施加预应力来满足要求。

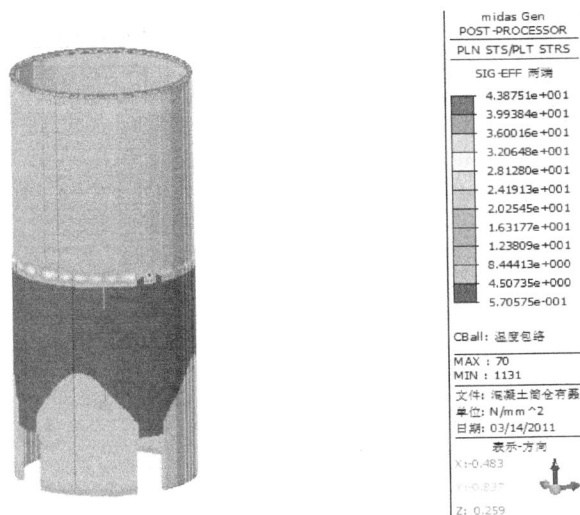

图 3-97 温度作用 CBall von-mises 应力

2. 配筋设计

1) 筒仓横向配筋设计与验算

仓壁横向配筋设计是筒仓设计最重要的部分之一，筒仓仓壁主要因贮料的压力荷载而产生较大的拉力，在设计时不仅要满足承载能力极限状态的验算，而且也要满足使用状态裂缝控制的要求。由于仓壁横向内力的特点，在具体的配筋设计时，可以按照高度把筒仓分为若干段，再取每段的单位内力最大值对每一段进行配筋。具体过程如下：

读取贮料压力下环向内力作为标准值，承载能力状态 CBall 内力作为设计值，配筋设计及验算过程如表 3-5 所示。

筒仓横向配筋设计及验算 表 3-5

环向拉力最大值(kN/m)	环向拉力包络值(kN/m)	计算配筋面积(mm²)	选筋		计算常数					裂缝宽度验算结果			
			直径(mm)	间距(mm)	实际钢筋面积(mm²)	筒壁厚度(mm)	保护层厚度(mm)	混凝土抗拉强度(MPa)	钢筋弹性模量(MPa)	受拉钢筋配筋率	受拉钢筋应力标准值(MPa)	裂缝不均匀系数	最大裂缝宽度(mm)
623	769	2564	20	180	3490.7	450	25	2.39	200000	0.78%	178.5	0.23	0.1148
330	330	1100	16	200	2010.6	450	25	2.39	200000	0.45%	164.1	0.20	0.0778
491	491	1637	18	200	2544.7	450	25	2.39	200000	0.57%	193.0	0.29	0.1471
695	695	2317	20	180	3490.7	450	25	2.39	200000	0.78%	199.1	0.32	0.1783
689	937	3124	20	150	4833.2	450	25	2.39	200000	1.07%	142.6	0.20	0.0799

2) 筒仓竖向配筋设计与截面验算

(1) CBall 板单元竖向内力 Fxx

如图 3-98 所示。

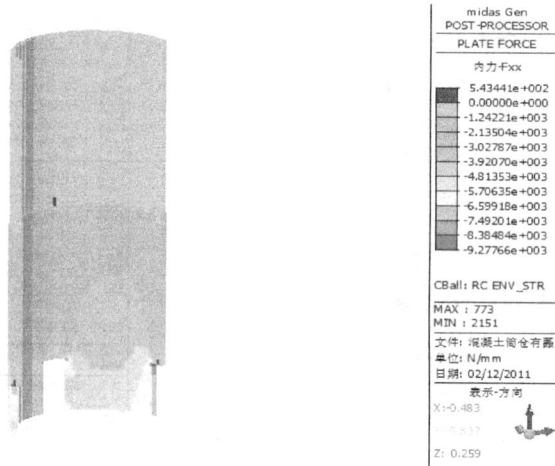

图 3-98 CBall 板单元竖向内力 Fxx

（2）CBall 板单元最小主应力（sig-min）云图

如图 3-99 所示。

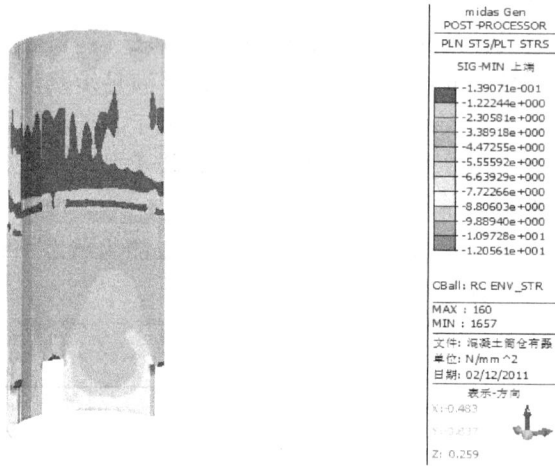

图 3-99 CBall 板单元最小主应力（sig-min）云图

（3）由上面 CBall 板单元竖向内力图可知，竖向压力基本在 9278kN/m 以下，9278/0.7＝13.25MPa，而板单元应力图表明最大压应力为 12MPa，截面完全符合设计要求。洞口角部位置出现应力集中，但最大值也不会超过 12000kN/m。

（4）CBall 弯曲内力 Mxx

如图 3-100 所示。

由图 3-100 可知，漏斗和筒壁交接处以及筒底处筒壁弯曲内力 Mxx 较大，最大值为 301kN·m/m；最后可以按偏压计算配筋，一般情况为构造配筋。

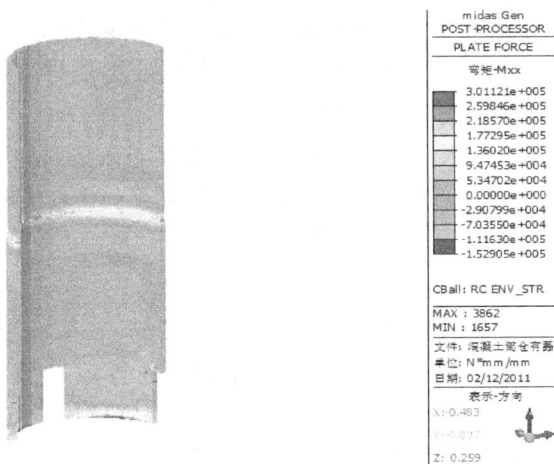

图 3-100　CBall 弯曲内力 Mxx

（5）温度作用 CBall 内力 Mxx

如图 3-101 所示。

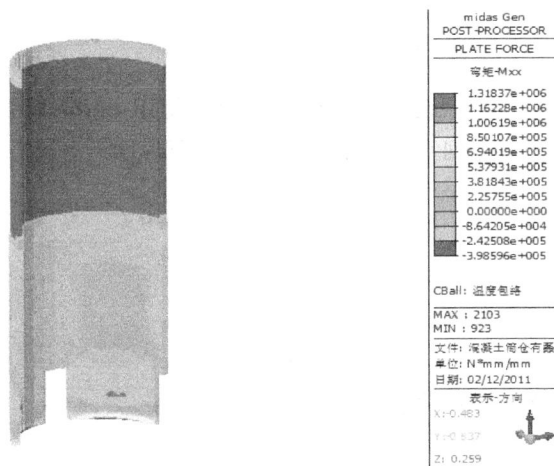

图 3-101　温度作用 CBall 内力 Mxx

3.5.4　注意事项

（1）由于此工程钢漏斗部分的设计单位与混凝土筒仓部分的不同，资料不够详细，因此在这里对钢漏斗作了简化，钢漏斗的位移和内力并非真实值，但这对筒仓壁板的设计影响不大。

（2）裂缝的计算可以采用《混凝土结构设计规范》（GB 50010—2010）计算，也可以参照美国《散装物料混凝土筒仓设计与施工实践标准》。

（3）midas Gen 当中，上部结构、底板及基础可以建立整体模型进行分析和设计，这里由于工程比较急，基础部分根据基地反力进行了粗略的设计。

（4）在筒壁与漏斗壁交接处加强一般可以根据规范进行构造。在 midas Gen 中，可以通过 midas FX+建立模型并进行漏斗钢板与筒壁连接处的详细细部分析，限于篇幅，在本例中省略这一过程。

（5）规范规定直径大于 15m 的圆形筒仓厚度应该按照抗裂计算确定。计算时初取 400mm，然后可以通过软件计算分析和 Excel 表格进行调整。

3.5.5　小结

通过一个常规筒仓的分析设计，初步展示了 midas Gen 进行该类结构分析设计的过程。midas Gen 和其他程序相比，进行该类分析的优势在于：①温度作用考虑全面，设计更为合理；②对不同材料结构可以进行整体建模分析，地震作用计算方便准确；③可以在整体分析中实现细部计算，从而对关键受力区域准确设计；④在程序中可以方便地实现预应力计算分析。

3.6　烟道分析与设计

3.6.1　概要

该例题通过一个钢烟道模型，详细介绍了使用 midas Gen 建立特构模型的步骤与方法，并就如何查看分析结果作了简要说明。

例题步骤如下：

（1）烟道资料；

（2）建立几何模型；

（3）添加边界条件；

（4）添加荷载；

（5）分析模型，添加荷载组合；

（6）查看烟道应力及变形。

3.6.2　烟道资料（数据仅供参考）

某矩形钢烟道，结构尺寸如图 3-102 所示。

分析设计符合《钢结构设计规范》（GB 50017—2003）。

3.6.3　建立几何模型

建立烟道的几何模型。

1：主菜单选择　**工具→单位体系**：设定单位

长度：m；力：kN。

2：主菜单选择　**模型→材料和截面特性→材料**：添加烟道材料

材料号：1；名称：Q235；规范：GB03（S）。

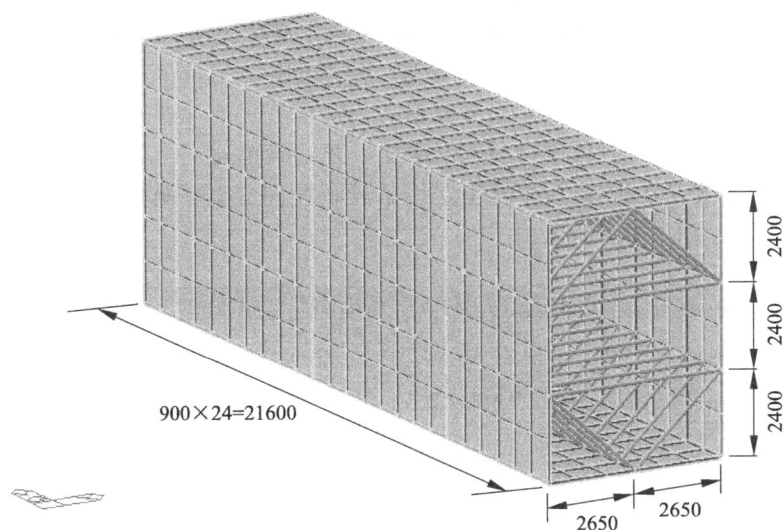

图 3-102　烟道模型

数据库：Q235；材料类型：各向同性。

3：主菜单选择　**模型→材料和截面特性→截面**：添加烟道构件截面，如图 3-103 所示。

截面号 1　槽钢 C126×53×5.5/9

截面号 2　圆管 P108×4

截面号 3　角钢 L100×10

截面号 4　扁钢 $b×h$：100×10

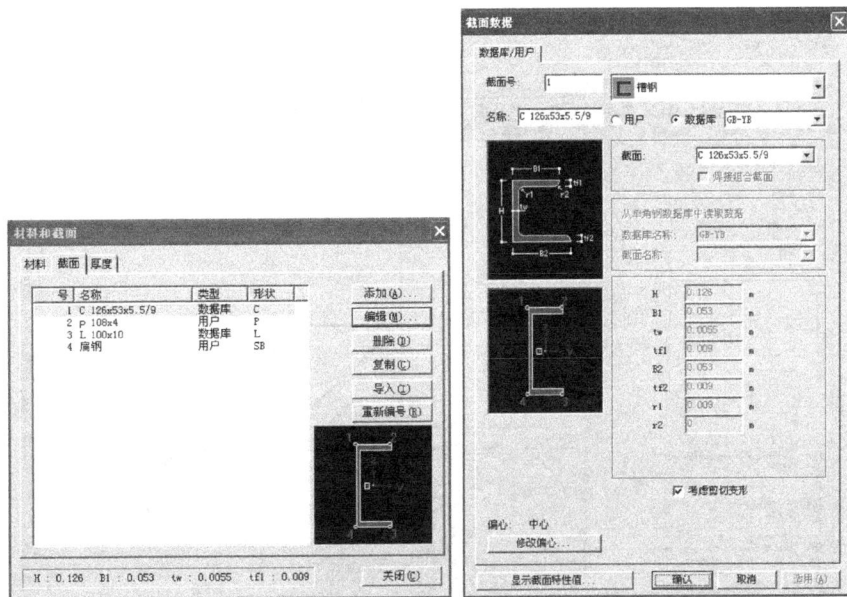

图 3-103　添加截面

153

4：主菜单选择 **模型→材料和截面特性→厚度**：添加烟道壁厚度

厚度号：1；厚度——面内和面外：0.005。

5：将视图设为顶视图，打开点格

6：主菜单选择 **模型→单元→建立**：建立梁单元

节点连接：在视图中直接建立线单元，按图 3-102 画出烟道正视形状，如图 3-104、图 3-105 所示。

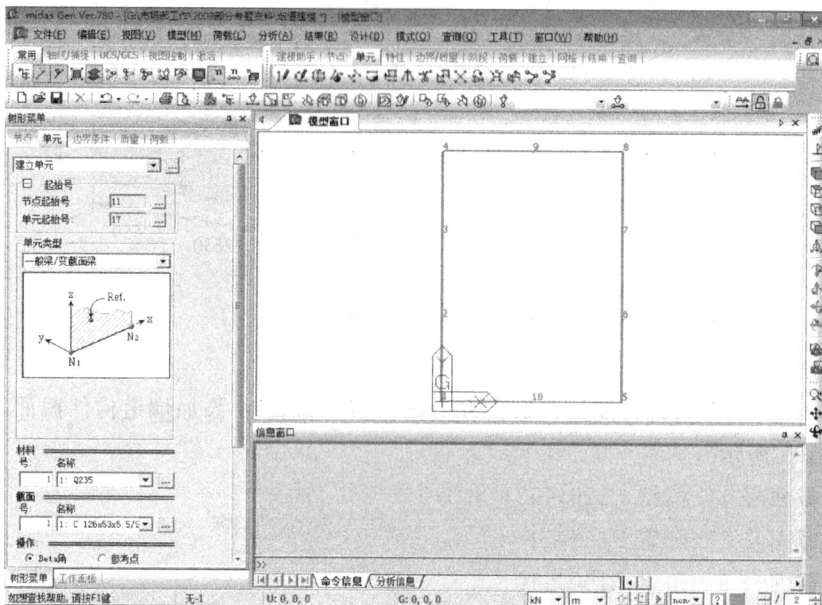

图 3-104 建立梁单元：C126×53×5.5/9

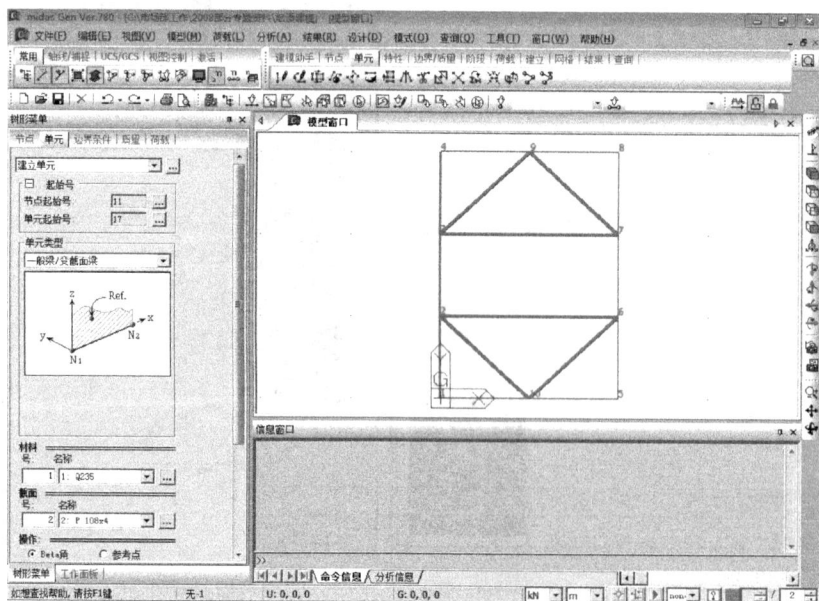

图 3-105 建立梁单元：P108×4

7：主菜单选择 **模型→单元→分割**：将截面为 C126×53×5.5/9 的杆件分割，上部及下部杆件 3 等分，两侧 2 等分，如图 3-106 所示。

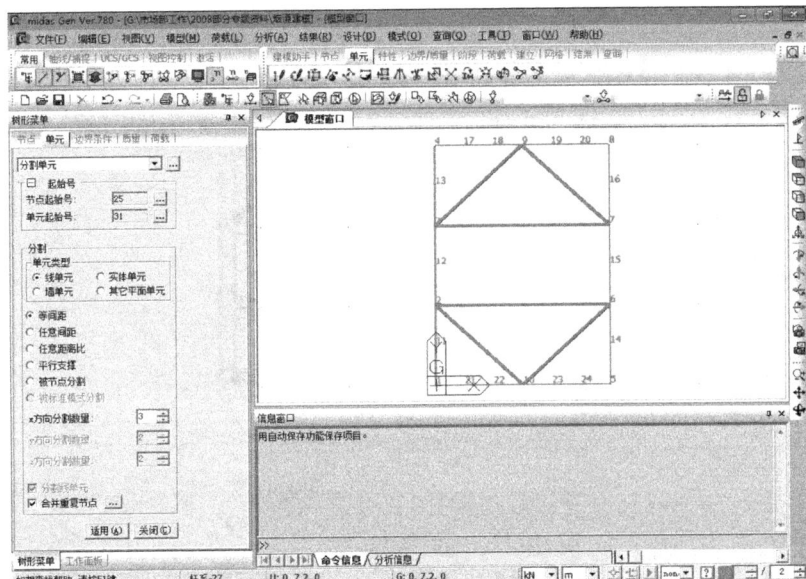

图 3-106 分割杆件 C126×53×5.5/9

8：主菜单选择 **模型→节点→旋转**：将刚刚所建的所有杆件旋转到 XZ 平面

形式：移动。

旋转角度：90°。

旋转轴：X 轴。

全部选择前面生成的节点，点击 适用(A) 旋转，如图 3-107 所示。

注：此处用旋转节点命令，使用旋转单元命令也可以，但原位置处节点会保留，还要再删除多余节点，增加了一步操作。

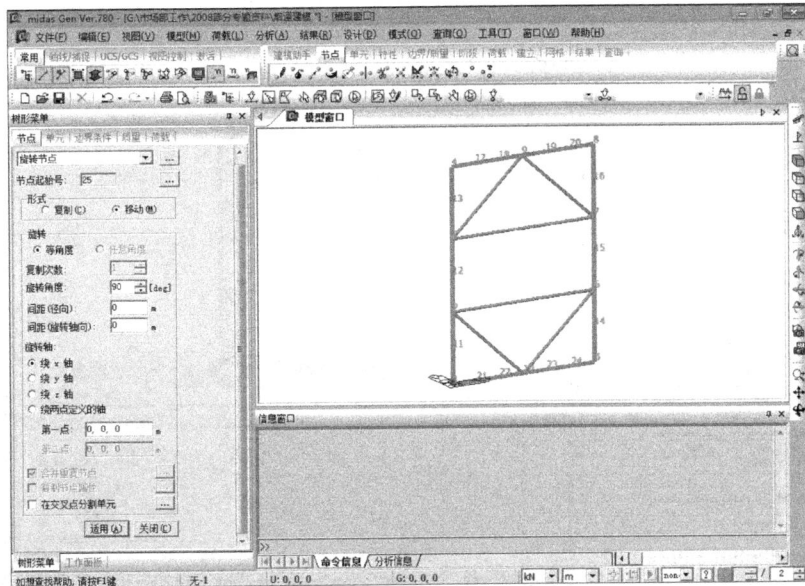

图 3-107 旋转到 XZ 平面

155

9：主菜单选择 **模型→单元→复制**；将所有构件向 Y 向复制，间距 0.9m，如图 3-108 所示。

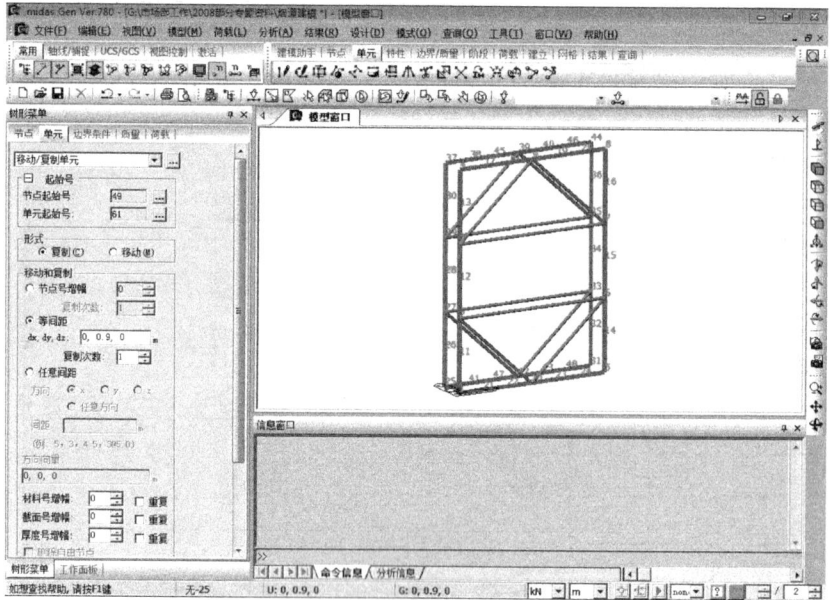

图 3-108 单元复制

10：主菜单选择 **模型→建立**：建立梁单元

截面号：3：L100×10。

分别连接四个角点位置的节点 1，25；4，37；8，44；5，31。如图 3-109 所示。

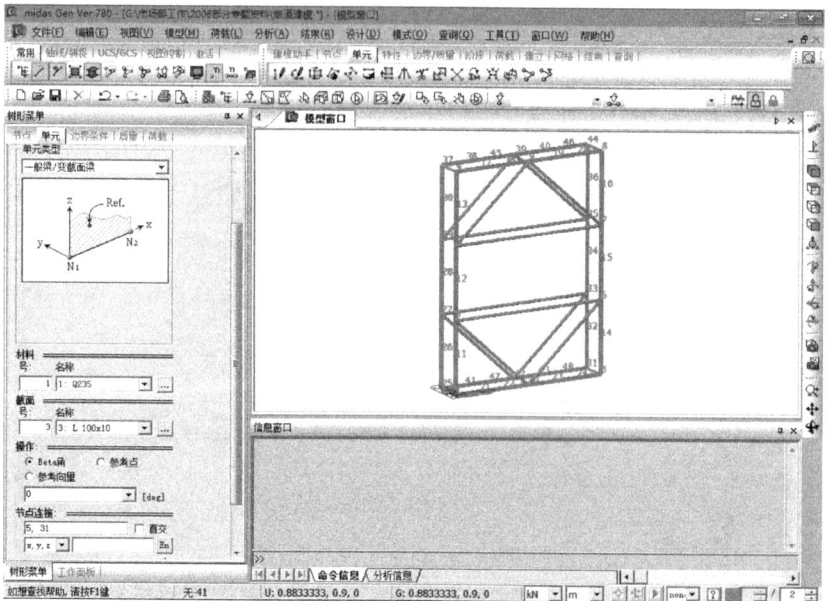

图 3-109 建立梁单元 L100×10

11：主菜单选择 **模型→单元→修改单元参数**：修改刚建立的角钢杆件的单元坐标轴方向，使角钢口都向内。

参数类型：单元坐标轴方向。

形式：Beta 角。

杆件 61：−90°；杆件 63：180°；杆件 64：90°；杆件 62：角钢口已经朝内，所以不用修改。如图 3-110 所示。

注："Beta 角"为单元摆放角度，默认的摆放方式为：1）优先将单元坐标系 z 轴与整体坐标系 Z 轴对齐；2）若 1）无法满足（如竖直摆放的单元），则优先将单元坐标系 y 轴与整体坐标系 Y 轴对齐。

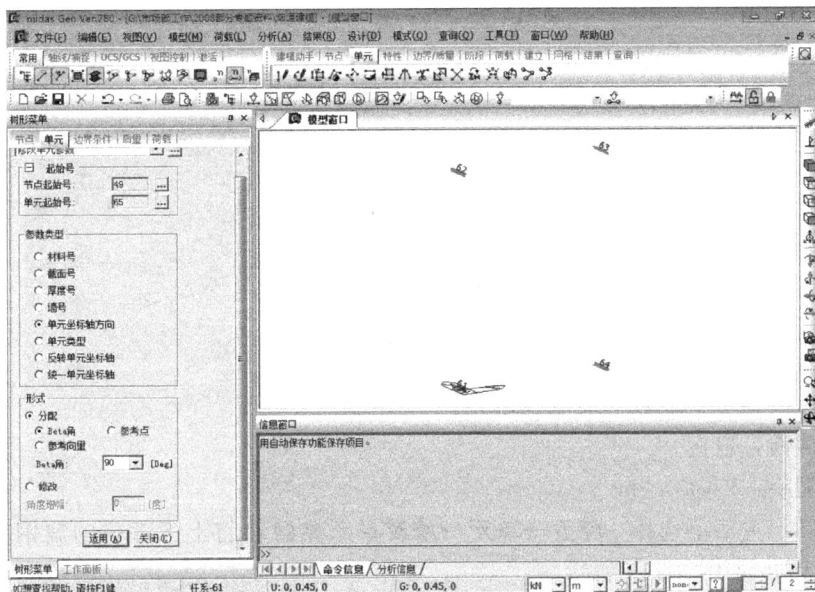

图 3-110 修改角钢 Beta 角

12：主菜单选择 **模型→单元→扩展单元**

如图 3-111、图 3-112 所示。

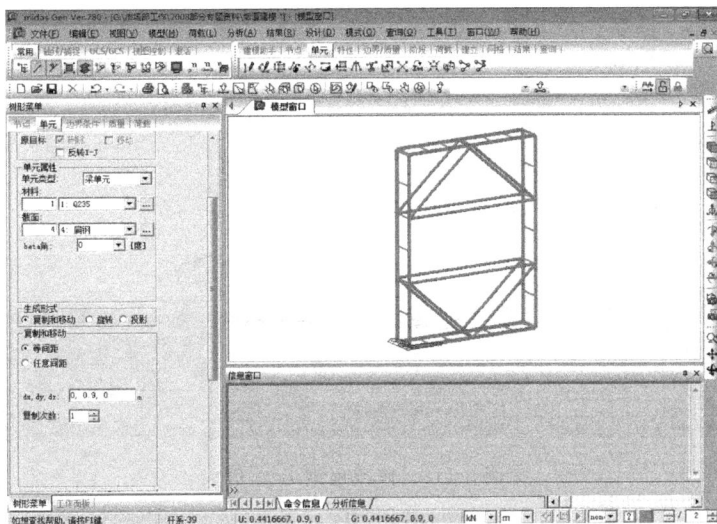

图 3-111 选择要扩展的节点

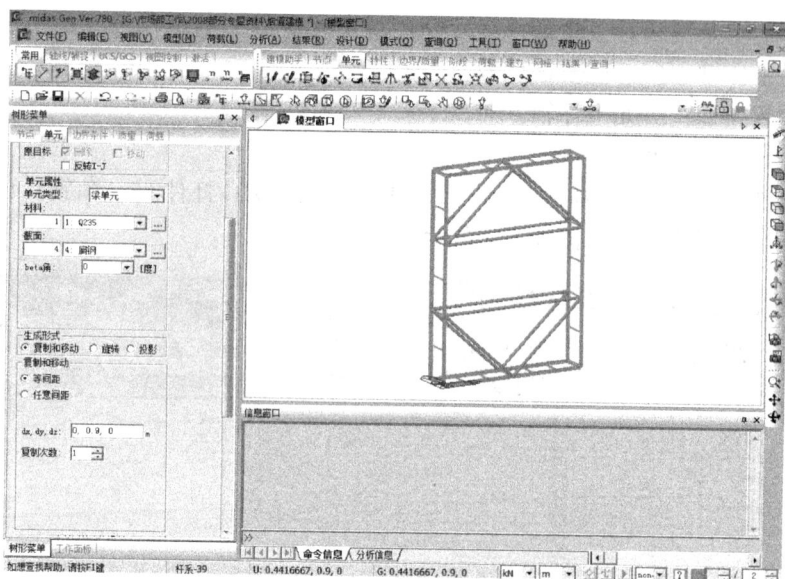

图 3-112 扩展单元——扁钢

扩展类型：节点扩展成线单元。

截面：扁钢。

间距：Y 向 0.9m。

13：主菜单选择 **模型→单元→修改单元参数**：将上下部位的扁钢 Beta 角改为 90°如图 3-113 所示。

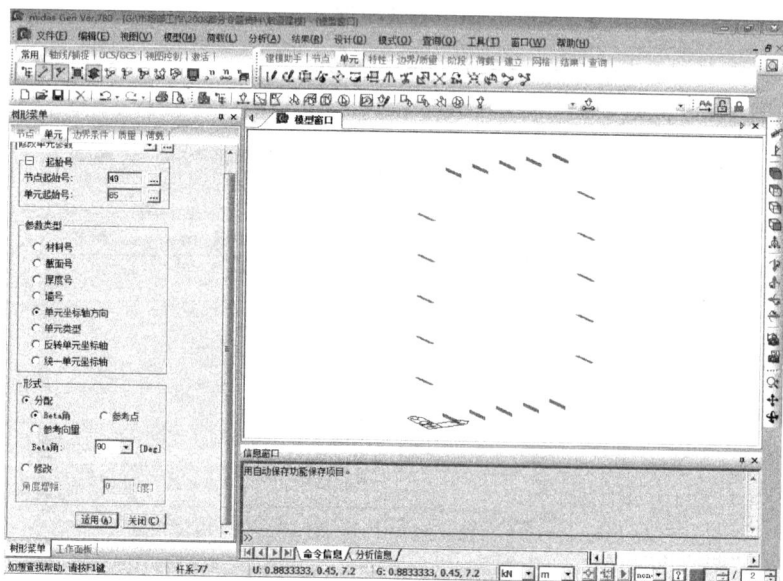

图 3-113 修改扁钢 Beta 角

14：主菜单选择 **模型→单元→扩展单元**：生成烟道壁板

如图 3-114、图 3-115 所示。

扩展类型：线单元扩展成面单元；目标：不删除。

厚度：0.005m；间距：Y 向 0.9m。

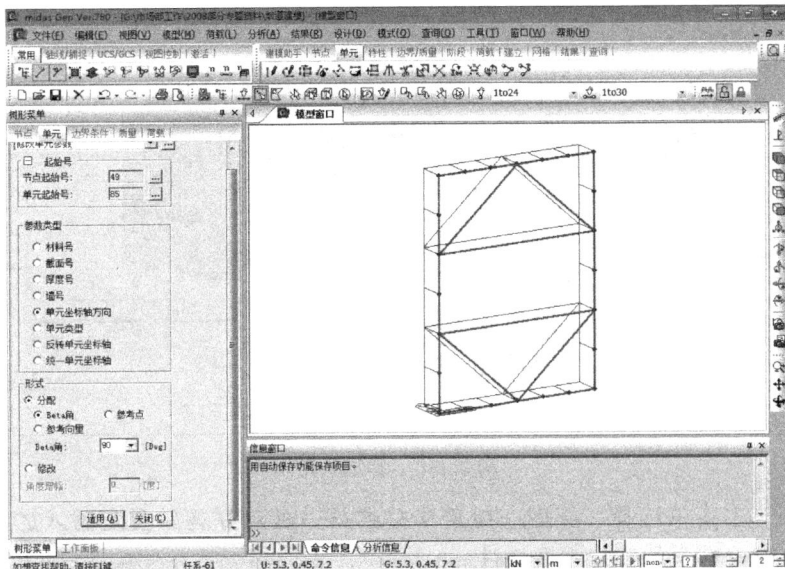

图 3-114　选择要扩展的线单元

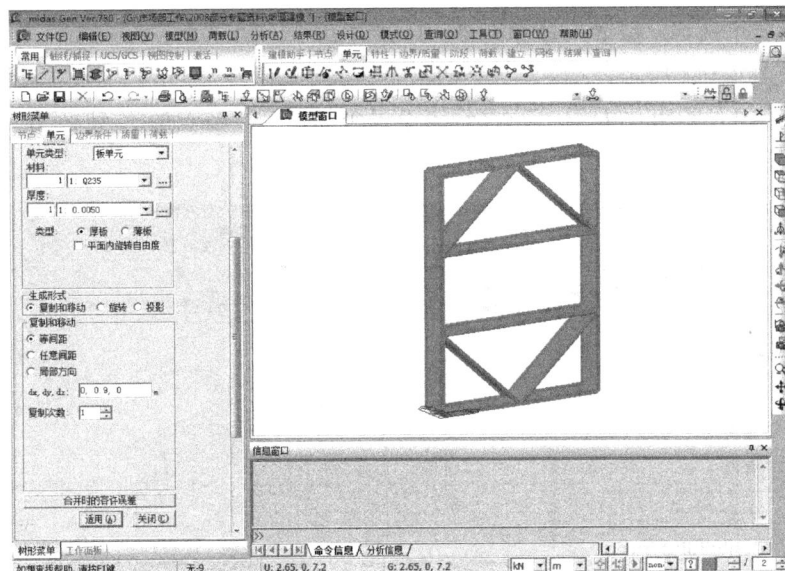

图 3-115　扩展单元

15：主菜单选择 **模型→单元→复制**

如图 3-116 所示。

间距：Y 向 0.9m。

复制次数：23。

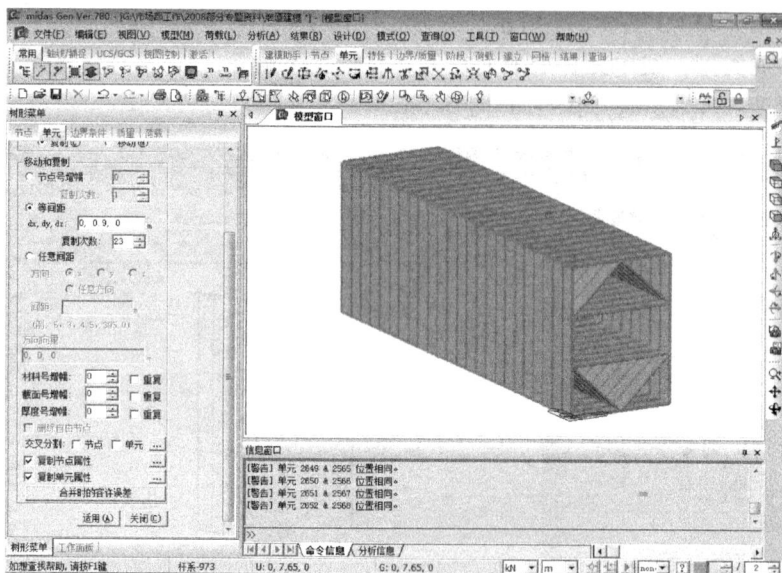

图 3-116　复制单元

注：本例荷载工况类型均使用"用户定义的荷载"，以便按照《给水排水工程构筑物结构设计规范》（GB 50069—2002）的规定来建立荷载组合。也可按情况定义成"恒荷载"、"活荷载"等类型，然后在生成荷载组合后修改相应组合系数。

16：主菜单选择　**模型→检查结构数据→检查并删除重复输入的单元**：删除复制时产生的重复多余杆件。

3.6.4　添加边界条件

主菜单选择　**模型→边界条件→一般支撑**

如图 3-117 所示。

节点 1：约束住 DX、DZ（约束全局坐标系下，节点的 X 和 Z 方向的平动约束）。

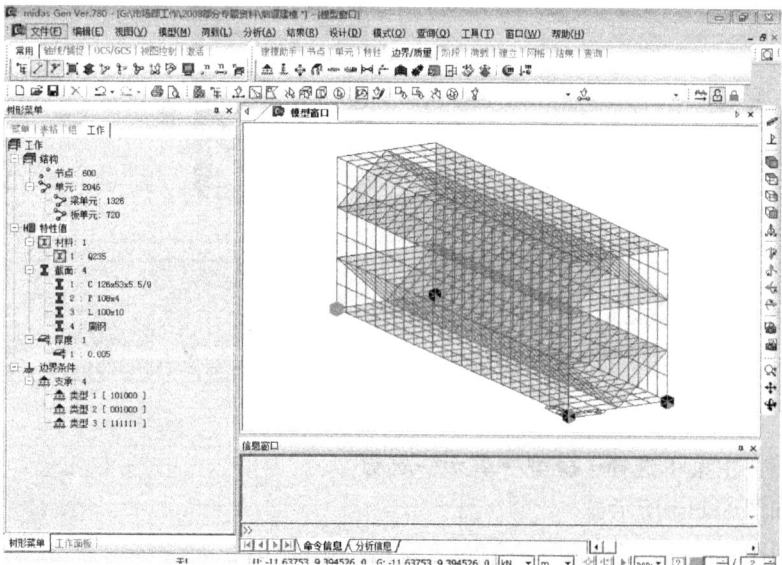

图 3-117　添加边界条件

节点 577：固结。

节点 583、5：只约束住 DZ。

3.6.5 添加荷载

添加烟道的荷载。

1：主菜单选择 *荷载→静力荷载工况*：建立荷载工况。

名称：积灰，类型：恒荷载，添加。

名称：风荷载，类型：风荷载，添加。

名称：雪荷载，类型：雪荷载，添加。

名称：内压，类型：恒荷载，添加。

2：主菜单选择 *荷载→压力荷载*：添加积灰荷载。

荷载工况名称：积灰。

荷载：$-12\mathrm{kN/m^2}$。

如图 3-118 所示。

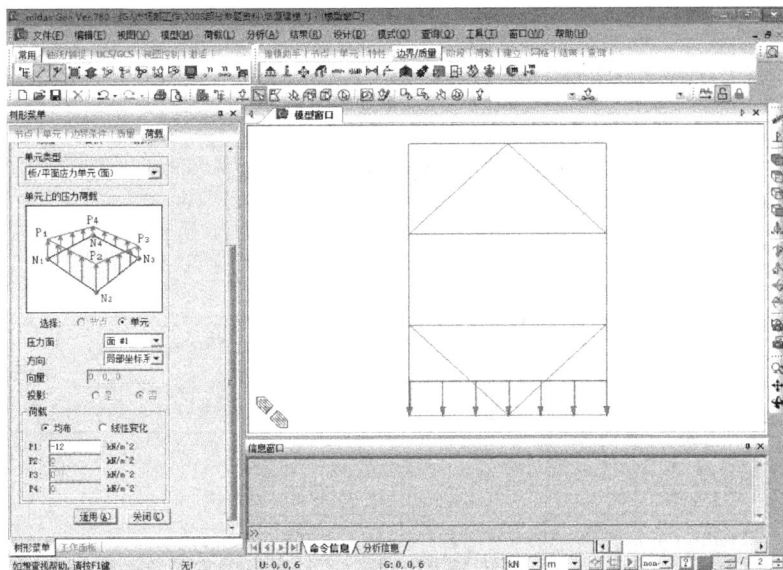

图 3-118　添加积灰荷载

3：主菜单选择 *荷载→压力荷载*：添加烟道风荷载。

荷载工况名称：风荷载。

选项：添加；单元类型：板/平面应力单元（面）。

方向：局部坐标系 z。

荷载：$0.28\mathrm{kN/m^2}$。

选择左侧烟道壁，点击 适用(A)。

荷载：$0.18\mathrm{kN/m^2}$。

选择右侧烟道壁，点击 适用(A) 。

如图 3-119 所示。

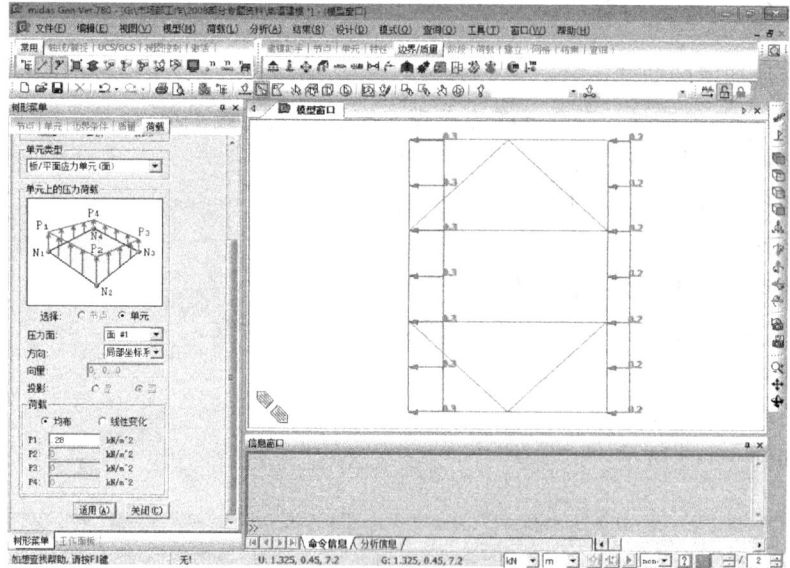

图 3-119　添加风荷载

4：主菜单选择 **荷载→压力荷载**：添加雪荷载。

荷载：-0.5kN/m²。

如图 3-120 所示。

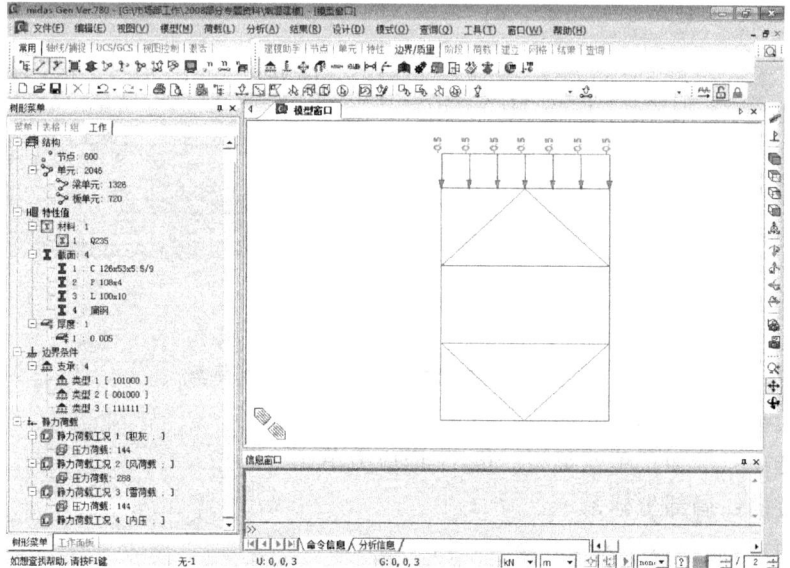

图 3-120　添加雪荷载

5：主菜单选择 **荷载→压力荷载**：添加内压

荷载：-2.0kN/m^2；2.0kN/m^2。

如图 3-121 所示。

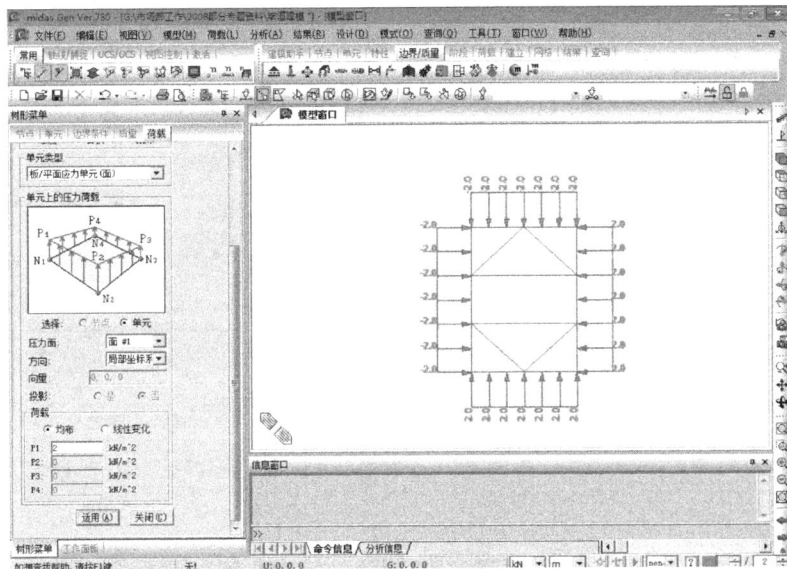

图 3-121　添加内压

3.6.6　分析模型，添加荷载组合

计算模型，按规范要求添加荷载组合。

1：主菜单选择 **分析→运行分析**：计算模型

2：主菜单选择 **结果→荷载组合**：添加荷载组合

规范：《钢结构设计规范》（GB 50017—2003）。

3.6.7　查看烟道应力及变形

烟道应力控制标准为：强度控制：容许应力小于 125MPa。

烟道刚度控制标准为：相对挠度小于 1/500。

1：主菜单选择 **结果→应力→梁单元应力**

荷载工况/荷载组合：CBmax：STL ENV_STR（查看应力的包络值）。

应力：组合应力；组合：最大值；显示选项：勾选"等值线"、"变形"、"图例"。如图 3-122 所示，可见最大应力为 117.8Mpa，小于 125MPa，满足要求。

2：主菜单选择 **结果→应力→板单元应力**

荷载工况/荷载组合：CBmax：STL ENV_STR（查看应力的包络值）。

应力：Sig_eff；显示选项：勾选"等值线"、"变形"、"图例"。

如图 3-123 所示，可见最大应力为 28MPa，小于 125MPa，满足要求。

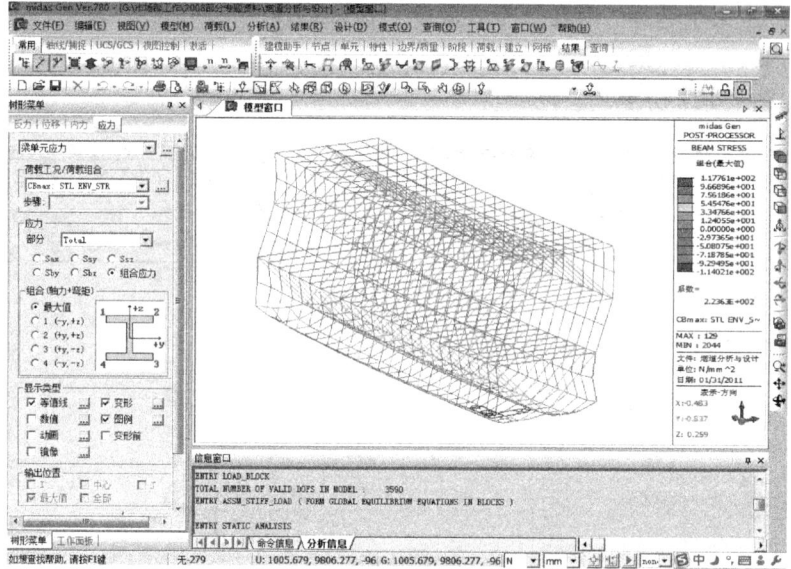

图 3-122　查看梁单元应力

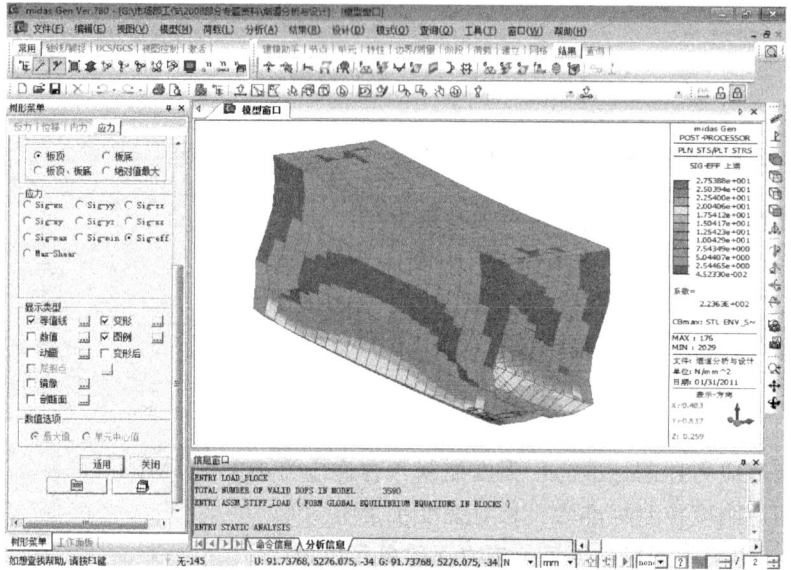

图 3-123　查看板单元应力

3：主菜单选择　**结果→位移→位移等值线**

荷载工况/荷载组合：CBmax：STL ENV_STR。

位移：DZ；显示选项：勾选"等值线"、"变形"、"数值"、"图例"。

如图 3-124 所示，可见最大相对位移 $4mm < \dfrac{L}{500} = \dfrac{21600}{500} = 43.2mm$，满足要求。

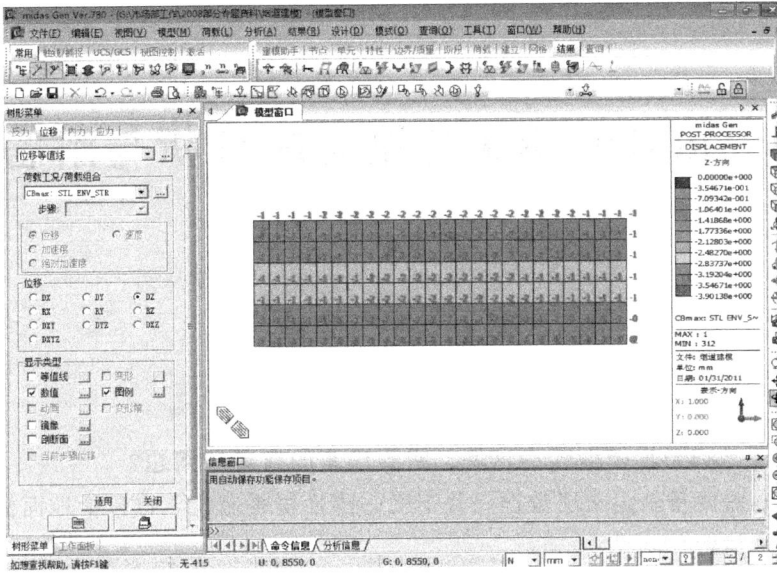

图 3-124　查看位移

4 midas Gen 常见问题分析与解答

4.1 建　　模

问：对于 SATWE 模型转换这块，需要注意的有哪些问题？

答：(1) 需要重新定义层数据，并定义好刚性楼板假定，也包括地面标高的指定；

(2) 需要对自重和质量进行定义；

(3) 风荷载及反应谱荷载没有导进来，需要在 midas 中重新定义；

(4) 地下室顶板处的约束条件需要按照 SATWE 中的定义进行约束；

(5) SATWE 勾选了考虑 P-delta 分析时，在 midas 中需要定义 P-delta 分析控制才能考虑 P-delta 效应；

(6) 在 PMCAD 中布置洞口时，对于连梁用梁单元建立模型，不要用洞口布置的方式，因为洞口导入不了；

(7) 如果材料容重不一致，可以对材料容重进行单独修改；

(8) 计算分析过程中，考虑梁刚度放大或折减时，需要在截面特性值系数里进行定义；

(9) 对于局部开洞或弹性楼板处，需要解除刚膜连接；

(10) 导入分析，比较 SATWE 的结构数据文件和 midas 的结构数据文件，查看质量是否一致，还有其他参数定义是否一致；

(11) 荷载导入的情况，一般来说除按照规范自动计算风、地震需要重新定义外，PKPM 的楼面荷载和节点、线荷载一般均能够以线荷载或节点集中力的方式导入；

(12) 导入过程中遇到问题，首先查看 midas 信息栏里面的提示，提示哪一行出现问题，然后对应去 mgt 文件中找出问题的部分，再想办法解决或给 midas 公司技术支持人员电话。

问：DXF 文件导入时，需要注意什么问题？

答：需要注意的问题如下：

(1) 可以选择想导入的图层，对于不想导入的图层在导入时就过滤掉；

(2) 注意单位，当单位不一致时可以通过放大系数进行控制，或者导入模型后通过调整节点距离中各方向系数进行控制；

(3) 对于定义为块的线或面，要打断，否则读取不了，可以在 CAD 中对模型进行反复炸开后再导入；

(4) CAD 建模有重复的线条时导入的模型有重复的单元，导入后我们利用 F12 键删除重复单元；

(5) 最后利用节点合并功能把 CAD 作图中有偏差的点合并；

(6) 在 CAD 中作图的每一个图层，导入 midas 后会作为一个结构组，这样会很方便我们修改模型，所以我们在 CAD 里建模时就应该有意的设定图层，以便于修改模型；

(7) 导入到 midas 中，线条默认为梁单元，面默认为板单元，如果为其他单元类型，要对单元类型进行编辑。

问：程序如何实现相似层，相同的楼层是否能修改一个就可以了？

答：midas 中没有相似层的概念，相似层是某些程序无法在三维空间建模，或者无法通过更便捷的方式操作的情况下提出的操作方式，在 Gen 中可以通过一些操作方便处理：

(1) 对于相似的楼层，建立一层，余下的利用复制的功能就可以了，包括楼面荷载信息；

(2) 利用 Excel 表格方便修改；

(3) 直接在三维视图中，利用俯视图，穿透选择的功能，将隶属于不同楼层的单元选中，一同编辑即可。

问：如果要考虑地下室的地基土与结构的相互作用，请问弹簧刚度怎样确定？

答：对于地下室的处理一般有两种比较简单的处理方法：一种就是不考虑土的侧限作用，也即仅考虑刚性楼板假定（如果按弹性楼板计算则建立弹性板），但是不在对临土节点进行约束；另外一种就是在顶板处对所有节点的 DX、DY、RZ 进行约束，同时不考虑刚性楼板假定；如果要考虑比较真实的土对结构的作用，那么可以考虑刚性楼板假定（或建立弹性板）的同时，对临土的所有节点加节点弹簧，弹簧刚度的取值和土的力学性质相关。

问：一柱托双梁，采用主从节点约束时，在从节点上加荷载，程序能否自动考虑扭转？

答：会考虑扭转，可以通过偏移距离控制扭矩大小。

问：我想在程序中通过修改数据库中的材料特性值来定义一种材料，能否实现？

答：例如想修改 C30 混凝土的部分参数，可先选择材料类型为混凝土，再选择一个规范，接着选择 C30，然后将规范改为"无"，就可以对 C30 混凝土的参数进行修改，而不用用户自己输入材料的每一个特性值参数了。

问：**不大明白在"模型/材料和截面特征/截面特征系数"中设定参数，比如"连梁刚度折减系数"和"梁设计弯矩增大系数"等应该怎么设定？**

答：在*"模型→材料和截面特征→截面特征系数"*中一般使用得较多的是设定梁的刚度放大或者折减系数，这时候对于需要放大或者折减的梁，要单独定义一个截面号，然后修改 Iyy（抗弯刚度），抗扭刚度则修改 Ixx。设计中，需要对一些梁的弯矩进行调幅的时候，选择要定义的梁，在*"设计→钢筋混凝土构件设计参数→编辑梁端负弯矩调幅系数"*里面进行设定。

问：**在建模中，设计的截面在 midas 截面库中没有，请问对于不规则的截面输入有什么方法？**

答：在"工具→截面特性值计算器"中计算截面的特性值后再导入到程序中。

问：**在删除部分截面号后，如何对截面的号数进行重新编号，使其连续？**

答：点击菜单*"模型→材料和截面特性→截面"*，点击"重新编号"按钮，选择需要重新编号的截面，定义好"开始号"及"增幅"，注意勾选上"修改单元截面号"，点击"重新编号"即可。

问：**如何施加偏心？**

答：midas 中设置偏心有两种方法，一种是在定义截面的时候用修改截面偏心功能，但是这种定义偏心的方式是对一种编号的截面都起作用的；另外一种定义偏心的方式是在边界条件里利用设置梁端刚域进行考虑，可以对各个构件定义三个方向上的偏心。

问：**剪力墙开洞后，定义的层是不是必须重新生成，且重新生成的层必须包含剪力墙开洞节点，否则不计算？**

答：midas 中剪力墙的上下节点处必须设层，否则程序不运行设计。一般情况下不建议用剪力墙开洞的方式，直接用梁单元建立连梁，对剪力墙剖分后，处理数据相对困难，定义也复杂得多。

问：**施工阶段分析时需要定义构件的初始材龄，其初始材龄的定义是什么，和材龄有何联系？再请问，混凝土湿重指的是浇筑时的重量，还是与自重的差值呢？**

答：初始材龄就是该单元被激活参与工作时的材龄。材龄则意义更广泛（初始材龄＋激活后的经过时间）。混凝土湿重是指混凝土浇筑时的重量。

问：计算时，一定需输入时间依存材料（徐变/收缩）和时间依存材料（抗压强度），程序才会考虑混凝土的收缩、徐变吗？若此项数据不填写，只定义施工阶段，程序是否计算收缩、徐变及强度随时间的变化？

答：计算收缩和徐变至少要定义一个施工阶段。但是如果没有输入时间依存材料，程序就不能计算收缩和徐变。

问：时间依存材料（抗压强度）输入时为何没有中国规范？

答：到目前为止，中国规范中没有明确给出强度发展函数。

问：平面内刚度和平面外刚度的区别是什么？

答：如抗压和抗拉刚度应属于平面内刚度，抗弯应属于平面外刚度。

问：定义板厚时，面内厚度与面外厚度是什么意思？程序计算自重时如何取值？

答：板的面内厚度是用来计算板的面内抗拉及抗压刚度的；面外厚度是用来计算板的面外抗弯刚度的。假设 N 为面内厚度，W 为面外厚度，程序计算自重时一般取用 N 值；当 $N=0$、$M>0$ 时，以 M 值计算自重。

问：静力弹塑性的模型，在修改保存后，再次打开的时候报错，无法打开模型，原因是什么？

答：如果模型中定义完 Pushover 的分析过程，只是在树形菜单里面删除 Pushover 荷载工况，铰特性值等参数，而保留有"分析控制数据"的"Pushover 的分析数据"，保存后的模型再次打开的时候，程序就会报错导致无法打开。

问：单向板导荷时，发现荷载导到短边上了，为什么？

答：midas 中，单向板导荷时并不是默认地将楼面荷载导到短跨方向的，当选择单向的分配模式时，则要选择相应的荷载角度（0°或 90°，将导到不同方向的边上），或者改变添加荷载时点击节点的顺序，也可起到调整加载边的效果。

问：弹性连接、节点弹性支承和一般弹性支承的区别是什么？

答：从使用上区别不是很大：
弹性连接中有一般弹簧、只受压弹簧、只受拉弹簧。建模时需要连接两点。一般弹性支承建模时也需要连接两点，用户可输入弹簧的刚度矩阵。

节点弹性支承可约束一个点的六个自由度。

问：如何定义非 *X*、*Y*、*Z* 轴方向的约束，比如在 *X*－*Z* 平面内，结点所受约束与 *X* 轴成 **45°**？

答：首先给节点定义节点局部坐标轴（在边界条件中），然后再定义约束，此时的约束将按节点局部坐标轴的方向约束节点。

问：模型的第二个施工阶段想要模拟 *X* 向滑动铰支座，但是出来的位移特别大，感觉支座没有起作用。

答：两个支座在 *X* 向都没有约束，所以可以滑动，导致位移特别大，应该把其中的一个 *X* 向也约束住，另外一个可以滑动，这样结果就正常了。

问：用截面特性工具做的截面如何导入模型？

答：用截面特性工具做好截面，并计算得到截面特性值，在添加截面时选择数值，将计算所得的截面特性值输入即可，导入的 SPC 截面只能参与分析，不能进行设计。

问：当一个节点存在不同的刚性连接时，应该怎么处理？

答：可设置成不同的刚性连接，但不可以重复约束相同的自由度。

问：剪力墙上有节点后，程序不能对剪力墙进行自动划分，带来很多不便，尤其是在导入 SATWE 程序的时候，由于各层的次梁布置不一样，往往会带来很多这样的节点。midas Gen 里面有没有办法可以比较方便地划分剪力墙？

答：暂时需要用户进行手动的划分。可以使用"*单元→分割*"来进行划分，"单元类型"选择"墙单元"。或者使用扩展功能来重新生成墙。

问：结构形式类似棱锥体，有斜柱，如何定义每层梁的节点位置？

答：最快的方式是用"*模型→结构建模助手→壳*"来建一个壳体，单独定义一个厚度，然后把该厚度的板删除，就留下所需的各层节点了。通过调整壳体分割参数 *m*、*n* 还可以得到各个梁节点。

层高相等的时候，可以直接将斜柱进行等分。或者可以使用程序右下角的"单元捕捉控制"，利用等分点功能。

如果节点不是很多，也可以使用"节点投影"功能：先在棱锥体的底部建一块板，然后复制到各层，点击"*节点→节点投影*"，选择"将节点投影在平面上"，选择某层的板作为基准平面，方向选择"任意方向"，以棱锥体的边作为方向向量，勾选"交叉分割杆系单元"，选择需要投影的节点，点击"适用"键即可。

问：在 midas Gen 中能否按设计人员的习惯建立轴线，并按轴线布置
构件？

答：可以在主菜单的*模型→栅格→定义轴线*中定义 X 和 Y 轴方向的轴线，然
后可在轴线上直接画单元（建立）。然后用单元扩展功能，由平面的节点
向下扩展为一层柱。然后在"*模型→建筑物数据→生成层数据*"中进行
楼层复制。但是我们建议使用建模助手来建立模型，这样更加快捷。

问：在"定义用户坐标系"对话框中，命名了用户坐标系，在"已命
名的 UCS"中，无论选择哪个"用户坐标系名称"，右边的"原点"
都是"0，0，0"，向量"*ux*"和"*uy*"都没有变化，是什么原因？

答：在定义好用户坐标系的参数后，先点击"适用"键，然后再点击"保
存当前 UCS"，则可以看到，原点和向量都会有变化了。

问：如何实现线单元的延长功能？

答：如果需要延伸到的地方没有节点，先设法复制或者投影节点来生成一个
节点，然后将需要延伸的节点移动到目标节点即可。

问：在弧形轴线上生成的矩形柱，其方向按整体坐标系布置，如何将其改
为按圆心方向布置（单元坐标轴 z 轴的方向指向圆心）？

答：使用修改单元参数来实现，具体操作如下：菜单"*模型→单元→修改单
元参数*"，"参数类型"选"单元坐标轴方向"，"形式"选择"参考点"，
选择圆弧的圆心，点击"适用"键即可。

问：在 midas Gen 中不能显示墙单元的局部坐标轴，这是什么原因？

答：在 Gen 中的墙单元必须与上下层相连，当生成层数据后即可显示墙单元
的局部坐标轴。墙单元的局部坐标轴与常规板单元不同，需要额外注意。

问：程序中结构层的定义是怎么样的，每层的柱、剪力墙的质量如何计算？

答：柱、剪力墙等是按上下各半层计算质量的。

问：如何由平面上的四条线单元来生成板单元？并删掉原来的线单元。

答：如果是矩形的，可以任意选择其中一根通过扩展来生成板，然后删除线
单元；如果是不规则的四边形，则只能通过"建立板单元"来建行。

问：需要旋转构件的 Beta 角，其方向是怎么定义的？

答：点击"*单元→修改单元参数*"，修改"单元坐标轴方向"，修改"Beta 角"，其中的角度是指构件的 Beta 角在整体坐标系中的角度，而不是指旋转构件所需的度数。

问：**在 midas Gen 中分割墙单元时，分割对话框的 x、y 方向与模型窗口中显示的局部坐标轴方向不一致？**

答：当用户先用板单元模拟剪力墙后，将板单元用修改单元参数命令修改为墙单元时，有时会出现此类现象。其原因是 Gen 中建立剪力墙单元时是由下层节点按逆时针方向建立的，而用户建立板单元时可随意建立，因此坐标轴可能与墙单元的不一致。用户可事先将板单元的坐标轴统一。

问：**板单元形状规则，但是无法改成剪力墙单元？**

答：是板单元的坐标轴问题，x 轴不在 $X-Y$ 平面内，无法转换，可以新建一个板单元，然后统一坐标轴，再进行转换。

问：**建楼板时，对板单元进行了分割，怎样才能快速分割和板相连的梁单元？**

答：若没有购买"网格自动划分"模块，则需要在分割板单元后，选择所有板边缘的节点，利用菜单"*模型→节点→投影*"的功能，"投影类型"选择"将节点投影在"，将节点投影到梁所在的平面，注意要勾选菜单的"分割交叉杆系单元"选项，这样就可以快速分割相邻的梁单元了。

若使用"网格自动划分"模块，在自动划分网格时，有一个默认的勾选项"分割原线单元"，程序会自动将原有的梁单元在分割点处划分。

问：**在建立层数据时如何使中间层节点不形成层数据？**

答：程序一般默认根据竖向节点的坐标生成各层及名称，你可以将不真实的层（层间节点生成的）移到左面去除，然后再形成层数据即可。

问：**在定义层数据时，输入的地面标高是起什么作用的？**

答：在"*模型→建筑物数据→控制数据*"中输入相应的地面标高，程序自动计算风荷载时，程序将自动判别地面标高以下的楼层不考虑风荷载作用，注意此功能不是用来定义地下室的。

此外，若不勾选"做特征值分析时，考虑地面以下质量"，则程序不会自动统计地面标高以下部分的质量数据。

问：**定义刚性楼板后，显示的楼面刚心在原点处是什么原因？**

答：原因是没有将结构自重转换为质量。具体操作如下："*模型→结构类型→将结构自重转换为质量*"。

问：在 midas Gen 中建立模型时，如何考虑楼板刚性及弹性问题？

答：刚性楼板是在"*模型→建筑物数据→层*"，在"楼板刚性楼板"一栏中选择"考虑"即可，程序默认为"考虑"，即所有楼层都按刚性板考虑；如果想解除某一层楼板的刚性，可在"楼板刚性楼板"一栏中选择"不考虑"，此时该层楼板按弹性板来考虑，需要设计者在该楼层建立楼板（用板单元建立）即可。

问：在 midas Gen 中建立模型时，如何考虑楼层问题？

答：步骤如下：

楼板的刚性效果是在"*模型→建筑物数据→层*"中点击"生成层数据"，程序将根据竖向节点的坐标生成各层及名称。您可以将不真实的层（层间节点生成的）移到左面去除（一些通用有限元软件中不提供该功能）。按确认后在表格中选择是否考虑刚性楼板效果。

楼板荷载的导入同 PKPM 一样，在"*荷载→分配楼面荷载*"中输入。

在这里多说一点。

在"*模型→建筑物数据→控制数据*"中输入相应的地面标高时，程序自动判别地面标高以下不考虑风荷载（一些通用有限元软件中不提供该功能）。

在"*模型→建筑物数据→控制数据*"中选择"各构件承担的层间剪力"，可输出各层中各构件承担的地震剪力。

问：在 midas Gen 中能否用板单元模拟剪力墙？用板单元和墙单元建模有何差异？

答：可以用板单元模拟剪力墙。midas Gen 的板单元可以考虑平面内及平面外刚度。当用板单元模拟墙时，需要将板单元细分，从理论上讲板单元分得越细越好（包括洞口周围），如果为了节省计算的时间和存储空间，可将板单元划分为 1～1.2m 的网格，精度应该可以了。洞口处可适当加密。

墙单元作为建筑结构上的分析单元，从理论上讲是由板单元拓展而成的，其分析精度未必比将板单元细分的结果要"好"，但分析时节省了大量时间，且后处理上可直接按规范输出配筋结果，因此在专业设计软件上被广泛使用。

用户在使用其他通用有限元软件时，可能会遇到没有墙单元的情况，这时可使用板单元模拟，只是要注意进行单元细分，某例题中细分与否层间位移误差达到 30%。

问：如何知道任意选择的模型部分中，墙、板和梁单元的数量各为多少？

答：选择好模型的单元后，会有亮显，在屏幕上点击鼠标右键，"*单元——单*

元详细表格"，使用表格来查看单元的数量。

问：程序中在定义好层数据后，如果对某些层高进行了改动，为什么在层
数据的表格里面无法自动体现？

答：改动层高之后，需要重新生成一次层的数据。

问：剪力墙无法进行细分，其大小对计算结果的精度是否有影响？

答：剪力墙可以细分，其大小对计算结果的精度有影响。

问：梁单元和墙单元能否直接连接，不作处理？

答：可以直接连接而不用处理，墙单元具有平面内和平面外刚度，梁单元与
墙单元连接默认为刚接。如果用板单元模拟墙，程序会根据板单元是否
考虑了平面内刚度，而采取刚接或者铰接。

问：在建立墙单元时，有膜和板的选择项，想请教这两个选项的区别？

答：膜没有平面外刚度，板具有平面内和平面外刚度。一般情况下选板。

问：高低跨两跨排架厂房，有吊车，屋面为钢屋架：①吊车荷载如何添
加；②低跨屋架与高跨柱之间如何建模？

答：（1）如果使用 midas Gen，可以在"*荷载→吊车荷载分析数据*"中进行
定义。如果使用的是 midas Civil，可自定义移动荷载，用影响线方
法分析。

（2）高跨柱牛腿可用一个外伸变截面悬臂梁模拟（也可以加一刚性连
接），在悬臂梁上做钢屋架，屋架与悬臂梁的连接可设置为铰接。
若希望对牛腿作详细分析，可以使用更高端的分析软件 midas FEA。

问：高低跨两跨排架厂房上下柱偏心如何解决？

答：在设定截面特性的时候定义"修改偏心"；或者在"*边界条件→设定梁端
部刚域*"中可设定三个方向的偏心量。

问：在梁单元中，有时为了简化计算，将桁架构件简化为无限刚度的梁，
此类构件如何模拟？

答：有几种方法：

（1）在"*材料和截面特性→截面特性值系数*"中直接调整构件刚度。

（2）在"*模型→边界条件→刚性连接*"中设置刚性连接。

（3）在"*模型→边界条件→弹性连接*"中选择"刚性"。

问：为什么无法合并单元及指定构件？

答：可能由以下几种原因引起：

（1）单元截面尺寸编号不同。

（2）单元的材料编号不同。

（3）单元的坐标轴方向不同。

问：**局部楼板为弹性楼板，在 midas Gen 中如何实现？**

答：可以利用"*边界条件*"中的"*解除刚膜连接*"功能实现。

问：**将板单元改成墙单元时，程序提示"几何形状"不正确是什么原因？**

答：应该注意以下几个方面问题：

（1）板单元上部或下部两节点的 Z 坐标是否一致，如果不一致或有高差时，不能转换成墙单元。

因为墙单元的上部及下部节点的 Z 坐标必须一致，有墙单元必须得定义楼层数据。

（2）注意一下板单元的坐标轴方向。

问：**高层建筑结构地下室部分建模时如何考虑？**

答：高层建筑地下室部分的建模有几种方法：

（1）约束地下室几层的水平位移，即地下室水平位移为 0，将地下室几层所有节点的 Dx、Dy 位移约束住。

（2）将地下室几层的侧墙节点加弹簧支撑或弹性连接，此时弹簧的刚度可取很大或按侧土的横向基床反力系数取用。

问：**转换梁上支撑两道剪力墙怎么建模？**

答：可以在转换梁两侧设两个节点，在节点上再建立两道剪力墙，同时将此两节点与对应的转换梁节点采用刚性连接（刚臂），注意将转换梁上的节点定义为"主节点"。

问：**一个柱子上设置两道平行的框架梁怎么建模？**

答：可以将一根梁设置在柱节点上，然后再设置一新节点，利用刚性连接功能，将此节点与柱头节点作刚性连接，再在此节点上建立另外一个框架梁。

问：**跨层转换梁的建模问题，即一根转换梁如何连接上下层楼板？**

答：可将转换梁用板单元来建模即可。

问：**对于有斜柱的结构个别层的层间位移没有输出的原因是什么？**

答：原因可能由于本层的节点与下一层没有对应的节点，一般是指同一杆件的上、下节点。

问：转换层结构分析建模时，需要注意哪些问题？

答： 需要注意：① 需将转换层的楼板刚性假定解除，否则转换梁分析完不会出现轴力，无法按偏心受拉构件进行配筋设计。

② 转换梁上部的墙单元或板单元需要细分，且转换梁也需要细分，满足位移协调条件。

问：midas Gen 能否计算箱基？

答： 使用 midas Gen 计算箱基的步骤如下：

（1）用板单元建立侧墙和底板、顶板，用梁单元模拟梁、柱。

（2）将土压力、核爆等荷载按压力荷载或流体压力荷载输入。

（3）如果考虑为弹性地基板，可在底板处加单向受压弹簧。

（4）分析后，使用"**结果→局部方向内力的合力**"功能或查看板单元内力时候使用"剖断线"功能，求出板单元的内力。

问：三角形板单元如何释放板端约束？如释放图中线 1 边的约束，板 2 如何处理？

答： 对于刚性板假定，实际上是对刚性层上所有节点的约束（水平向平动和面内转动），所以释放刚膜连接时，释放的也是节点约束，也即释放刚膜连接的节点不再受刚性板约束，其变形通过相连的梁单元或板单元再和整个刚性板进行协调，见下图 4-1。

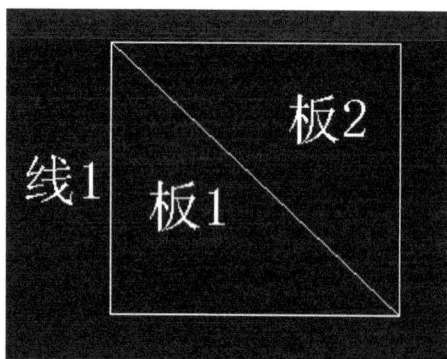

图 4-1　三角形板单元

问：PKPM 中刚性板及弹性楼板在 midas Gen 中如何实现？

答：（1）PKPM 中的"刚性楼板"即楼板面内无限刚，面外刚度为零。midas Gen 中只需在定义层数据时选择考虑刚性板即可。

（2）PKPM 中的"弹性板 6"即采用壳元真实计算楼板平面内和平面外的刚度。

midas Gen 中用板单元建立楼板，在定义板厚时真实输入板的面内和面外厚度。注意在定义层数据时应该选择不考虑刚性板。

（3）PKPM 中的"弹性板 3"即假定楼板平面内无限刚，楼板平面外刚度是真实的。

midas Gen 中用板单元建立楼板，在定义板厚时，输入平面内厚度为 0，平面外厚度为楼板真实厚度。注意在定义层数据的时候，应该选择考虑刚性板。

（4）PKPM 中的"弹性膜"即程序真实的计算楼板平面内刚度，楼板平面外刚度为零。

midas Gen 中用板单元建立楼板，在定义板厚时，输入板平面内厚度为实际厚度，平面外厚度为 0，定义层数据时选择不考虑刚性板。

问：使用转换 SATEW 程序，转换过程中程序说有错误，如何解决？

答：有"warning"的话，进行一些修改可以导入到 midas。有"error"的话，说明有些转换不了，这时候的解决办法：一般情况下是因为 SATWE 中定义有一些特殊的截面，midas Gen 程序无法认识，使用"**工具→MGT 命令窗口**"，打开转换后的 .mgt 文件，"向指定行移到"中输入有错误的行数，参考上下其他截面，修改有不一样的参数值。导入成功后再在 midas 里面修改截面特性。

问：转换 Staad 过来后和 midas Gen 的整体坐标轴不一致，如何使它们一致？

答：用旋转单元及节点来更改单元及其上的荷载都可以旋转过来。

问：如何将 SAP2000 V9 以上版本的文件导入到 midas Gen 中？

答：步骤如下：

（1）从 SAP 中导出 .s2k 文件，注意在弹出的对话框中勾选全部输出文本，单位最好使用 kN·m，或保证和后面 midas Gen 导入时一致。

（2）在 midas 中导入 SAP2000 V8 版本，会有警告，不用管它，打不开图形，但是有 mgt 文件（默认与 s2k 文件在同一个文件夹）。注意单位是否与导出 SAP2000 时一致。

（3）打开 mgt 文件，可以看到各个单元的截面类型和材料号都是 0，需要改变成 SAP2000 中构件截面的对应编号（只支持 1～999999 范围）。如：

* ELEMENT

; Elements；iEL，TYPE，iMAT，iPRO，iN1，iN2，ANGLE，iSUB，EXVAL

; Frame Element；iEL，TYPE，iMAT，iPRO，iN1，iN2，iN3，iN4，iSUB，iWID

; Planar Element；iEL，TYPE，iMAT，iPRO，iN1，iN2，iN3，iN4，iN5，iN6，iN7，iN8

; Solid Element；iEL，TYPE，iMAT，iPRO，iN1，iN2，REF，RPX，RPY，RPZ，iSUB，EXVAL

; Frame（Ref. Point）

1，BEAM，	0，	0，	37，	23，	0
2，BEAM，	0，	0，	38，	39，	0
3，BEAM，	0，	0，	40，	41，	0
4，BEAM，	0，	0，	5，	3，	0

(4) 从 SAP2000 中导出 Excel 文件，通过 Excel 表格将 mgt 中的各个单元的截面类型和材料号数据修改至 SAP2000 中对应的值。这一步可能会麻烦一点。

具体步骤如下：

① 从 Sap 中导出 Excel 表格，找到材料和截面栏目 Frame Props 01-General 中插入材料号和截面号的列并手动编号；在此基础上在 Frame Section Assignments 工作表中查找相应截面名称替换成 1，2，3，4……材料号，1，2，3，4……截面号。

② 从 mgt 文件中复制出 * ELEMENT 部分到新的 Excel 表格，将数据按逗号分列，然后把关于材料和截面的 0，0 栏用上步中的分析列和设计列的材料和截面编号覆盖，如下所示：

1 BEAM 1 12 37 23 0
2 BEAM 2 15 38 39 0
3 BEAM 1 14 40 41 0
4 BEAM 5 3 5 3 0

归并成 mgt 文档中需要处理格式的方法：此时在空白第二列输入公式 "＝A1&","" 就对应产生 "1,"，扩展应用之后产生的第一行为 1，BEAM，1，12，37，23，0（注：第一列需要有空白列，最后一列不需要加逗号，中间的逗号必须连着前面的数字才算分割），下拉应用到整个数据表产生整个 ELEMENT 表格粘贴回 mgt 文档中并保存（在 mgt 文件中如果还有 THICKNESS 等参数栏，应一并删除，按照类似的方法，修改板或者面截面的编号等），效果如下：

1，BEAM，	1，	12，	37，	23，	0
2，BEAM，	2，	15，	38，	39，	0
3，BEAM，	1，	14，	40，	41，	0
4，BEAM，	5，	3，	5，	3，	0

③ 记录 SAP2000 中的材料并按 1，2，3，4……编号，记录 Sap 中的截面按 1，2，3，4，5，6……编号。如材料 1. conc，2. steel；

截面 1. 200×600，2. 250×800（此步和上步有部分重复，但有时候顺序会有所变化）。对应打开一个新的 midas Gen 项目，对照 Sap 的材料参数编号去输入定义材料；对应 SAP2000 里的截面编号以及截面参数去输入定义截面。

（5）修改后的 mgt 文档就可以用 midas 打开了，Gen 中**工具→MGT命令窗口**，找到修改保存后的 mgt 文档，运行。通过树形菜单**工作→特性值→截面（材料）**，可以单独显示定义的材料和截面在立体图中的位置。未定义附加给模型的截面将反色显示。

注：此时应使用 MGT 窗口功能，而不能用文件—导入功能。前者将 Gen 中输入的材料、截面参数叠加到定义的编号中去，以实现正常的导入，而后者将重新导入 mgt 文档，此文档并没有定义材料和截面编号对应的数据，从而导致错误。

（6）可能反应谱的定义及荷载组合会有"error"，可以修改或者删除。

注：初步探索后觉得需要修改和检查的选项：

① 查看荷载。包括节点荷载、线荷载等。遇到疑问：节点荷载时有个模型发现集中力 Gen 里面是 SAP2000 里的刚好 4 倍，原因不详。而其他梁线荷载则正常，荷载工况名称能成功导入，但底部剪力法地震荷载需重新输入定义。风荷载因为无虚面或刚性隔板，所以都无显示。

② 结构类型和荷载转化成质量里特别要注意重力加速度的单位应为 9.806m/sec^2，有时候会有问题而导致模态计算失败，质量源程序能够正确地导入可无须修改。自重荷载工况名称可选取任一工况，仅仅是把自重附加到某一工况下去显示后续的内力（所以该工况最好能和模型上其他恒载使用的工况如 DL 叠加以查看恒载下的内力或配筋，或者另外定义一个 SELF 自重工况，专门考察构件的总体自重效应），而和计算周期结果无关，因为无论是否加自重设置，得到的周期结果都只与质量有关。而把荷载转换成质量则实在得考虑哪些荷载需要转换成质量，哪些不用。

③ SAP2000 中定义的荷载工况组合一般不会直接导入到 midas 中，所以如果是 SAP2000 中手动设置了荷载工况组合，在 midas 中需要同样去手动输入或者重新自动按照荷载规范去生成。

4.2　加　荷　载

问：对于地下水池，主动土压力荷载和被动土压力如何施加？

答： 对于主动土压力和被动土压力荷载，可以用流体压力荷载进行添加，只是在定义容重时，将土的容重乘以土压力荷载系数后输入。midas 中，荷载类型应该是一个广义的概念，比如楼面荷载并不是只可以在有楼层定义的位置添加，而是只要想按楼面导荷方式（如单向或双向）的任何位置都可以利用加楼面荷载导荷的方式。

问： 考虑行人对楼板振动的影响，行人荷载如何施加？如何考虑几个人活动对楼板振动的影响？

答： 行人荷载主要是考虑人在楼板上行走时的一个舒适度问题，可以在时程分析数据中定义步行荷载函数，多人行走时可以同时输入多个行人荷载。

问： 桁架单元施加风荷载时，是否可用虚面的方式而不是节点荷载，如何实现？

答： 可以加虚面导荷载。这里先对虚杆、虚面两个概念进行说明：在 midas 中我们所讲的虚杆、虚面的概念仅仅是一个"借用"的概念，midas 中所说的虚杆和虚面，主要是建立一个很小的截面（原则就是建立的虚杆和虚面的重量和刚度对整个结构的影响足够小），一般仅仅是为了导算荷载用的。建立这样的面单元后，选中这些板单元施加压力荷载就可以了。

问： 荷载质量的概念？

答： 当地震来临并作用在建筑物上时，楼层上的荷载也是由人或物体计算来的（比如地震来临时，家具摆放在楼板上，也是有质量的），这部分质量也是会参与地震作用的，所以有荷载质量的概念。

问： 程序能否只自动计算有刚性楼板假定的风荷载？

答： Gen 780 之前的版本是这样的，可以通过几种方法施加风荷载：

(1) 通过加虚面后通过压力荷载进行导荷的方法；

(2) 先按刚性楼板假定计算得到风荷载值，后面不考虑刚性楼板假定，同时将计算所得的风荷载值分配到该层的各个节点上。

Gen 780 之后的版本，即使非刚性板假定，程序也可以自动计算风荷载，只需勾选"*模型→建筑物数据→控制数据→对弹性板考虑风荷载和静力地震作用*"即可，需要注意的是，此处的"静力地震作用"指的是底部剪力法考虑地震作用。

问： 加楼面荷载时，加板面荷载的同时是否考虑楼板自重？

答： 如果建立了板单元，板面荷载可以施加压力荷载，同时也可以自动考虑板的自重，但是这里需要注意一个问题，包括板上压力荷载（包括板自重），其导荷方式与楼面荷载的导荷方式不同，楼面荷载有单向板和双向板之分，导到梁上为线荷载（单向为均布荷载，双向为三角形分布荷载），但是板上压力荷载是导到其组成节点上的，也就是说导的是节点荷载，传到梁上的是一系列的节点荷载（看板与梁的共节点数量），从这种意义上讲，对于楼面荷载，我们尽可能地用楼面荷载的加载方式，而不是板上压力荷载的类型。

当我们需要建立板单元时，对于楼板我们可以对其单独定义一种容重为0 的材料，而把其重量换算等效的楼面荷载加上就可以了。

问：关于荷载、荷载类型、荷载工况、荷载组合、荷载组的概念。

答：荷载：指某具体的荷载，如自重、节点荷载、梁单元荷载、预应力等。其特点是具有荷载大小和作用方向。

荷载类型：荷载所属的类型，如恒荷载类型、活荷载类型、预应力荷载类型等，该类型将用于自动生成荷载组合上，程序根据给荷载工况定义的荷载类型，自动赋予荷载安全系数后进行荷载组合。

荷载工况：是查看分析结果的最小荷载单位，也是荷载组合中最小的单位。一个荷载工况中可以有多个荷载，如同一荷载工况中可以有节点荷载、均布荷载等；一个荷载工况只能定义为一种荷载类型，如某荷载工况被定义为恒荷载后，不能再定义为活荷载；不同的荷载工况可以属于同一种荷载类型。

荷载组合：将荷载工况按一定的系数组合起来，也是查看分析结果的单位。在 midas 软件中，当模型中无非线性单元，且所作分析为线性分析时，荷载组合可在后处理中进行，即运行分析后再作组合。当模型中有非线性单元，程序作非线性分析时，需在分析前建立荷载组合，然后将其定义为一个新的荷载工况后再作分析。

荷载组：荷载组的概念仅使用于施工阶段分析中。在作施工阶段分析时，某一施工阶段上的荷载均被定义为一个荷载组，施工阶段中荷载的变化，均是以组为单位进行变化的。

概念图见图 4-2、图 4-3。

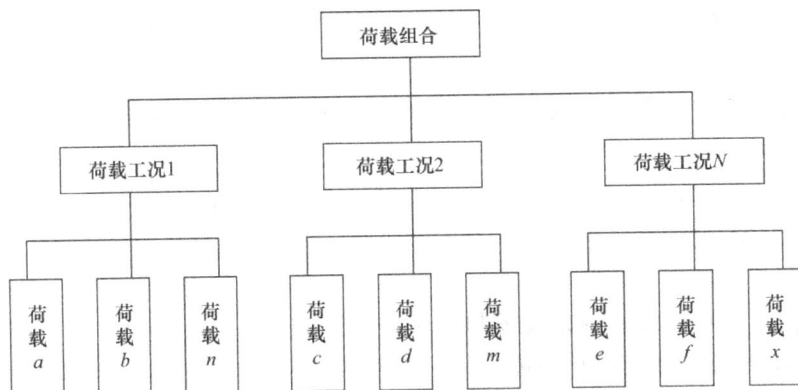

注：a、b、n 的荷载工况相同，c、d、m 的荷载工况相同，e、f、x 的荷载工况相同。
荷载工况 1、荷载工况 2、荷载工况 N 的荷载类型可以相同，也可以不相同。

图 4-2　非施工阶段分析时

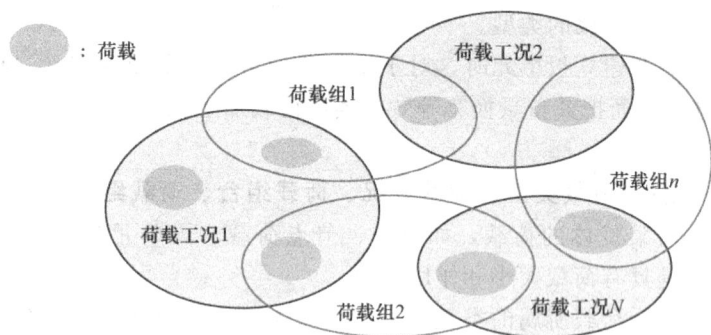

图 4-3 施工阶段分析时

问：如何修改删除楼面荷载？

答：方法一：在树形菜单中选择"**表格→结构表格→静力荷载→楼面荷载**"，在表格中查看"加载范围节点"，如有重复，可删除其一。

方法二：在原位置添加一个大小相等、方向相反的楼面荷载。

问：在预应力筋输入时，样条输入法中，Fix（固定）的意义？

答：要固定样条在这些点的切向角度，因为一般情况下用户知道钢束两端的布置角度，所以可通过输入角度控制样条的形状。在 CAD 上用 Pline 命令绘制样条曲线，就可明白 Fix 的含义。

问：在定义钢束形状里面，钢束该以样条法输入还是圆弧输入？

答：按国内习惯，一般采用"圆弧"方法。

问："添加→编辑钢束形状"时，钢束形状有直线、曲线、单元，有何区别？

答：使用"单元"方法，当用户移动单元或节点时，钢束也随之移动。

问：在计算梁截面温度荷载时，得到的温度应力是温度自应力还是温度次应力，或是二者之和？能否分别输出二者？

答：是二者之和。不能分别输出。实际上对静定结构，输出的就是所谓的温度自应力。

问：非施工阶段分析中，收缩和徐变的计算。

答：目前版本中不支持该功能，但用户可建立一个施工阶段，将施工阶段持续时间定义为 1500 天，即可查看收缩和徐变。但需要将该施工阶段内分割成 5 个子步骤，以便于准确反映老化效果。

问：定义地震作用时，有两个放大系数，两者是什么关系？最终地震作用

取值如何？

答：在定义反应谱函数中的放大系数时将放大任意方向的地震作用，而定义地震作用工况中的荷载数据的放大系数只放大定义的地震作用方向上的地震作用，两个系数相乘作为最终的放大系数。

问：工程中需要作竖向静力弹塑性分析的话，可以通过修改系数来调整竖向地震作用，是不是应该理解为在作竖向地震分析时，竖向地震力＝该系数×重力荷载代表值？

答：是的。

问：对于梁单元，初始的轴力、剪力和弯矩如何施加？

答：对于线性分析，可以通过 *"荷载→初始荷载→小位移"* 进行添加，具体有两种方式：一种是按荷载工况加，也就是把一种或几种荷载工况下的计算结果作为初始单元内力；另外一种方法则直接通过初始单元内力进行添加。对于非线性分析，目前剪力和弯矩还不能施加。

问：反应谱分析后，设计时为什么还要定义抗震设防烈度等参数？

答：前面定义的反应谱分析等数据仅仅用于分析，设计所需要的参数都需要重新定义，也就是分析和设计是分开进行的。

问：收缩和徐变曲线中开始加载时间、结束加载时间、开始收缩时的混凝土材龄三者的意义。

答：开始加载时间、结束加载时间没有实际意义，仅用于图形显示范围。当开始加载时间不变、仅修改结束加载时间时，图形上开始加载时间位置数值发生变化的原因为左侧表格中的第一个起始数据为"开始加载时间＋(结束加载时间－开始加载时间)/步骤数"。

"开始收缩时的混凝土材龄"表示从开始浇筑混凝土到拆模板后混凝土开始接触大气的时间。需要注意的是，施工阶段分析时需要定义构件的初始材龄，开始收缩时的混凝土材龄不应大于该构件的初始材龄。

问：地震反应谱计算时模态数量如何选择？

答：规范规定反应谱分析中振型参与质量应达到 90％ 以上，在 midas 软件中的菜单 *"结果→分析结果表格→周期与振型"* 中提供振型参与质量信息。在分析结束后，用户应确认振型参与质量是否达到了 90％，当没有达到 90％ 时，应在 *"分析→特征值分析控制"* 中增加模态数量。

问：菜单 *"荷载→初始荷载→小位移→初始单元内力"*，表格的"类型"里面，E-link 和 G-link 什么意思？

答：E-lilnk 是弹性连接，G-link 是一般连接。

问：**钢网架中，一个大的三角形网格平面内又有很多小的三角形网格，能不能只在每个大三角形上分配楼面荷载，然后自动分配在这个大三角形内的小三角形上呢？**

答：对于不规则的多边形，按照长度或面积分的时候是不可以的，可以考虑在 CAD 里建模时就把虚面加上，导入模型后用加压力荷载的方式进行导荷更为方便。

问：**怎样把 midas 地震波数据库以外的地震动记录输入到程序中？**

答：步骤如下：

第一步：找到 midas 的安装目录下的 Dbase 文件夹（一般是 C:\Program Files\midas\midas Gen\Dbase），从文件夹中找一个地震波文件（＊.dbs 文件），按其格式输入需要的地震动记录的数据，将其另存为 .dbs 的文件。

第二步：midas Gen 软件里点击菜单 **"工具→地震波数据生成器"**，选 "Generate/Earthquake Record"，点击 "Import"，打开保存后的 .dbs 的文件，出现地震动的图形，将其保存为 .sgs 文件。

第三步：在 midas Gen 软件里点击菜单 "荷载/时程分析数据/时程荷载函数"，点击 "添加时程函数"，点击 "导入"，打开保存后的 .sgs 文件即可。

问：**多塔结构，想让一个塔向 *X* 轴正向偏心，另外一个塔向 *X* 轴负向偏心，怎么实现？**

答：可以手动设置，*"荷载→反应谱分析数据→反应谱荷载工况"*，勾选 "偶然偏心"，点击其右边的按钮，在弹出的 "反应谱分析偶然偏心" 里面使用 "用户定义" 即可收到设置偏心的数据。

问：**工字形载面的梁上如何输入和截面的主轴有角度的斜向荷载？**

答：这种荷载程序不能按斜向荷载输入，只能将此荷载分解成垂直与水平荷载输入。

问：**"荷载→分配楼面荷载" 的 "假想次梁"，考虑次梁重量有什么作用？**

答：可以不用布置次梁而直接输入次梁的荷载。因为次梁在整体分析时对分析结果影响不大，所以在建模时可以不用建立次梁，但实际结构中，次梁分配给主梁的一般是集中荷载，应用此功能可以实现这样的荷载传递。

问：**实体单元如何定义温度梯度？**

答：给实体各节点以不同的温度荷载。

问：**定义层数据里的偶然偏心和反应谱工况里的偶然偏心有什么不同？**

答：定义层数据里的偶然偏心对应的是底部剪力法，反应谱工况里的偶然偏心是对应反应谱法的，如果反应谱分析时需要考虑偶然偏心，则需要在定义反应谱工况的时候勾选上。

4.3 分 析

问：**结果中应力结果与截面验算应力结果不同，是否因为构造要求不同？**

答：结果中的应力值是按荷载工况计算所得的真实的应力值，而截面采用的验算应力值都是考虑了规范中各种调整系数后的应力值。

问：**计算的时候报错，节点歧异并且弹出报错对话框，出现警告说结构的周期大于 6s。**

答：原因一：发生局部振动，主要原因为局部约束不足。

原因二：质量过大，通常为添加荷载时选错单位，将 kN/m 误写位 kN/mm，进而荷载转换为质量时质量超过常规。

原因三：结构确为自振周期超过 6s，可以在定义反应谱曲线时，将"最大周期值"填写较大的数值即可。

问：**转换梁可以用梁单元、板单元和实体单元进行模拟，各有什么优缺点？各有什么适用范围？**

答：对于转换梁模拟选择单元，三种单元的主要差别是在前处理上，用梁单元模拟建立模型最简单，但是结果也相对最粗糙，实体单元模拟的结果精度高，当仅仅是要考虑结构的整体反应，比如层位移、层剪力和层间位移角等，用梁单元模拟的结果精度就能够满足要求。对于比较规则的转换结构（上部剪力墙或柱落在转换梁上），用板单元就能得到比较精确的结果。而对于不太规则的转换结构，如上部墙呈 L 形或十字形，这种情况下如果想得到转换梁的内力结果，用实体单元模拟会得到更精确的结果。

问：**转换 PKPM 文件时，板、梁和柱重叠处质量如何考虑？程序能否自动扣除重叠处的多余质量？**

答：一般情况下，没有扣除重叠部分的质量，但是当在边界条件中设置了刚域效果时，会自动扣除重叠部分的质量。

问：**如何考虑二阶效应？**

答：midas 中多处有考虑 P-Delta 的选项，作几何非线性分析时，可以进行勾选。在一般高层或超高层结构中进行分析，如果要考虑 P-Delta 效应，必须进行分析控制的定义：在"*分析→P-Delta 分析控制*"中，对控制参数和分析的竖向荷载组合进行定义。

问：**线性屈曲分析中，对于可变荷载和不变荷载，改变可变荷载的值，计算结果是否有影响？**

答：midas 中的屈曲分析是线性屈曲分析，计算分析所得的结果是得到屈曲荷载（通过计算屈曲荷载系数后再计算得到），这样，计算结果只和最终状态有关，因为结构本身确定后，屈曲模态和屈曲荷载一定，所以改变可变荷载值只会得到不同的屈曲荷载系数，但是最终得到的屈曲模态和屈曲荷载都是相同的。因此，在实际分析中，我们施加单位的可变荷载值分析就可以了。

问：**由于剪力墙必须落在层上，如果实际工程总是用梁刚节点模拟墙的开洞，当梁截面很高时，墙与连梁的应力扩散是否会协调？**

答：一般的工程中，连梁直接用梁单元模拟就可以满足工程精度要求，这样对局部连梁的内力会有影响，但是对整个结构的反应影响不大。如果截面很大且要考虑连梁的内力结果，可以用板单元分析，这样可以划分网格而不定义层数据。

问：**计算楼板应力总是局部应力很大，如何处理？**

答：用板单元模拟楼板时，分析的结果精度和网格密度及质量有很大的关系，因此在划分较细网格的同时，应让每个网格的形状尽量规整，以避免网格的角度太过尖锐。

问：**模型分析发生歧异时，如何快速查找模型问题？**

答：注意检查下面几项内容：

（1）有重复节点、单元，未分割单元的节点（自由节点），可通过"收缩单元"功能来查看；或者用显示单元号和节点号，看是否有重复的单元号和节点号。

（2）如果两个桁架单元交叉分割形成了节点，此节点又不在梁单元或其他单元上时，此时的结构为几何可变体，容易产生歧异。解决办法可以通过"合并单元"的功能，将交叉位置断开的单元合并成一个单元。

（3）可以单独看自重下的计算结果，挑选出位移异常的部分。

问：**如何计算结构的自振周期？**

答：首先要在菜单"*模型→结构类型*"中选择将结构的自重转换为质量，其次在"*模型→质量→将荷载转换为质量*"中，将恒载及活载转换为质量，然后在"*分析→特征值分析控制*"中输入相应的数据。

问：**组合结构作反应谱分析时，不同材料的阻尼比是如何考虑的？**

答：需要明白一个概念，同样的一个结构阻尼比小时，结构的地震反应强烈，地震力大；阻尼比大时，结构的地震反应比较弱，地震力小，阻尼比直接影响地震影响系数。如果对于钢结构与混凝土的组合结构用一个阻尼比计算结构的地震作用，从理论上理解是不正确的，midas 可以考虑不同材料不同的阻尼比，即"组阻尼"的概念，这样分析时根据每个振型振动趋势的不同，分别计算各振型的阻尼比，进而计算各振型的地震作用，与理论结果比较吻合。注意：定义了"组阻尼比"时，阻尼的计算方法一定要选择"应变能因子"的方法。

问：**怎样在振型分析中考虑索初始张拉力的钢化效应？**

答：对于索结构或张悬梁结构中，定义的只受拉索单元并不能进行特征值分析，因为其只能定义在几何非线性分析中。如要进行特征值分析，那么要将只受拉索单元转换为只受拉桁架单元。这时可以这么处理：先对该结构进行几何非线性，得出自重作用下的初始索力，然后将索单元定义为只受拉桁架单元，将计算所得的索力按初始荷载加到单元中：*荷载→初始荷载→小位移→初始单元内力*，加入张力。

问：**作温度应力分析时，特别是对整个结构作系统温度荷载分析时，应力异常是什么原因？**

答：可能没有解除楼层刚性板假定，比如楼层梁的相对变形不正确，因此计算的温度应力有错。

问：**什么时候考虑偶然偏心影响，什么时候考虑双向地震作用？**

答：查看控制扭转的位移比的结果时，如果最大位移与平均位移之比不大于 1.2 时，建议考虑偶然偏心的影响；如果比值超过 1.2 时，建议考虑双向地震作用。

问：**能否作梁单元的材料非线性分析？**

答：midas 的目前版本可以作实体单元、平面应力单元、平面应变单元、桁架单元和板单元的材料非线性分析。如果要作梁构件的材料非线性分析，可以使用板单元来模拟。

问：**对于网壳结构，工程中需要把其第一模态的一定百分比作为初始缺**

陷，在计算中加以考虑，程序怎么实现？

答：网壳结构在作弹性屈曲分析时，根据《网壳结构技术规程》（JGJ 61—2003）第 4.3.3 节的要求需要考虑初始几何缺陷的影响。在 midas 中可以通过修改模型中各节点坐标值来实现，即各节点的初始坐标值减去缺陷值，以达到考虑几何初始缺陷的影响。初始缺陷值可取屈曲分析的低阶模态值，最大计算值可按网壳跨度的 1/300 取值。建议使用 Excel 电子表格功能方便实现。具体可参见教学视频"网壳屈曲分析"。

问：**在 midas 中如何计算自重作用下活荷载的稳定系数（屈曲分析安全系数）？**

答：稳定分析又叫屈曲分析，所谓的荷载安全系数（临界荷载系数）均是对应于某种荷载工况或荷载组合的。例如：当有自重 w 和集中活荷载 p 作用时，屈曲分析结果临界荷载系数为 10 的话，表示在 w＋10p 大小的荷载作用下结构可能发生屈曲。这里需要我们注意的是：我们需要将自重 w 定义为不变荷载，而将活荷载定义为可变荷载，这一点需要大家注意，这个和其他软件可能有些差别，如有的软件计算屈曲荷载为 10×（w＋p），如果我们想按照这种方法计算，也可以将自重和活荷载都定义为可变荷载。

问：**midas Gen 中包括哪些稳定分析？**

答：稳定分析分为局部稳定分析和整体稳定分析。

(1) 局部稳定分析：利用程序的钢构件截面验算的功能，按照规范的方法验算构件的宽厚比等。

(2) 整体稳定分析

① 线性屈曲分析：利用屈曲分析控制功能实现，具体操作如下：先定义所需模态数量；然后输入屈曲分析时的荷载工况（组合）和组合系数，添加时注意所选荷载工况的荷载类型选择是可变还是不变。可变即临界荷载系数乘以该项荷载，不变即临界荷载系数不乘以该项荷载，最终临界荷载可通过下式计算得出：临界荷载值＝不变荷载＋临界荷载系数×可变荷载

注意：目前 midas 软件中的屈曲分析是线性屈曲分析，可进行屈曲分析的单元有梁单元、桁架单元、板单元。

② 几何非线性分析：对于有索单元等非线性单元的结构，需要考虑大位移的影响，可以利用几何非线性分析功能作整体失稳分析，最后可以得出几何非线性分析的阶段步骤荷载—位移曲线，通过该曲线可以得到整体失稳时的荷载系数。

注意：几何非线性分析中使用的单元有桁架、梁、板单元，若同其他单元混合使用时，只能考虑其刚度效应，不能考虑其几何非线性效应。

问：屈曲分析模型如下面的图 4-4、图 4-5 所示，图 4-5 相当于在节点上既有轴力又有弯矩作用，但是程序分析的结果为什么没有差别？

图 4-4　屈曲分析模型一　　　　图 4-5　屈曲分析模型二

答：程序中屈曲分析采用的结构静力平衡方程是：$[k]\{u\}+[kg]\{u\}=\{p\}$（见用户手册 02），其中 $[kg]$ 是结构的几何刚度矩阵，仅与构件的轴力有关，与弯矩没有直接关系，所以模型 2 中虽然加了弯矩，但与模型 1 的分析结果是一样的，弯矩的大小对屈曲结果没有影响。如果想要考虑弯矩的影响，需要作几何非线性分析，结果中可以体现出弯矩的影响。

问：作 P-Delta 分析时是否需要解除刚性板假定？

答：最好解除刚性板假定条件，这样可以准确地计算每根柱子的水平位移值。

问：P-Delta 分析结果是否只针对作 P-Delta 分析的荷载工况起作用，对其他荷载工况没有影响？

答：用某种荷载工况做完 P-Delta 分析后，所形成的几何刚度将影响其他荷载工况的分析结果，即对其他荷载工况的内力、位移结果都有影响。

问：P-Delta 分析在 midas 中是怎样实现的？

答：P-Delta 分析属几何非线性分析、小位移分析，分析的过程是个迭代过程，即首先计算出由横向力 P 作用下的位移 Δ，形成几何刚度矩阵，再利用此刚度矩阵计算出 P 及 N 作用下的位移增量 $\Delta1$，再次修改几何刚度矩阵，利用修正后的刚度矩阵求出位移增量 $\Delta2$，再次修改刚度矩阵……最后求出的位移增量为 0 时，停止迭代，形成最终的几何刚度矩阵，在利用此刚阵求其他荷载工况作用下的位移及内力。

问：有关 midas 的非线性分析控制选项有哪些？

答：在 midas 的静力分析中，有三个地方有非线性分析控制选项。即主控数据中的迭代选项、非线性分析控制中的迭代选项、施工阶段模拟中的非线性分析迭代选项。

其中，主控数据中的迭代选项适用于有仅受拉、仅受压单元（包括此类边界）的模型。即模型中有仅受拉、仅受压单元（包括此类边界）时，对这些单元的非线性迭代计算由该对话框中的控制数据控制。

非线性分析控制中的迭代选项适用于几何非线性分析。当做几何非线性分析时，在模型中即使有仅受拉、仅受压单元（包括此类边界），对这些单元或边界的控制仍由非线性分析控制中的迭代选项控制。

施工阶段模拟中的非线性分析迭代选项，仅对施工阶段中的几何非线性分析起控制作用，模型中有仅受拉、仅受压单元（包括此类边界）时，在施工阶段分析中，这些单元或边界的控制仍由施工阶段模拟中的非线性分析迭代选项控制。

如果在施工阶段模拟中不作非线性分析，但施工阶段模型中包含了仅受拉、仅受压单元（包括此类边界）时，则主控数据中的迭代选项起控制作用。

如果在"*分析→非线性分析控制*"对话框中定义了非线性迭代控制数据，则施工阶段的 PostCs 阶段的几何非线性分析控制由非线性分析控制中的迭代选项控制。

在 midas 的动力分析中，非线性控制选项在定义时程分析荷载工况对话框中定义。

问：**如果用了"*荷载→初始荷载→大位移*"，然后再定义"*分析→非线性分析控制*"，能不能正确计算自振特性？**

答：计算自振是线性分析，大位移是非线性分析，两者不能同时计算，所以计算自振的时候要把非线性的内容转成线性的，使用"*荷载→初始荷载→小位移→初始单元内力*"把索单元的拉力转换成初始刚度进行分析。

问：**"非线性加载顺序"的作用是什么？是否可以作荷载的接力加载分析（即先加某一荷载，计算出结果，然后再加另外一种荷载）？**

答：设定非线性分析中荷载工况的加载顺序时，将按顺序加载各荷载工况，相当于前次荷载是后加荷载的初始荷载，即后加荷载要集成前次荷载的刚度及变形；当不设定该项时，各荷载工况单独发生作用。如果要考虑接力加载，需要进行非线性加载顺序设置和分析。注意这种加载方法和由荷载组合建立的荷载工况（几种荷载工况组合在一起作为一个荷载工况）分析时是有区别的。

问：**索结构的反应谱分析如何作？**

答：带有非线性单元的索结构反应谱分析在 midas 中按下述步骤去作：

（1）先作静力分析，求出自重作用下的索力；

（2）将此索拉力作为索单元的初始张力，作自重和索张力作用下的几何非线性分析（大位移），看位移结果是否满足规范要求；

（3）如果不满足规范要求，重新调整索的张力，再次进行计算直至满足规范要求；

(4) 满足规范的位移条件要求，求得最终的索力；

(5) 将此索力按照初始荷载小位移条件下的初始单元内力输入，注意此时需将索的张力去掉；

(6) 再定义反应谱分析参数，作反应谱分析即可。

问：如何快速求出结构中各个索单元的最终索力？

答：midas 中有个求"未知荷载系数"的功能，可以快速求出索单元的最终索力。

具体步骤参考如下：

(1) 对每根索都定义一种荷载工况，有 N 个索就定义 N 个荷载工况。

(2) 对每根索加单位初拉力（外荷载），作静力分析。

(3) 分析完后定义一种荷载组合，含有各个索工况的荷载组合，荷载系数取为 1.0。

(4) 在"结果"下面选择"求未知荷载系数"的功能，定义好约束条件，求出每根索的荷载系数，即索力。点击"生成荷载组合"按钮，生成新的荷载组合。

(5) 将此荷载组合定义为一种新的荷载工况，定义非线性分析控制数据，对此种工况作几何非线性分析，最后检查位移结果是否满足"位移约束条件"要求，此"位移约束条件"即为求未知荷载系数时定义的位移条件。

问：在 midas Gen 中作静力弹塑性分析的步骤？

答：Pushover Analysis 中文又称为静力弹塑性分析或推覆分析。

在 midas Gen 中混凝土结构和钢结构的静力弹塑性分析的步骤不尽相同。

混凝土结构的静力弹塑性分析步骤为"***分析→设计→静力弹塑性分析***"。

钢结构的静力弹塑性分析步骤为"***分析→静力弹塑性分析***"。

即混凝土结构必须经过配筋设计之后才能够作静力弹塑性分析，因为塑性铰的特性与配筋有关。

设计结束后，静力弹塑性分析的步骤如下：

(1) 在静力弹塑性分析控制对话框中输入迭代计算的控制数据。

(2) 定义静力弹塑性分析的荷载工况。在此对话框中可选择初始荷载、位移控制量、是否考虑重力二阶效应和大位移、荷载的分布形式（推荐使用模态形式）。

(3) 定义铰类型（提供标准类型，用户也可以自定义）。

(4) 分配塑性铰。用户可以全选以后，按"适用"键。

(5) 运行静力弹塑性分析。

(6) 查看分析曲线。

问： 在 **midas Gen** 中地震时程分析的步骤及对话框中各参数的意义是什么？

答： 一般地震时程分析的步骤如下（详细可参考用户手册或在线帮助）：

(1) 在"*荷载→时程分析数据→时程荷载函数*"中选择地震波。时间荷载数据类型采用无量纲加速度即可。其他选项按默认值，详细可参考用户手册或联机帮助。

(2) 在"*荷载→时程分析数据→时程荷载工况*"中定义荷载工况。

结束时间：指地震波的分析时间。如果地震波时间为 50s，在此处输入 20s，表示分析到地震波 20s 位置。

分析时间步长：表示在地震波上取值的步长，推荐不要低于地震波的时间间隔（步长）。

输出时间步长：整理结果时输出的时间步长。例如结束时间为 20s，分析时间步长为 0.02s，则计算的结果有 20/0.02＝1000 个。如果在输出时间步长中输入 2，则表示输出以每 2 个为单位中的较大值，即输出第一和第二时间段中的较大值，第三和第四时间段的较大值，以此类推。

分析类型：当有非线性单元或非线性边界单元时选择非线性，否则选择线性。

分析方法：自振周期较大的结构（如索结构）采用直接积分法，否则选择振型法。

时程分析类型：当波为谐振函数时选用线性周期，否则为线性瞬态（如地震波）。

无零初始条件：可不选该项。

振型的阻尼比：可选所有振型的阻尼比。

(3) 在"*荷载→时程分析数据→地面加速度*"中定义地震波的作用方向。

在对话框如果只选 X 方向时程分析函数，表示只有 X 方向有地震波作用，如果 X、Y 方向都选择了时程分析函数，则表示两个方向均有地震波作用。

系数：为地震波增减系数。

到达时间：表示地震波的开始作用时间。例如：X、Y 两个方向都作用有地震波，两个地震波的到达时间（开始作用于结构上的时间）可不同。

水平地面加速度的角度：X、Y 两个方向都作用有地震波时如果输入 0°，表示 X 方向的地震波作用于 X 方向，Y 方向的地震波作用于 Y 方向；X、Y 两个方向都作用有地震波时如果输入 90°，表示 X 方向的地震波作用于 Y 方向，Y 方向的地震波作用于 X 方向；X、Y 两个方向都作用有地震波时如果输入 30°，表示 X 方向的地震波作用于与 X 轴方向成 30°的方向，Y 方向的地震波作用于与 Y 轴成 30°的方向。

另外，地震时程分析不能与地震反应谱分析同时进行，用户应分别保存为两个模型，分别进行反应谱分析和时程分析。

时程分析注意事项：

(1) 截面需要使用"数据库/用户"来指定截面的尺寸，不然非弹性铰的特征值程序无法自动计算，之后的计算也会有问题（如计算速度特别慢，计算会出错）。

(2) 定义柱构件的 P-M-M 铰时候，不管截面形状如何，都需要在"屈服面特性值"里选择"自动计算"，对于梁和支撑是在"滞回模型"旁边的"特征值"里选择"自动计算"。

(3) 如果需要考虑"时变静力荷载"，在用地震波进行计算的时候，"时程荷载工况"里"加载顺序"要"接续前次"，考虑时变静力荷载的作用，必须注意有一个顺序的问题：在添加"时程荷载工况"和"定义时程分析函数"的时候，需要先定义"时变静力荷载"，然后才定义地震动函数（定义地震波），并且在"时程荷载工况"的定义里，时变静力荷载和地震波的分析类型及其他参数应该一致。

(4) 在"时程荷载工况"的定义里，考虑弹塑性一般使用"非线形"的分析类型、"直接积分法"的分析方法，"阻尼计算方法"一般使用"质量和刚度因子"，可以通过第一、第二振型的周期来计算"质量和刚度因子"。"阻尼计算方法"的"应变能因子"和"单元质量和刚度因子"一般是和组阻尼一起使用，两者的区别是"应变能比例"是根据单元的变形来计算阻尼，"单元质量和刚度因子"计算阻尼的时候和振型有关。

(5) 如果要看到层的时程分析结果，需要定义"**模型→建筑物数据→控制数据**"，勾选"时程分析结果的层反应"，否则在"**结果→时程分析结果→层数据图形**"中看不到一些结果。

问：" 施工阶段分析控制"中，如果定义为"最终施工阶段"，又有索单元，同时定义有非线性分析，计算时程序会报错，建议将索单元改为桁架单元，而定义为"其他施工阶段"则计算可以通过，原因是什么？两者的定义有何区别？

答：施工阶段的非线性分析的定义在"施工阶段分析控制"菜单中，不需要再单独定义"非线性分析控制"。

问：分析时同时考虑非线性，同时勾选了"施工阶段分析控制"中的非线性（没有子步骤的数量）和定义了"非线性分析控制"，程序会如何考虑？如果计算不收敛，该如何调整（在施工阶段中调整还是在非线性分析中调整）？

答：在 midas 中有三个地方有非线性分析控制选项，即"主控数据"中的选代选项、"非线性分析控制"中的迭代选项、"施工阶段模拟"中的非线性分析选项。其中主控数据中的迭代选项适用于有仅受拉、仅受压单元的模型，即模型中有仅受拉、仅受压单元，又没有定义"非线性分析控制"数据时，对这些单元的非线性迭代计算由该对话框中的控制数据控制。

非线性分析控制中的迭代选项适用于几何非线性分析，当做几何非线性分析时，在模型中的仅受拉、仅受压单元的控制由非线性分析控制中的迭代选项进行。

施工阶段分析控制中的非线性分析迭代选项，仅对施工阶段的非线性分析起控制作用，即模型中的仅受拉、仅受压单元的分析控制由施工阶段模拟中的非线性分析迭代控制。

如果在施工阶段中不作非线性分析，但施工阶段模型中包含了仅受拉、仅受压单元时，则主控数据中的迭代选项起控制作用。

如果在主菜单 ***"分析→非线性分析控制"*** 对话框中定义了非线性迭代控制数据，则施工阶段的 PostCS 阶段（最终施工阶段）的几何非线性分析控制由非线性分析控制中的迭代选项控制。

如果计算不收敛，可以在主菜单 ***"分析→非线性分析控制"*** 中定义添加子步骤，可以对某一荷载工况定义迭代步数及每步的收敛条件，建议每步的收敛条件可以为前面几步"松"一些，后面几步"紧"一些；另外，在选择由"位移控制法"时，主节点可以选择静力分析时的位移最大的点，这样比较容易收敛。

总之，非线性分析是一个不断调试的过程，要想仅通过一次计算就达到满意的结果是不容易的。

问： **定义了"施工阶段分析控制"中的非线性，好像还要定义"非线性分析控制"，计算时程序会在每一个施工阶段计算非线性，但算完施工阶段的之后还会整体地计算非线性，这是为什么？**

答： 参见上一问题的答复。

问： **关于施工阶段分析中自重的输入。**

答： 首先要在"荷载—自重"中定义自重（在 Z 中输入系数 -1），并在荷载组选项中选择相应荷载组名称（如自重组），该项必须选！

然后在 ***"荷载→施工阶段分析数据→定义施工阶段"*** 中定义第一个施工阶段时，将自重的荷载组激活。以后阶段中每当有新单元组增加时，程序都会自动计算自重。即自重只需在第一个施工阶段激活一次，且必须在第一个施工阶段激活一次。

问： **关于施工阶段分析时，自动生成的 CS：恒荷载、CS：施工荷载、CS：**

合计。

答： 作施工阶段分析时程序内部将在施工阶段加载的所有荷载，在分析结果中会将其归结为 CS：恒荷载。

如果用户想查看如施工过程中某些荷载（如吊车荷载）对结构的影响的话，则需在分析之前，在**"分析→施工阶段分析控制数据"**对话框的下端部分，将该荷载从分析结果中的"CS：恒荷载"中分离出来。被分离出来的荷载将被归结为 CS：施工荷载。

分析结果中的 CS：合计，为 CS：恒荷载、CS：施工荷载及钢束、收缩、徐变等荷载的合计。但不包括收缩和徐变的次应力，因为它们在施工过程中是发生变化的。

将荷载类型定义为施工阶段荷载（CS）的话，则该荷载只在施工阶段分析中会被使用。对于完成施工阶段分析后的成桥模型，该荷载不会发生作用，不论是否被激活。

问：关于施工阶段分析时，自动生成的 PostCS 阶段。

答： PostCS 阶段的模型和边界条件与最终施工阶段的相同，PostCS 阶段的荷载为定义为非施工阶段荷载类型（在荷载工况中定义荷载类型）的所有荷载工况中的荷载，包括施工阶段中没有使用过的荷载。

对于与其他成桥后作用的荷载进行荷载组合，须在 PostCS 中进行。在生成荷载组合时将"CS：合计"定义为如"LCB1"的话，则 PostCS 中的"LCB1"的结构状态即为施工阶段完了后的成桥状态。

问：在 midas 软件中施工阶段分析采用何种模型？

答： 施工阶段模拟中的模型概念有两种，一种是累加模型概念，一种是独立模型概念。

累加模型的概念就是下一个阶段模型继承了上一个阶段模型的内容（位移、内力等），累加模型比较容易解决收缩和徐变问题。但较难解决非线性问题。举例说，当下一个施工阶段荷载加载时，上一个阶段已发生位移的模型容易发生挠动时（比如悬索结构模型），上一阶段的荷载也应同时参与该施工阶段的非线性分析中，而此时累加模型很难解决该类问题。

独立模型的概念就是每施工阶段均按当前施工阶段的所有荷载、当前模型进行分析，然后作为当前施工阶段的分析结果，两个施工阶段分析结果的差作为累加结果。此类模型较容易使用于大位移等非线性分析中。但不能正确反应收缩和徐变。

目前 midas 的施工阶段模拟实际上隐含了这两种模型的选择。

在**"分析→施工阶段分析控制"**中，当选择"考虑非线性分析"选项时，程序按独立模型计算，当没有选择该项时，按累加模型分析。

至于具体的工程，应选择哪种模型，应由用户判断。

midas 软件目前正考虑升级的部分：

（1）将施工阶段采用模型，由隐式改为用户选择。这不是单纯的改文字。

（2）在帮助文件中尽量对各种结构的施工阶段模拟提供分析模式。

4.4 查 看 结 果

问：在荷载组合中，"一般"有两个包络，而"混凝土设计"和"钢结构设计"中不能自动生成包络，"一般"与"混凝土设计"和"钢结构设计"是何关系？

答：荷载组合中的"混凝土设计"、"钢结构设计"、"SRC 设计"是为设计准备的。设计中使用的荷载组合并不一定是内力最大值。所以，设计中使用的荷载组合需要一一进行设计后才能知道。程序在输出的计算书中列出了设计中使用的荷载组合（这部分由程序内部一一计算），简单地说"一般"中的包络是内力包络，而各分项中的包络需要的是配筋包络。该部分由程序一一计算后在计算书中输出。

问：考虑双向地震作用时，在设计组合里面只有"钝化"，无法选择"激活"，程序在设计时是否考虑到了双向地震作用？

答：程序在设计时是考虑了双向地震作用的。此处"钝化"是因为程序不提供单独的双向地震作用结果输出，而是将双向地震结果作为地震工况与其他工况进行组合；而我们在运用该荷载组合进行设计时，就会考虑双向地震。

问：用 midas 的非线性分析的弧长法来计算结构的极限荷载，请问如何画出荷载位移曲线，如何查看极限荷载相对于施加荷载的比值？

答：在"*结果→阶段步骤时程图表*"中查看。

问：抗倾覆弯矩如何查看？

答：目前 midas 中只能查看倾覆弯矩，暂时不能查看抗倾覆弯矩的结果。

问：梁单元的内力能否按整体坐标输出？

答：暂不能，目前几乎所有的有限元程序都是按单元坐标系输出单元内力结果。

问：多塔的定义？

答：目前多塔的定义还是在后处理里，主要是分塔输出层结果用。一般情况下要把多个塔块的共用层定义为一个塔块，可以命名为 1 或 base，其他塔块再分别定义成不同的塔块就可以了。

问：时程分析中，层数据图形结果中没有"层/位移速度/加速度"这项结果？

答：在"**模型→建筑物数据→主控数据**"中把"时程分析结果的层反应"进行勾选后就可以了。

问：结构自振周期很长是什么原因？

答：结构自振周期很长的原因可能应该注意以下几个方面：

(1) 模型中有自由节点或节点没有分割单元；

(2) 模型中的墙单元子类型为"膜"，应该改为"板"；

(3) 如果与其他程序分析的周期不一致，注意检查质量是否一样、个别构件刚度是否人为调整了。

问：反应谱分析时开始我们设定地震力作用方向，在计算结束后能否提供最不利的地震力作用方向？PKPM 能提供。

答：定义"反应谱工况"时，可以点选"自动搜索角度—最不利方向"即可，最不利角度的大小，可以在计算完毕后，返回该菜单，查看"地震作用角度"栏中的数值。

问：反应谱分析荷载组合时为什么产生两种（RS、ES）工况，各表示什么意思？

答：在使用反应谱分析的时候，RS 是指反应谱荷载工况；ES 在勾选了"偶然偏心"的时候才生成，表示单独给出偶然偏心带来的地震作用。

在使用"**荷载→横向荷载→静力地震作用**"（即底部剪力法）时 ES 指的是静力地震荷载工况。

问：当需要判断模型的某一振型是 X、Y 向平动还是扭转时，需要综合"振型参与质量"和"振型方向系数"来判定，应该怎样判定？

答：对于比较规则的结构，使用"**结果→周期与振型**"就可以判断结构是平动还是扭转，对于不太规则的结构，如果这样判断不了的话，就得综合"振型参与质量"和"振型方向系数"来判定。例如对于一个结构，结果显示如下图，可以看到，"振型方向系数"1、2、3 振型中 TRAN-X、TRAN-Y、ROTN-Z 的值分别为 100%、99.9%、100%，再结合"振型参与质量"，每个模态里面这三个方向的百分比值也分别比其余 5 个自由度的百分比大，其质量的数值也较其余 5 个自由度的值大，因此可以综合判定模态 1 是 X 向平动，模态 2 是 Y 向平动，模态 3 是 Z 向转动。也可参见图 4-6 的表格结果。

节点	模态	UX		UY		UZ		RX		RY		RZ	

特征值分析

模态号	频率		周期	容许误差
	(rad/sec)	(cycle/sec)	(sec)	
1	8.652304	1.377057	0.726186	5.6948e-016
2	9.235988	1.469953	0.680294	0.0000e+000
3	10.756213	1.711904	0.584145	6.1415e-016
4	28.290857	4.502630	0.222092	0.0000e+000
5	30.015257	4.777076	0.209393	1.2619e-016
6	34.957051	5.563588	0.179740	2.4949e-011

振型参与质量

模态号	TRAN-X 质量(%)	合计(%)	TRAN-Y 质量(%)	合计(%)	TRAN-Z 质量(%)	合计(%)	ROTN-X 质量(%)	合计(%)	ROTN-Y 质量(%)	合计(%)	ROTN-Z 质量(%)	合计(%)
1	91.38	91.38	0.00	0.00	0.00	0.00	0.00	0.00	0.00	0.00	0.00	0.00
2	0.00	91.38	92.11	92.11	0.00	0.00	0.00	0.00	0.00	0.00	0.00	0.00
3	0.00	91.38	0.00	92.11	0.00	0.00	0.00	0.00	0.00	0.00	92.10	92.11
4	6.81	98.19	0.00	92.11	0.00	0.00	0.00	0.00	0.00	0.00	0.00	92.11
5	0.00	98.19	6.39	98.50	0.00	0.00	0.00	0.00	0.00	0.00	0.00	92.11
6	0.00	98.19	0.00	98.50	0.00	0.00	0.00	0.00	0.00	0.00	6.35	98.46

模态号	TRAN-X 质量	合计	TRAN-Y 质量	合计	TRAN-Z 质量	合计	ROTN-X 质量	合计	ROTN-Y 质量	合计	ROTN-Z 质量	合计
1	1502.90	1502.90	0.00	0.00	0.00	0.00	0.00	0.00	0.00	0.00	0.00	0.00
2	0.00	0.00	1514.95	1514.95	0.00	0.00	0.00	0.00	0.00	0.00	1.53	1.53
3	0.00	0.00	0.02	1514.97	0.00	0.00	0.00	0.00	0.00	0.00	103233.64	103235.17
4	112.03	1614.93	0.00	0.00	0.00	0.00	0.00	0.00	0.00	0.00	0.13	103235.30
5	0.00	0.00	105.13	1620.10	0.00	0.00	0.00	0.00	0.00	0.00	0.13	103235.30
6	0.00	0.00	0.00	1620.10	0.00	0.00	0.00	0.00	0.00	0.00	7119.02	110354.32

振型参与系数

模态号	TRAN-X 数值	TRAN-Y 数值	TRAN-Z 数值	ROTN-X 数值	ROTN-Y 数值	ROTN-Z 数值
1	38.77	0.00	0.00	0.00	0.00	0.00
2	0.00	38.92	0.00	0.00	0.00	-1.24
3	0.00	0.15	0.00	0.00	0.00	321.30
4	-10.58	0.00	0.00	0.00	0.00	0.00
5	0.00	-10.25	0.00	0.00	0.00	0.35
6	0.00	0.03	0.00	0.00	0.00	84.37

振型方向系数

模态号	TRAN-X 数值	TRAN-Y 数值	TRAN-Z 数值	ROTN-X 数值	ROTN-Y 数值	ROTN-Z 数值
1	100.00	0.00	0.00	0.00	0.00	0.00
2	0.00	99.90	0.00	0.00	0.00	0.10
3	0.00	0.00	0.00	0.00	0.00	100.00
4	100.00	0.00	0.00	0.00	0.00	0.00
5	0.00	99.88	0.00	0.00	0.00	0.12
6	0.00	0.00	0.00	0.00	0.00	100.00

特征值荷量

图 4-6 周期与振型表格输出结果

问：考虑偶然偏心后结构整体分析结果怎么看？荷载工况 EX(ES)、EX(RS) 是什么意思？

答：看层间位移及层间位移角时，应该选择无偏心地震作用工况，即 EX(RS) 和 EY(RS)；看层间位移比，即最大层间位移与平均层间位移比时，应该选择偶然偏心与无偏心地震作用工况组合的结果，即 EX(RS)±EX(ES) 和 EY(RS)±EY(ES)，偶然偏心地震作用工况即 EX(ES) 和 EY(ES)。

查看位移比结果之前，必须先生成荷载组合，否则偶然偏心的结果为"0"。midas 中考虑偶然偏心的方法是一种简化的方法，即先按无偏心的初始质量分布计算结构的振动特性和地震作用，然后按四种偏心方式计算各质点的附加扭矩，四种偏心方式下的附加扭矩与无偏心的地震作用组合，则形成了相应于四种偏心方式的地震作用。

问：反应谱分析后，在同一种模态下，振型质量参与显示跟 PKPM 的是不是不一样。PKPM 为平动%＝(X%＋Y%)，平动%＋转动%＝1，而在 midas 中：平动%＋转动%＜1。是不是 PKPM 里的平动%＝midas 中的平动%/(平动%＋转动%)。

答：PKPM 计算振型有效参与质量的方法是按照 ETABS 的方法计算的，可参见 SATWE 用户手册的相关说明；而 midas 的计算方法与 PKPM 不同，具体计算方法参见 midas 用户手册 2 的相关说明，简单地讲 midas 是三个方向的平动＋三个方向的转动，即六个自由度的有效质量参与系数总和为 1。

问：如何查看基底总剪力、总弯矩？

答：在"*结果→分析结果表格→层→倾覆弯矩*"中可以查看各种工况下框架和剪力墙的倾覆弯矩。

在"*结果→分析结果表格→层→层构件剪力比*"中可以查看各种工况下框架柱和剪力墙的地震剪力和比率。

问：在各种结果查看里，勾选"图例"，屏幕右边显示的各方向的变形值下方有个"系数＝1.268E＋0.02"，是什么意思？

答：该系数只要勾选了"变形"就会在图例中显示，该系数并不是任何结果的放大系数，而是因为结构的实际变形往往很小，需要给一个放大的系数来显示以使用户观察得更清楚，该系数指的是变形图放大或缩小变形的显示比例。该系数可以点击"变形"右侧的按钮 ▦ 修改。（参见"在线帮助"里面"07 结果/03 位移/01 变形形状"中的解释）

问：当结构中用板单元或实体单元模拟转换梁的时候，如何查看转换梁的设计弯矩？

答：当做转换梁的细部精密分析时，有时会将梁单元用板单元或实体单元来模拟（或将板单元用实体单元来模拟），此时可利用程序中局部方向内力的合力的功能，具体操作如下："*结果→局部方向内力的合力*"，选择相应一些板单元的边缘（或一些实体单元的平面），将这些边缘上的节点（或实体单元平面上的节点）的各内力相加，然后将相加的内力输出，输出位置为选择的板单元边缘的中心（或选择的实体单元平面的中心），即可得到按梁单元（或板单元）设计时所需的内力。详细的操作方法可参见程序的在线帮助。

问：关于最大剪应力（Tresca 应力）和有效应力（von-Mises 应力）

答：混凝土的破坏准则有最大拉应力理论、最大拉应变理论、最大剪应力 Tresca 理论、von-Mises 应力理论等很多理论。

最大剪应力理论是指材料承受的最大剪应力达到一定限值时发生屈服。

$$\tau_{max} = \frac{1}{2} \mid \sigma_1 - \sigma_2 \mid \leqslant [\tau]$$

是指有效应力达到一定限值时材料发生屈服（圆柱面破坏）。midas 软件输出的是 von-Mises 应力。

$$\bar{\sigma} = \sqrt{\frac{1}{2}\left[(\sigma_1 - \sigma_2)^2 + (\sigma_2 - \sigma_3)^2 + (\sigma_1 - \sigma_3)^2\right]}$$

问：在施工阶段的输出结果中，CS：恒荷载，CS：Dead，CS：合计，各代表哪些部分的内力（即由哪几项构成），施工 Max/Min 阶段中，CS/max，CS/min：恒荷载，CS/max，CS/min：合计，各代表什么情况下的内力？

答：CS：恒荷载，是除了预应力荷载、收缩和徐变荷载以外的所有施工阶段施加的荷载。

CS：施工荷载，是在施工阶段分析控制对话框中分离出的荷载工况。

CS：合计，是 CS：恒荷载＋CS：施工荷载＋CS：收缩和徐变＋CS：预应力荷载。

CS/max，CS/min 是在各施工阶段中各荷载的包络结果。

问：门式刚架结构，加了 31.5kN 的水平风荷载，但柱底弯矩应有 110kN 多，可是计算只有 0.6kN，为什么？

答：如图 4-7 所示，在解除梁端约束时，解除了过多的约束，解除约束的原则：对于 n 个杆件相交于一个节点，该节点出现铰的个数只能是（$n-1$）个，桁架单元节点本身已经是铰节点。

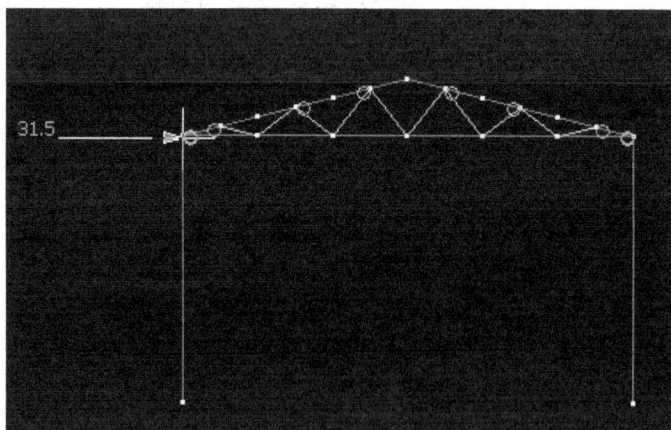

图 4-7　门式刚架模型简图

问：板结果查看，内力值大小相差不大，但方向相反，为什么？

答：板单元的单元坐标轴方向不一致，可以选中相应的板单元在"**单元→修改单元参数**"中进行反转单元坐标轴或者统一单元坐标轴，让坐标轴方向一致。该原则适用于任何单元内力方向不同的问题。

4.5 设 计

问：软件本身对支撑计算长度的考虑（有交叉节点，平面内外情况）？

答：对于钢结构构件，一般是按照规范自动计算构件的计算长度，对于有交叉节点的情况，两个方向的计算长度不同时，可以对构件的两个方向的计算长度（Ky，Kz）进行定义。

问：使用国外的材料、荷载规范（如欧洲的）后，在设计构件的截面时，也用国外的规范，能否进行截面的设计？

答：可以，选择相应国家的规范即可。

问：midas 能否设计 SRC 梁？SRC 柱进行截面校核和优化设计，但菜单上梁截面都是灰色的，为什么？

答：目前 midas 中还不能进行 SRC 梁的设计和验算，但是可以考虑对其刚度进行分析。

问：优化设计是否能将截面相同的构件同时改变？可否部分改变？或自定义组进行优化？

答：midas 中优化设计是按截面号进行优化的，优化原则是在满足强度和稳定条件下重量最小。一个截面号优化后只能是一组截面数据，如果想部分改变，那么需要定义不同的截面号进行优化设计。暂不能按组进行优化。

问：建模时，如不指定构件类型，如梁、柱和支撑等，对内力及位移计算是否有影响？还是只对设计有影响？

答：我们应该清楚一个概念，单元和节点是有限元分析的最小单位，内力和位移的计算结果与单元类型和网格精度有关；而构件是设计的最小单位，我们指定构件类型，主要是为了对计算分析所得的内力和位移根据规范进行调整。

问：对于梁配筋是否可以按照拉弯构件进行配筋设计？

答：暂时没有这个功能，因为对于梁来讲，一般情况下主要按抗弯和抗剪进行设计。对于要按拉弯构件进行设计，可以计算分析完根据内力进行手动配筋。同时也可以把梁构件类型定义为柱（在"*设计→编辑构件类型*"中进行定义），让程序进行自动配筋后，人为地进行控制。

问：**midas 中，可自行判断薄弱层，那是不是在地震力计算时会自动将薄弱层的地震剪力放大 1. 15 倍呢，还是要人为地干预，如何干预？**

答：这个参数需要人为地干预，可以在"*设计→一般设计参数→地震作用放大系数*"里将该层进行放大。

问：**在进行剪力墙的构件设计时，程序提示"不能进行配筋设计—直线墙出错"，原因是什么？**

答：是由于用户没有对每片墙进行单独的编号，可以在"*模型→建筑物数据→自动生成墙号*"里面让程序对每一层的墙号自动生成，或者在建模复制层数据之前，先对要复制那一层的墙号自动生成，然后再复制生成其他层，这样就不用再重复生成各层的墙号了。

问：**midas 在钢结构构件验算时是否考虑了厚钢板强度的降低？**

答：已考虑。

问：**是否可以设定单根构件的抗震等级？**

答：可以，在"*设计→一般设计参数→抗震等级*"中可以对选择的构件设定其抗震等级。需要注意的是，这种单独指定的菜单权限要高于全局指定菜单。

问：**结构的重要性系数抗震设计时是如何考虑的？**

答：结构的重要性系数抗震设计时不考虑，通过抗震构造措施来解决，可以参见《建筑抗震设计规范》（GB 50011—2010）第 5.4.1 条的条文说明。

问：**设计时是否需要对所有构件进行指定构件类型操作？**

答：不需要。midas 中默认的构件类型如下：XY 平面构件程序自动默认为梁，与框架柱相连的默认为框架梁，Z 向构件程序默认为框架柱。
其他斜向构件建议用户指定其类型；另外，对于根据规范需要进行内力特殊调整的构件，如角柱、框支梁、框支柱等亦需要人为指定构件类型。

问：**"一般设计参数"里的"抗震等级"和"混凝土构件设计参数"里的"定义抗震等级"有什么区别？如果是框架剪力墙结构，如何分开定义框架、剪力墙的抗震等级？**

答："钢筋混凝土构件设计参数"和"钢构件设计参数"里面的参数定义是对整个结构的，如果某些构件的参数与整个结构不一致，则在"一般设计参数"里面定义。和整个结构不一致的构件抗震等级可以在"一般设计参数"里面定义，选择需要定义的构件，定义好参数，然后点击"适用"按钮。

问：选择由程序自动计算钢构件的"计算长度系数"时，应该注意哪些问题？

答：主要应注意以下几方面问题：

(1) 程序自动计算方法采用的是《钢结构设计规范》（GB 50017—2003）中的附录 D 的方法。

(2) 注意当计算长度系数 Ky、Kz 等于 10 的时候，此时的计算长度系数可能有错。产生这种情况主要是由于：

① 构件的线刚度与同它相连构件的线刚度比太大。

② 此构件两端可能存在无约束连接，如与其连接的构件中有铰接或桁架单元等情况。这时可以利用人为指定构件的计算长度系数的功能，具体操作如下："*设计→一般设计参数→计算长度系数*"。

问："*设计→钢筋混凝土构件设计参数→材料分项系数*"里面的值程序不能自动地随着混凝土等级的改变而按照规范进行改变，一定要用户手动设置么？

答：《混凝土结构设计规范》（GB 50010—2010）中，混凝土材料的分项系数均为 1.4，材料分项系数与混凝土的强度等级无关；钢筋材料分项系数可参看新《混凝土结构设计规范》（GB 50010—2010）4.2.3 节；midas 中默认取值为：混凝土 1.4，钢筋 1.1；另也可以人为修改。

问："*设计→钢构件设计→编辑钢材特性值*"中参数 Fu 的意义？

答：Fu 为钢材抗拉屈服强度，其他参数的意义可以见"在线帮助"。

问：设计中有时候需要人为地调小钢材的屈服强度，在程序里"*设计→钢构件设计参数→编辑钢材*"下设置"抗拉屈服强度 Fu"后，钢材的抗剪强度怎么修改？

答：《钢结构设计规范》（GB 50017—2003）条文说明 3.4.1 中，说明了各个强度直接的关系，其他的强度和抗拉屈服强度有关，可以在验算后的"详细结果"中看到，抗剪强度随着抗拉屈服强度会改变。

问：边缘构件如何考虑，比如角钢型剪力墙，两个端部和角点处规范规定好像是按柱来处理，程序中是如何考虑这些因素的？

答：midas Gen 现在暂时考虑不了边缘构件的设计，midas Building 中可以按规范要求进行剪力墙结果考虑翼缘的设计。

问：在进行柱的设计时可以进行螺旋箍筋柱的设计吗？如果能应怎样使用？

答：程序中提供螺旋箍筋柱的验算，填写验算用截面数据即可。

问：**地震作用下，柱承担的基底剪力要大于 0.2EQ，程序里面能否自动调整？**

答：程序不能自动调整，需要手动设置系数，在菜单"**设计→一般设计参数→地震作用放大系数**"里设置。

设置后的 *EQ* 的增大系数的查看方式：点击 💻，在"设计"下勾选"*EQ* 的增大系数"，可以查看 *EQ* 的增大系数。

问：**程序能否提供具体配筋的统计表格？**

答：可以，在设计后弹出的对话框中点击"简要结果"，生成的文本中就有。

问：**1000mm×700mm 截面的 SRC 柱设计时，程序中钢筋可以布置在 700mm 一端，但是如果设置为双排钢筋的时候，第二排只能布 2 根钢筋，是否程序中只能这样？**

答：程序中目前只能这样布置。

问：**怎样知道多少构件验算不通过？**

答：选择验算不通过的构件，拷贝至 Excel 表格里面，可以看到构件的数量。

问：**如何查看构件配筋时用的荷载组合和内力值？**

答：看每个构件配筋时用的荷载组合和内力值，可以在配筋设计后弹出的对话框里点击"简要结果"，里面有相应的值。

问：**设计时取用的内力为何与结果显示的内力不一样？**

答：设计时取用的内力是考虑了各种设计调整系数的，如根据不同的抗震等级、梁端剪力及柱端弯矩都有不同的放大系数。而结果下的内力是没有考虑抗震调整系数的。特别是柱配筋设计时，取用的弯矩是轴力与偏心距的乘积，柱端弯矩只是用来计算初始偏心距的。

问：**不用修改模型，如何用自己定义的截面进行钢构件验算？**

答：可以利用设计截面的功能实现，具体操作如下：菜单"**设计→设计截面**"，在弹出的编辑截面菜单里选择需要编辑的截面，直接对截面进行编辑即可。然后再重新进行钢构件截面验算。

问：**结构的整体稳定是如何算的，EJd 是如何算的？**

答：对于 *EJD* 的计算，也是按照《高层混凝土结构技术规程》（JGJ3—

2010）中 5.4.1 的方法计算来的，也就是把整个结构作为一个悬臂的受弯构件，按照倒三角形分布荷载作用下结构的顶点位移相等的原则计算其等效侧向刚度：如在实际荷载作用下，计算所得顶点位移为

$$\Delta_m = \phi(q,H)/EJD，那么 EJD = \phi(q,H)/\Delta_m。$$

问：在用 midas 进行钢筋混凝土结构设计中遇到不少问题：

(1) 程序输出梁、柱、剪力墙的配筋图中，各个数字的意义是什么？有没有相关的说明资料？

(2) 经过结构设计，对应程序算出的构件配筋，用户能否进行修改？

(3) 程序中的设计和验算有什么区别？

(4) 更新配筋一项有何作用？为什么剪力墙做完设计后，更新配筋按钮为灰色的（没有激活）？

(5) 在对剪力墙施加塑性铰时，各楼层所有不同墙号的剪力墙是否在进行验算后，更新完配筋时，其塑性铰中的荷载位移曲线才能包含配筋信息？

答：(1) 各个数字与 PKPM 的输出结果意义相同，也可以参见"在线帮助"中的说明。

(2) 不能修改（但验算用配筋、静力弹塑性用配筋，用户可输入）。

(3) 设计和验算是结构设计中两个重要的组成部分，"设计"为我们制订设计用钢筋库、选筋方案等，由程序自动配筋并进行验算；"验算"是指完全由我们自行指定构件的钢筋配置，程序仅帮我们进行验算，看是否符合规范要求。

(4) 更新是为了将配筋结果实际赋予构件（用户也可以自己输入配筋），当配筋后弹出的对话框中"排序"是"墙号（WID）"时，"更新配筋"的按钮是灰色，选用"墙号＋层"按钮即被激活。

(5) 是的。

问：梁、柱、墙配筋设计是如何考虑的？

答：目前版本程序提供的计算书是根据实际配筋的验算结果，而非是求构件所需配筋面积的过程。

1. 梁的配筋设计

根据《混凝土结构设计规范》（GB 50010—2010）的方法，取用内力包络值进行配筋计算。当计算结果显示超筋时，可以调大钢筋直径，再进行配筋设计。程序内定配筋只提供两排钢筋，多排时可通过加大每一排的钢筋数量再进行验算。

2. 柱的配筋设计

程序是按双偏压方法计算配筋的，具体过程是根据用户定义的柱截面尺寸，程序按构造要求先定好钢筋根数，再根据定义的钢筋直径按顺序对各组

的组合内力进行承载力计算，当截面承载力不满足时，再选用下一个钢筋直径进行计算，直至截面承载力满足所有组合内力的要求。因为双偏压设计是一个多解的过程，所以程序必须按上述操作才能输出一个合理的配筋结果。另外，程序也提供验算的功能，可在 **"设计→钢筋混凝土设计参数→编辑验算用柱截面数据"** 里先定义好钢筋布置，再通过 **"设计→钢筋混凝土截面验算→柱截面验算"** 进行验算。

3. 剪力墙的配筋设计

目前版本中剪力墙的配筋设计没有考虑边缘构件的设计要求，剪力墙是按直线段墙来做配筋设计的，具体设计方法见《混凝土结构设计规范》（GB 50010—2010）中的有关规定。

对于想进行细分的剪力墙可用下面的方法进行处理。

如图所示，现在需要对中间层的剪力墙进行细分。首先使用 **"模型→单元→分割"** 将中间层的剪力墙进行细分。在 **"模型→建筑物数据→生成层数据"** 中生成层，然后将 3、4、5 层解除刚性板假定；将细分的每一层的墙单元定义为一个墙号；进行设计，该层墙体的配筋取横向划分后最下面的墙号 2 的配筋。此时墙号 2 的内力值即是中间层墙的内力值，唯一不同的是墙号 2 的墙高较中间层的层高小，因为按照规范要求进行剪力墙的配筋设计时，墙高只是影响偏心距增大系数 η，一般情况下对于剪力墙 η 值为 1，所以墙高对墙配筋设计的影响不大。

这种情况下如果查看层结果输出，可以在后处理的时候，利用定义塔块的功能，输出所要层的分析结果，具体操作如下：**"结果→分析结果表格→层→定义多塔"**，如下图 4-8 所示将 1F、2F、6F、屋顶定义成一个塔块就可以了。

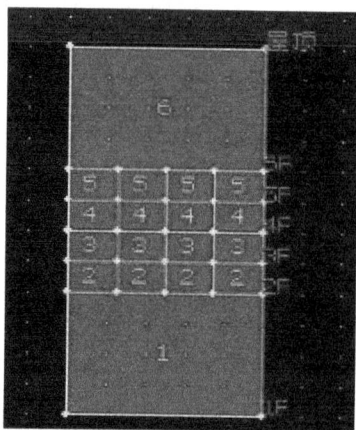

图 4-8　剪力墙细分式示图

问： 静力弹塑性分析后如何找到性能控制点？

答： 首先点击 **"设计→静力弹塑性（Pushover）分析→静力弹塑性（Pushover）曲线"** 弹出如下窗口（图 4-9）：

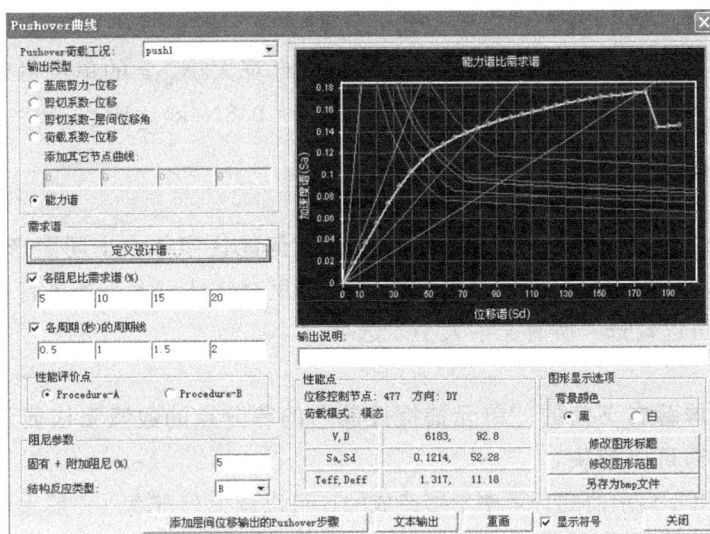

图 4-9 Pushover 曲线图

点击定义设计谱，并根据设计地震分组、地震设防烈度、场地类别、地震影响等条件选择需求谱（注意：地震影响要选择罕遇地震），此时图形区的绿色线与蓝色线的交点就是性能控制点。

除在静力弹塑性分析控制中定义的步骤外，用户也可以指定性能控制点为一个子步骤，查看附加的分析结果。具体操作如下：先记下在性能控制点处的最大基底剪力及处于塑性状态下结构的最大位移，如图所示方框内的数据；点击添加层间位移输出的 Pushover 步骤，将记录的最大基底剪力或最大位移值输入；点击计算参照的步骤和距离比，程序会自动计算出性能控制点的位置，最后添加即可。

另外，Gen 提供自动生成性能控制点荷载步骤的功能，如上图所示，只要能力谱与需求谱相交时，点击下部的 重画 就可以自动生成性能点的步骤及层间位移信息，在"添加层间位移输出的 Pushover 步骤"里可以看到性能控制点的结果。

4.6 工具、视图、其他

问：midas 软件能自动统计用钢量吗？

答：可以，在主菜单的"*工具→材料统计*"中可以得到用钢量，如果是混凝土结构还可得到钢筋用量和混凝土用量。

问：*查询→质量表格* 中结构质量单位 kN/g 是什么意思？怎么样转换为质量单位 g？

答：这个转换是有点让人容易混淆，可以从重力的概念来理解：重力的大小跟物体的质量成正比，用 $G=mg$ 来计算大小。g 的单位可根据重力 $G(\text{N})$ 和质量 $m(\text{kg})$ 的单位得出：$g=9.8\text{N/kg}$，所以 $\text{kg}=9.8\text{N}/g$，$1\text{kN}/g$ 大约是 100kg（0.1t）。

问：**较大图形输出内力/位移等数据时，如何能让字体大小同图形匹配？**

答：对于文字大小的控制，可以在*显示选项*里对字体、大小等进行修改，修改时可以勾选"所有文字大小"选项。

问：**软件屏幕右下角的"单元捕捉控制"的等分点的数值无法显示，有没有办法可以解决？**

答：这是由于显示器的分辨率不够造成的，可以调大分辨率（一般大于 1024×768 即可），如果显示器的最大分辨率无法达到要求，解决的办法是：在桌面点击鼠标右键，"属性/属性/设置/高级/常规"把"DPI 设置的值"调小即可显示出等分点的数值，不过这样会使得文字的显示有点模糊。

问：**使用"消隐"功能，以平面显示图形，选择柱的时候有时候选择不上构件是什么原因？**

答：使用了"消隐"功能，选择柱的时候，框选则需选择整个柱的范围，而不像线框显示时只需要选择柱的点。此时可以利用"反选"的功能，只要窗选框触碰到截面范围内，即可选中相应的单元。

问：**如何显示节点坐标轴，如果需要单独定义，如何定义？**

答：点击"显示"按钮，在"节点"下选择"节点局部坐标轴"可以查看。在*"边界条件→节点局部坐标轴"*中可以定义节点局部坐标轴。

问：**如何从 midas 表格文件中拷贝东西到 Excel 改动后，再回到 midas 中继续工作？**

答：相当于两个 Excel 表格互相拷贝，从 midas 表格文件中拷贝东西到 Excel 改动后，再拷贝回到 midas 表格中即可。需要注意的是，向 Gen 中拷贝数据时，有时需数据列数要对应相同。

问：**浮动工具条拖动以后放不回去该怎么解决？**

答：点击电脑的"开始/运行"，输入"regedit"，在"注册表编辑器"的树形菜单中找到 midas GEN 的安装目录，选择里面的"TOOLBAR_LAY-OUT"，将其删除，然后在"开始"菜单注销当前用户或者重新启动计算机即可。

问：在 SPC（截面特性值计算器）中 DXF 文件的应用。

答：步骤如下：

（1）先在 *Tools→Setting* 中选择相应的单位体系，单位体系应与 CAD 中保持一致。

（2）然后导入 DXF。

（3）然后在 *Model → Curve → Intersect* 中进行交叉计算，以避免在 CAD 中有没有被分割的线段。

（4）在 *Section→Generate* 中定义截面名称。

（5）然后计算特性值（也可直接在第 4 项中计算）。

当截面中有内部空心时，可在进行 4 项后进行下列操作：

a. 在 *Section→Domain State* 中选择各部分是否为"空"，当区域中有红色亮显时，按左键为实心，按右键为空心（请看程序中信息窗口的说明提示）。

当截面由不同材料组成时（可超过 2 种），在进行完上面的 a 操作后，进行下列操作。

b. 在 *Section→Domain Material* 中选择各区域材料。需先定义材料名称和特性值。

在赋予各区域材料特性时，应选择某个材料为基本材料，一般选择混凝土。

在计算不同材料组成的截面的特性值时，应选择相应的单元尺寸。一般来说划分越细越好，但划分得太细计算时间会很长。一般在钢骨混凝土中选择钢板厚度的一半即可。